21 世纪全国高职高专机电系列技能型规划教材

CAD/CAM 数控编程项目教程(CAXA 版)

主　编　刘玉春
副主编　彭新荣　唐　勇　张秀芳
参　编　李晓东　王晓磊
　　　　李利芳　张　帅
主　审　王海涛

内容简介

本书采用"项目教学、任务驱动"的编写模式，从基础知识入手，通过任务实例讲解操作方法，图文并茂，内容由浅入深，易学易懂，突出了实用性和可操作性，使读者在完成各项任务的过程中快速入门，并逐渐掌握 CAXA 制造工程师的使用技巧。书中除了讲述深入学习 CAXA 制造工程师软件所需的应用经验和实例外，还贴近生产实际情况，有针对性地列举了常规综合加工实例，重点培养读者对软件的实际应用能力。

本书共 8 个项目，主要包括认识 CAXA 制造工程师、线架造型、几何变换、曲面造型、实体造型、数控铣加工与编程、多轴加工、综合加工实例等内容。各项目均配有项目拓展练习题，以便读者将所学知识融会贯通。通过这些项目的学习，读者不但可以轻松掌握 CAXA 制造工程师的基本知识和应用方法，而且能熟练掌握数控自动编程的方法。附录 1 是 5 套 CAM 实训测试题，这些都是作者通过多年教学中积累的使用经验为读者提供的练习实训图例，附录 2 是 FANUC 数控系统的准备功能 G 代码和辅助功能 M 代码。

本书可作为高职高专院校数控技术应用、机械设计与制造、模具设计与制造、机械加工技术及相关专业的 CAD/CAM 教学实训用书，也可以作为机械制造企业和相关单位的技术人员的培训教材。

图书在版编目(CIP)数据

CAD/CAM 数控编程项目教程.CAXA 版/刘玉春主编.—北京：北京大学出版社，2013.3
(21 世纪全国高职高专机电系列技能型规划教材)
ISBN 978-7-301-21873-0

Ⅰ.①C… Ⅱ.①刘… Ⅲ.①数控机床—程序设计—应用软件—高等职业教育—教材 Ⅳ.①TG659

中国版本图书馆 CIP 数据核字(2013)第 000148 号

书　　　　名：	CAD/CAM 数控编程项目教程(CAXA 版)
著作责任者：	刘玉春　主编
策 划 编 辑：	张永见　赖　青
责 任 编 辑：	张永见
标 准 书 号：	ISBN 978-7-301-21873-0/TH·0326
出 版 发 行：	北京大学出版社
地　　　　址：	北京市海淀区成府路 205 号　100871
网　　　　址：	http://www.pup.cn　新浪官方微博：@北京大学出版社
电 子 信 箱：	pup_6@163.com
电　　　　话：	邮购部 62752015　发行部 62750672　编辑部 62750667　出版部 62754962
印 刷 者：	北京富生印刷厂
经 销 者：	新华书店
	787 毫米×1092 毫米　16 开本　22 印张　515 千字
	2013 年 3 月第 1 版　2016 年 12 月第 2 次印刷
定　　　　价：	42.00 元

未经许可，不得以任何方式复制或抄袭本书之部分或全部内容。
版权所有，侵权必究
举报电话：010-62752024　电子信箱：fd@pup.pku.edu.cn

前　言

　　数控加工技术是典型的机电一体化技术，而 CAD/CAM 技术的推广和应用，为数控加工技术增添了新的思维模式和解决方案，国内各类加工制造企业的 CAD/CAM 技术应用水平正在迅速提高，只有培养大批掌握了 CAM 技术的人才，才能使 CAM 技术真正发挥作用，这一切对学校的人才培养提出了更高的要求。目前我国已成为全世界最大的数控机床消费市场，需要大量掌握现代技术的技工、技师，职业技能培训工作变得尤其重要。因此，开发既能满足企业对高技能人才的需求，又能结合当前各类院校实际教学条件的实训配套教材，已成为当务之急。

　　CAXA 公司一直致力于改进制造工程师的功能，CAXA 制造工程师 2011 版在 2008 版的基础上增加了特征实体造型、自由曲面造型、由三轴到五轴的数控编程等重要功能。针对多轴项目新增了曲线加工、曲面区域加工、叶轮系列粗加工和精加工、轨迹转换等功能，更新并提供更多的四轴、五轴后置处理功能，支持多轴定向加工功能等，同时新增了可用于代码转换、手工编程和宏程序编程助手等项目。

　　本书的写作就是以当前的需求为导向，工学结合，以实际生产应用的零件为主要素材来源，全面反映实用、先进的数控加工技术，结合编者多年来在机械 CAD/CAM 教学、科研和工程培训实践的经验而编写的。

　　数控加工自动编程是一门实践性很强的课程，因此，本书在编写过程中，刻意突出以下几个特点。

1．创新性

　　培养学生的创新精神和实践能力是素质教育的重点，本书的内容和特点正是以培养学生三维造型设计能力、空间想象能力和创新思维能力为教学目的，充分体现了新时代素质教育的基本要求。与同类教材相比，本书在编写中有意识地、带有启发性地增加反映制造技术的新发展及其综合应用方面的内容，使内容先进、题材格式新颖；更加注重学生操作技能与思维能力的培养，理论实践与创新思维相结合，力求符合职教特色。从职业院校学生的具体特点及未来就业角度等方面去考虑，以培养和提高学生数控编程能力为目标，具有很强的针对性和实践性。

2．操作性强

　　为满足技能型应用人才的培养需要，本书坚持以能力培养为主线的原则，适当降低理论难度，突出技术技能和实际的可操作性。本书提供了大量的操作实例及 600 多个操作图，贴近于计算机上的操作界面，步骤清晰明了，便于学生上机实践。本书力求使学习者在较短的时间内不仅能够掌握较强的三维造型方法和数控自动编程技巧，而且能够真正领悟到 CAXA 制造工程师软件应用的精华，并在每一任务后都配有任务总结和拓展练习题，供学生在学完本项目后复习巩固和自我检测。

3. 实践性强

总结编者多年从事 CAD/CAM 软件应用和计算机辅助设计教学的经验和体会，整合重构教学资源，精减浓缩教学内容，使新教材在从系统性、完整性向实效性转变的同时，充分体现新的课程理念，从以学科为中心、知识为本位向以学生发展为中心、能力为本位转变；从以"教"为中心向以"学"为中心转变。边学边做是学习本课程的方法，使学生在"教"、"学"、"做"中尽快掌握数控自动编程的核心技能技术，并使用 CAXA 制造工程师软件完成自动编程、加工仿真操作。

本书由刘玉春担任主编，彭新荣、唐勇、张秀芳任副主编，李晓东、王晓磊、李利芳、张帅任参编。具体编写分工如下：甘肃畜牧工程职业技术学院刘玉春编写项目 7、项目 8 和附录，河南省漯河市第一中等专业学校李利芳编写项目 8，威海市文登技师学院李晓东编写项目 6，吉林农业科技学院张秀芳编写项目 5，平顶山工业职业技术学院彭新荣编写项目 3，四川省宜宾市职业技术学校唐勇编写项目 4，陕西航空职业技术学院王晓磊编写项目 2，河南机电高等专科学校张帅编写项目 1，本书由甘肃畜牧工程职业技术学院王海涛教授担任主审，他对本书的编写与审阅给予了大力的支持和帮助，提出了许多宝贵的意修改，在此表示衷心的感谢。

本书的编写出版，得到了甘肃畜牧工程职业技术学院院系领导的大力支持和帮助；得到了兄弟院校教师的关心和支持，在此谨向他们表示衷心的感谢。

由于编者水平有限，加之 CAD/CAM 技术发展迅速，书中难免存在疏漏和不足，敬请批评指正。

编　者
2013 年 1 月

目　　录

项目 1　认识 CAXA 制造工程师 1

　　1.1　熟悉基本操作 2
　　1.2　快速入门 17

项目 2　线架造型 24

　　2.1　曲线绘制 25
　　2.2　曲线编辑 41
　　2.3　手柄平面图形绘制 49

项目 3　几何变换 55

　　3.1　1/4 直角弯管线架造型 56
　　3.2　六角花平面图形绘制 62

项目 4　曲面造型 71

　　4.1　曲面造型基础 72
　　4.2　吊钩三维曲面造型 90
　　4.3　集粉筒三维曲面造型 99
　　4.4　1/4 半圆弯头曲面造型 109

项目 5　实体造型 115

　　5.1　划线手柄实体造型 116
　　5.2　弹簧实体造型 132
　　5.3　筋板实体造型 139
　　5.4　实体造型综合实例 151

项目 6　数控铣加工与编程 164

　　6.1　光滑双曲线台体粗加工 165
　　6.2　椭圆深腔内壁精加工 183
　　6.3　凸轮外轮廓的精加工 202
　　6.4　数控铣加工综合实例 235

项目 7　多轴加工 247

　　7.1　四轴加工 248
　　7.2　五轴加工 256

项目 8 综合加工实例 ... 289

- 8.1 鼠标的造型与加工 ... 290
- 8.2 五角星的造型与加工 ... 298
- 8.3 连杆的造型与加工 ... 306
- 8.4 鼠标凹模型腔的造型与加工 ... 314
- 8.5 空间椭圆槽的设计与加工 ... 321

附录 1 CAD/CAM 数控铣模块实训测试题 ... 328

附录 2 FANUC 数控系统的准备功能 G 代码 ... 340

参考文献 ... 342

项目 1

认识 CAXA 制造工程师

学习目标

本项目是学习 CAXA 制造工程师的重要基础。通过典型工作任务的学习,达到快速认识该软件并熟练运用其绘制简单平面图的目的。

学习要求

(1) 了解 CAXA 制造工程师工作界面的构成。
(2) 了解 CAXA 制造工程师工作环境的设置。
(3) 掌握 CAXA 制造工程师的基本操作与技巧。
(4) 掌握"绝对坐标"与"相对坐标"的表示方式。

项目导读

CAXA 制造工程师是计算机辅助设计与辅助制造(CAD/CAM)工具软件,它为工程师、技术员和普通的劳动者提供了发挥设计和想象能力的机会。

CAXA 制造工程师工具软件提供了线架造型、曲面造型和实体造型三大类基本造型方法,具有自动编程、NC 代码自动校验和模拟加工仿真功能,为使用者省去了针对不同的控制系统、不同的零件编制复杂数控加工程序的环节,消除了检查数控加工程序对错的烦恼,减少了在加工过程中才发现问题而导致的材料浪费。

对于每一个指令一般涉及 4 个操作步骤。
(1) 在工具图标(下拉菜单)中选取功能图标。
(2) 在特征树栏定义工具方式。
(3) 在特征树栏中给定相应特征。
(4) 根据系统提示栏中的操作提示进行具体操作。

1.1 熟悉基本操作

1.1.1 任务导入

学习任何一个软件，都必须从操作界面入手。操作界面是每个操作者每时每刻都要面对，熟悉界面上各组成部分的含义和作用是必须的。CAXA 制造工程师操作界面如图 1.1 所示。

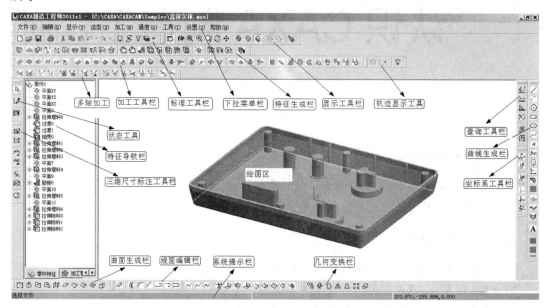

图 1.1

1.1.2 任务分析

CAXA 制造工程师的界面和其他 Windows 风格的软件界面类似，各种应用功能通过菜单和工具条驱动；状态栏指导用户进行操作，并提示当前状态和所处位置；导航栏记录了历史操作和相互关系；绘图区显示各种功能操作的结果；同时，绘图区和导航栏为用户提供了数据交互的功能。

CAXA 制造工程师工具条中的每一个按钮都对应一个菜单命令，单击按钮和单击菜单命令的效果是完全一样的。通过"鼠标键"、"回车键"、"功能热键""层设置"、"系统设置"和"自定义设置"等基本操作功能，可以有效地提高绘图效率。

1.1.3 任务知识点

启动 CAXA 制造工程师之后，进入主窗口，将显示图 1.1 所示的用户界面。其主要由标题栏、下拉菜单栏、标准工具栏、对象特性工具栏、特征栏、立即菜单、绘图区、状态栏及绘图编辑工具栏等组成。

1．绘图区

绘图区是用户进行绘图设计的工作区域，如图 1.1 所示的空白区域。它们位于屏幕的中心，并占据了屏幕的大部分面积。绘图区为显示全图提供了清晰的空间。

在绘图区的中央设置了一个三维直角坐标系，该坐标系称为世界坐标系。它的坐标原点为(0.00,0.00,0.00)。用户在操作过程中涉及的所有坐标均以此坐标系的原点为基准。

2．下拉菜单栏

下拉菜单栏位于界面最上方，单击菜单栏中的任意一个菜单，都会弹出一个下拉菜单，指向某一个菜单会弹出其子菜单。菜单栏与子菜单构成了下拉主菜单。

下拉菜单栏中包括【文件】、【编辑】、【显示】、【造型】、【加工】、【工具】、【设置】和【帮助】几个菜单。每个菜单都含有若干个下拉菜单。

如单击菜单栏中的【造型】菜单，指向下拉菜单中的【曲线生成】子菜单，然后选择其中的【直线】命令，界面左侧会弹出一个立即菜单，并在状态栏中显示相应的操作提示和执行命令状态。除了立即菜单和"工具"菜单，其他菜单中的某些菜单选项要求用户以对话的形式予以回答。单击这些菜单时，系统会弹出一个对话框，用户可根据当前操作做出响应。

3．立即菜单

立即菜单描述的是命令执行的各种情况和使用条件。用户根据当前的作图要求，正确地选择某一选项，即可得到准确的响应。在图1.1中显示的是画直线的立即菜单。

在立即菜单中，用鼠标选取其中的某一项(如"两点线")，便会在下方出现一个菜单选项或者改变该项的内容。

4．快捷菜单

光标处于不同的位置，按鼠标右键会弹出不同的快捷菜单。熟练使用快捷菜单，可以提高绘图速度。

将光标移到特征树栏中XY、YZ、ZX这3个基准平面上，按鼠标右键，弹出的快捷菜单如图1.2(a)所示。

将光标移到特征树栏中的特征上，按鼠标右键，弹出的快捷菜单如图1.2(b)所示。将光标移到特征树栏的草图上，按鼠标右键，弹出的快捷菜单如图1.2(c)所示。将光标移到绘图区中的实体上，用鼠标左键拾取实体表面，按鼠标右键，弹出的快捷菜单如图1.2(d)所示。

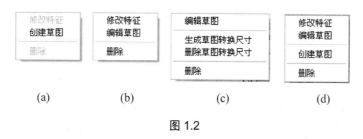

(a)　　　　(b)　　　　(c)　　　　(d)

图1.2

在草图状态下，用鼠标左键拾取草图曲线，按鼠标右键，弹出的快捷菜单如图1.3(a)所示。

在空间曲线、曲面上用鼠标左键拾取曲线或者加工轨迹曲线，然后按鼠标右键，弹出的快捷菜单如图1.3(b)所示。

在菜单栏空白处，按鼠标右键，弹出的快捷菜单如图 1.3(c)所示。

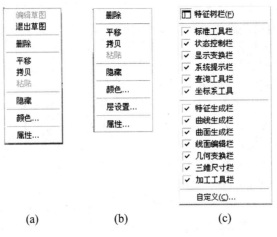

(a)　　　　　　　(b)　　　　　　　(c)

图 1.3

5．对话框

某些菜单选项要求用户以对话的形式予以回答，在单击这些菜单选项时，系统会弹出一个对话框，用户可根据当前操作做出响应。

6．工具栏

在工具栏中，可以通过单击相应的按钮进行操作。工具栏可以自定义，界面上的工具栏包括标准工具栏、显示工具栏、状态工具栏、曲线工具栏、几何变换栏、线面编辑栏、曲面生成栏和特征生成栏等。

(1) 标准工具栏。标准工具栏包含了标准的【打开】、【打印】等 Windows 按钮；也有制造工程师的【线面可见】、【层设置】、【拾取过滤设置】、【当前颜色】等按钮，如图 1.4 所示。

图 1.4

(2) 显示工具栏。显示工具栏包含了【显示全部】、【显示缩放】、【显示平移】、【视向定位】等选择显示方式的按钮，如图 1.5 所示。

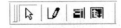

图 1.5

(3) 状态工具栏。状态工具栏包含了【终止当前命令】、【绘制草图】、【启动电子图板】和【启动数据接口】功能，如图 1.6 所示。注：对于启动电子图板功能，需在系统中安装 CAXA 电子图板软件才能使用。

图 1.6

(4) 曲线生成栏。曲线生成栏包含了【直线】、【圆弧】、【公式曲线】、【尺寸标注】等丰富的曲线绘制工具，如图1.7所示。

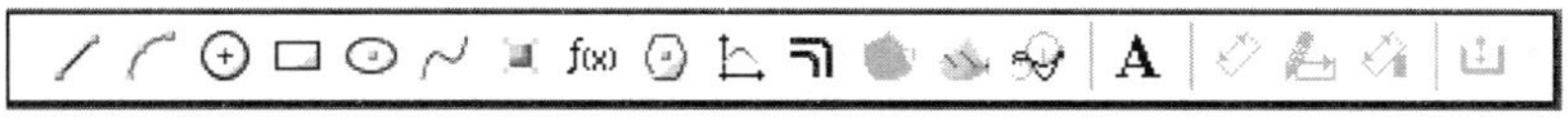

图1.7

(5) 几何变换栏。几何变换栏包含了【平移】、【镜像】、【旋转】、【阵列】等几何变换工具，如图1.8所示。

图1.8

(6) 线面编辑栏。线面编辑栏包含了【曲线裁剪】、【曲线过渡】、【曲线拉伸】和【曲面裁剪】、【曲面过渡】、【曲面缝合】等编辑工具，如图1.9所示。

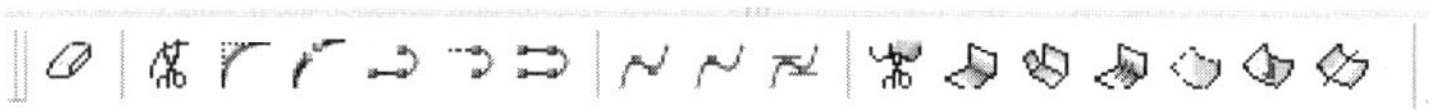

图1.9

(7) 曲面生成栏。曲面生成栏包含了【直纹面】、【旋转面】、【扫描面】等曲面生成工具，如图1.10所示。

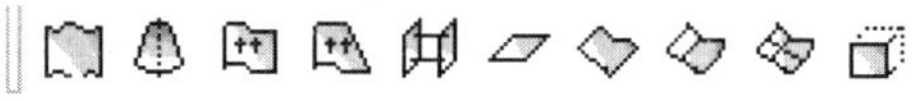

图1.10

(8) 特征生成栏。特征生成栏包含了【拉伸增料】、【导动增料】、【过渡】、【环形阵列】等丰富的特征造型工具，如图1.11所示。

图1.11

(9) 加工工具栏。加工工具栏包含了【粗加工】、【精加工】、【补加工】等加工工具，如图1.12所示。

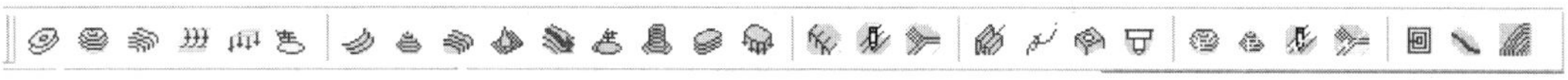

图1.12

(10) 坐标系工具栏。坐标系工具栏包含了【创建坐标系】、【激活坐标系】、【删除坐标系】、【隐藏坐标系】等工具，如图1.13所示。

(11) 三维尺寸标注工具栏。三维尺寸标注工具栏包含了【标注三维尺寸】、【编辑三维尺寸】等工具，如图1.14所示。

(12) 查询工具栏。查询工具栏包含了【查询坐标】、【查询距离】、【查询角度】、【查询属性】等工具，如图1.15所示。

图 1.13    图 1.14    图 1.15

(13) 特征导航栏。移动鼠标至【零件特征】按钮，按鼠标左键，显示特征导航栏，如图 1.16 所示。特征导航栏记录了零件生成的操作步骤，用户可以直接在特征导航栏中对零件特征进行编辑。

(14) 轨迹导航栏。移动鼠标至【加工管理】按钮，按鼠标左键，显示轨迹导航栏，如图 1.17 所示。轨迹导航栏记录了生成轨迹的刀具及其几何参数等信息，用户可以在轨迹导航栏上编辑轨迹。

图 1.16

图 1.17

7．工具点菜单

工具点就是在操作过程中具有几何特征的点，如圆心点、切点、端点等。点工具菜单就是用来捕捉工具点的菜单。用户在操作过程中需要输入特征点时，只要按空格键，即在屏幕上弹出点工具菜单，如图 1.18 所示。

8．矢量工具菜单

矢量工具菜单主要用来选择方向。在曲面生成过程中，当状态栏提示"输入扫描方向"时，只要按空格键，即在屏幕上弹出矢量工具菜单，如图 1.19 所示。

9．选择集拾取工具菜单

拾取图形元素(点、线、面)的目的就是根据作图的需要在已经完成的图形中选取作图所需的某一个或某几个元素。图 1.20 所示的是拾取方式选择工具菜单，用来确定拾取方式。

选择集拾取工具菜单就是用来方便地拾取所需要的元素的菜单。拾取元素的操作是经常用到的，应当熟练地掌握。在操作过程中，当状态栏提示"拾取加工对象"时，只要按空格键，即在屏幕上弹出选择集拾取工具菜单，如图 1.21 所示。

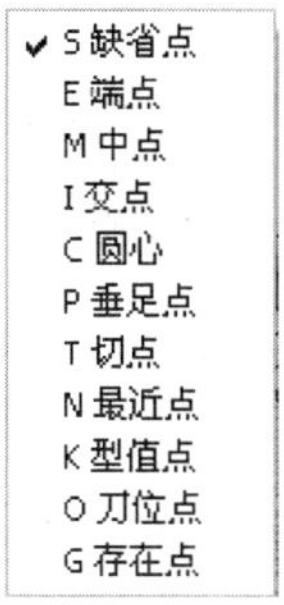

图 1.18 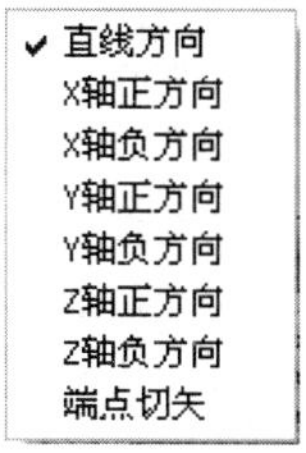　　　　图 1.19 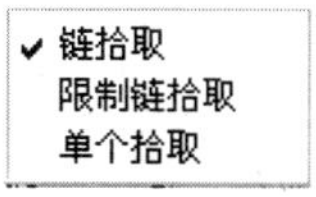　　　　图 1.20 　　　　图 1.21

通过移动鼠标，使光标对准待选择的某个元素，然后按鼠标左键，即可完成拾取的操作。被拾取的元素加亮显示(默认为红色)，以示与其他元素的区别。

10．鼠标键

鼠标左键可用来选择图素、确定点坐标、激活功能菜单。按鼠标左键一次称为单击，选择点、曲线、曲面和实体时进行的单击操作也称为拾取。

鼠标右键可用来确认拾取、结束操作、终止命令、弹出快捷菜单。按动鼠标右键一次称为右击。

11．回车键和数值键

当屏幕左下角提示输入"点坐标"(如圆心、中点、起点、终点、肩点等)或者"半径"时，一般是先按回车键激活图 1.22 所示的"数据输入框"，然后用数值键完成数据输入工作。如果数据以@号开头，表示使用"相对坐标"输入。

图 1.22

12．空格键

在下列情况下可使用空格键。

(1) 系统要求确定"点坐标"时，按空格键将弹出图 1.23(a)所示的【工具点】菜单，以确定合适的点捕捉方式，达到快速输入点坐标的目的。

(2) 作"扫描面"时，按空格键将弹出图 1.23(b)所示的【矢量工具】菜单，以选择方向。

(3) 作"曲线组合"和"平面"时，按空格键将弹出图 1.23(c)所示的【拾取方式选择】菜单，以确定拾取方式。

特别提示

单个拾取用在轮廓线不多且易拾取的场合；链拾取用在轮廓线较多且首尾相连的场合；限制链拾取用在选定两条限制线之间的连接链部分。

(4) 进行"剪切"、"复制"、"移动"、"阵列"操作时，按空格键将弹出图 1.23(d)所示的"选择集拾取工具"菜单，用来添加新图素或者去除已拾取图素。

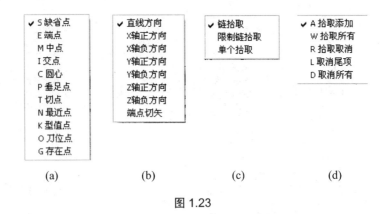

图 1.23

特别提示

当在屏幕任意位置处绘制点或拾取图素无效时,可执行以下操作:按空格键→在弹出的【工具点】菜单中选择【S缺省点】命令。

当使用空格键进行类型设置时,在拾取操作完成后,建议重新按空格键,选中弹出的菜单中的第一个选项(默认选项),使其回到系统的默认状态下,以便进行下一步的选取。

13．功能热键

(1) F1键：请求系统帮助。

(2) F2键：草图器。按奇数次进入"草图状态",偶数次退出"草图状态"。

(3) F3键：显示全部图形。

(4) F4键：刷新屏幕显示。

(5) F5键：将当前面切换至XOY平面。视图平面与XOY平面平行,把图形投影到XOY面内显示。

(6) F6键：将当前面切换至YOZ平面。视图平面与YOZ平面平行,把图形投影到YOZ面内显示。

(7) F7键：将当前面切换至XOZ平面。视图平面与XOZ平面平行,把图形投影到XOZ面内显示。

(8) F8键：以轴测图方式显示图形。

(9) F9键：将当前面在XOY平面、YOZ平面和XOZ平面间切换,但不改变视图平面。

(10) 方向键(←、↑、→、↓)：显示平移。

(11) PageUp、PageDown或Ctrl+方向键或Shift+鼠标右键：显示缩放。

(12) Shift+←、Shift+↑、Shift+→、Shift+↓或Shift+鼠标左键：显示旋转。

14．工具点

工具点就是在作图过程中具有几何特征的点,如圆心点、切点、端点等。

(1) 缺省点。系统自动按端点、中点、交点、圆心点、垂足点、切点和型值点的顺序捕捉点。在工具点菜单中用【S缺省点】项表示。

(2) 端点。端点是指曲线和实体棱边的起点和终点。在工具点菜单中用【E端点】项表示。

(3) 中点。中点是指曲线或实体棱边中间位置处的点。在工具点菜单中用【M 中点】项表示。

(4) 交点。交点是指两条曲线的实交叉点和曲线延长后的虚交叉点。在工具点菜单中用【I 交点】项表示。

(5) 圆心。圆心是指圆、圆弧、椭圆几何对称中心位置处的点。在工具点菜单中用【C 圆心】项表示。

(6) 垂足点。垂足点是指曲线外一点向曲线作最短连线时的交点。在工具点菜单中用【P 垂足点】项表示。

(7) 切点。切点是指曲线与圆、圆弧、椭圆作切线时的实交叉点。在工具点菜单中用【T 切点】项表示。

(8) 最近点。最近点表示捕捉光标覆盖范围内,从光标当前位置到最近曲线上的距离最短的点。在工具点菜单中用【N 最近点】项表示。

(9) 型值点。型值点是指圆、圆弧、椭圆与坐标系轴线的相交点或生成样条线、二次曲线时给定的关键值点。在工具点菜单中用【K 型值点】项表示。

(10) 存在点。存在点是指使用绘制点功能在屏幕上绘出的点。在工具点菜单中用【G 存在点】项表示。

在工具点菜单中如果选取了其他特征点,最好在使用后将特征点恢复为【S 缺省点】,否则在下次执行绘图命令时,将不能正确拾取点,造成不能正常绘图。

15．坐标系

(1) 工作坐标系。工作坐标系是指系统默认的坐标系→绝对坐标系、自定义的坐标系→工作坐标系或用户坐标系、正在使用的坐标系→当前工作坐标系。其中,当前工作坐标系是不能被删除的,任何时刻输入的点坐标或者光标移动时右下角的变动数值都是针对当前工作坐标系的。

(2) 创建坐标系。如果在绘图和造型过程中使用系统默认坐标系不方便,可以创建新坐标系。新创建的坐标系将自动成为当前工作坐标系。

CAXA 制造工程师提供了"单点"、"三点"、"两相交直线"和"圆或圆弧"4 种创建坐标系的方法。

用"圆或圆弧"方法创建的坐标系原点在圆或圆弧的圆心处,拾取的箭头方向即为"X 轴正向"。

操作实例 1-1

创建坐标系原点在当前工作坐标系(20,20,15)处的工作坐标系。

操作步骤如下。

① 按 F8 键。

② 依次选择主菜单中的【工具】→【坐标系】→【创建坐标系】命令。

③ 选择【单点】选项，按回车键→输入"新坐标系原点坐标"(20,20,15)→输入用户坐标系名称"LYC"，按回车键，创建出图 1.24 所示的新坐标系→右击结束。

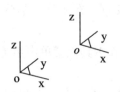

图 1.24

(3) 激活坐标系。如果系统中有多个坐标系，可根据绘图或造型的需要选择不同的坐标系。

操作步骤如下。

① 依次选择主菜单中的【工具】→【坐标系】→【激活坐标系】命令。

② 拾取需要激活的坐标系。

(4) 坐标表达方式。坐标表达方式分为完全表达和不完全表达两种。完全表达是指 X、Y、Z 这 3 个坐标值都需要明确给出的表达方法，如(30,0,40)，当 X、Y、Z 这 3 个坐标值中有零存在时，可以采用不完全表达方式，如坐标(30,0,40)可以表示为(30,,40)；又如坐标(30,20,0)可以表示为(30,20,)；再如坐标(0,0,20)可表示为(,,20)。

点输入有绝对坐标和相对坐标两种方式，但第一个点坐标必须使用绝对坐标输入，从第二个点开始才能使用相对坐标(数据前加"@"符号)。

操作实例 1-2

绘制图 1.25 所示的平面图形。

操作步骤如下。

① 单击【直线】图标→依次选择【两点线】、【连续】、【非正交】选项，如图 1.26 所示。

② 按回车键→输入"起点坐标"O(0,0)→按回车键→输入"终点坐标"B(120,0)→按回车键，得到长为 120mm 的 OB 直线。

③ 输入"终点坐标"C(120,50)→按回车键，得到 BC 直线。

④ 输入"终点坐标"D(@-50,0)→按回车键，得到 CD 直线。

⑤ 输入"终点坐标"E(@0,45)→按回车键，得到 DE 直线。

⑥ 输入"终点坐标"F(@-35,0)→按回车键，得到 EF 直线。

⑦ 输入"终点坐标"G(@-35,-45)→按回车键，得到 FG 直线。

⑧ 输入"终点坐标"O(0,0)→按回车键，得到 GO 直线→右击结束，结果如图 1.25 所示。

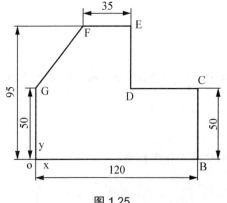

图 1.25

图 1.26

特别提示

直接输入坐标值时虽然省略了按回车键的操作,但是不适合所有的数据输入。例如,当输入的数据第一位使用省略方式时,","不出现或相对输入时,@不出现。建议先按回车键,再输入数据。

相对坐标是相对于当前点(前一次使用的点)的坐标,与坐标系原点无关。例如,输入(@10,20,30),它表示相对于当前点来说,输入了一个 X 坐标为 10、Y 坐标为 20、Z 坐标为 30 的点。相对输入或不完全表达时,必须先按键盘上的回车键,让系统在屏幕中弹出数字输入框。

16.视图平面和作图平面

视图平面是指看图时使用的平面。作图平面是指绘制图形时使用的平面。

CAXA 制造工程师沿用了机械制图中的基本思想:用"XOZ 平面"画主视图、用"XOY 平面"画俯视图、用"YOZ 平面"画左视图,在这 3 个平面上共同作图,形成表达实体形状的三维图形。

在二维平面中绘图,视图平面和作图平面是统一的;在三维空间中绘图,视图平面和作图平面可以不统一。

当前面是指当前工作坐标系下的作图平面。在坐标系架上用斜线标识当前面,如图 1.27 所示。

图 1.27(a)表示当前面是"XOY 平面",图 1.27(b)表示当前面是"YOZ 平面",图 1.27(c)表示当前面是"XOZ 平面"。

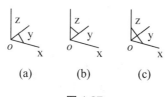

图 1.27

 操作实例 1-3

绘制图 1.28 所示的立体图形。

操作步骤如下。

(1) 单击【直线】图标 →依次选择【两点线】、【连续】、【非正交】命令,如图 1.26 所示。

(2) 按回车键→输入"起点坐标"O(0,0,0)→按回车键→输入"终点坐标"A(100,0,0)→按回车键,得到长为 100mm 的 OA 直线。

(3) 输入"终点坐标"B(100,60,0)→按回车键,得到 AB 直线。

(4) 输入"终点坐标"C(@-100,0,0)→按回车键,得到 BC 直线。

(5) 输入"终点坐标"O(@0,-60,0)→按回车键,得到 CO 直线。

(6) 按 F9 键:将当前面切换为 YOZ 平面。

(7) 输入"终点坐标"F(@0,0,80)→按回车键,得到 OF 直线。

(8) 输入"终点坐标"E(@0,60,0)→按回车键,得到 FE 直线。

(9) 输入"终点坐标"C(@0,0,-80)→按回车键,得到EC直线。
(10) 按F9键:将当前面切换为XOZ平面。
(11) 捕捉E点,输入"终点坐标"D(@100,0,0)→按回车键,得到ED直线。
(12) 输入"终点坐标"B(@0,0,-80)→按回车键,得到DB直线→右击结束,结果如图1.28所示。

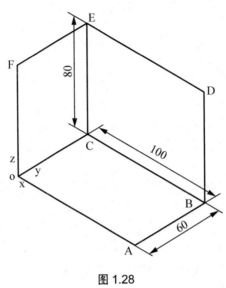

图1.28

当需要使用工具点时,如果不希望每次都按空格键弹出工具点菜单,可以使用简略方式。即使用热键来切换到需要的点状态。热键就是点菜单中每种点前面的字母。

17．图素的可见性

隐藏的图素(仅限于点、曲线和曲面)是指图素只是屏幕上暂时不显示了,并没有删除,可通过"图素可见"的设置使其重新显示出来,这是进行复杂零件造型(特别是线架造型和曲面造型)时经常使用的一种手段。

操作步骤如下。

(1) 依次选择主菜单中的【编辑】→【图素不可见】命令。

(2) 拾取图素(被拾取的图素以红色显示)→右击结束,拾取的图素不见了。

图素可见是指使不可见的图素恢复其可见的性质。

操作步骤如下。

(1) 选择主菜单中的【编辑】→【图素可见】命令(不可见的图素均以红色显示)。

(2) 拾取需要可见的图素(一次可拾取多个)→右击结束,拾取的图素可见了。

只能对当前图层中的图素进行"图素可见"与"图素不可见"操作。

18．查询

在作图过程中，可使用"查询"功能查出点的坐标、两点间距离、两直线间夹角、圆心角或者图素的属性(是直线、圆弧、公式曲线还是样条线)或者实体的体积、表面积、质量、重心坐标、惯性矩。

操作步骤如下。

(1) 选择主菜单中的【工具】→【查询】→【坐标】、【距离】、【角度】、【元素属性】或【零件属性】命令。

(2) 拾取元素→右击，弹出【查询结果】对话框→单击【关闭】按钮，或单击【存盘】按钮保存数据后右击结束。

19．当前颜色

当前颜色是指点和曲线在屏幕上显示的颜色。可通过单击"当前颜色"图标或者通过单击主菜单中的【设置】→【当前颜色】命令激活该功能。

操作步骤如下。

(1) 单击【当前颜色】图标 。

(2) 在弹出的【颜色管理】对话框中选取颜色→单击【确定】按钮。

20．层设置

层是图层的简称。如果把一个图层看成一张透明纸，那么，屏幕上显示的结果就是每张纸上内容的叠加，增加新层就相当于在当前一叠透明纸的最下面再添加一张。在工作中可根据需要，将不同元素放在不同的图层中，达到方便修改或只显示特定元素的目的。

层设置包括修改(查询)图层名、图层状态、图层颜色、图层可见性及创建新图层。

操作步骤如下：单击主菜单中的【设置】→【层设置】命令，弹出图1.29所示的【图层管理】对话框。【图层管理】对话框中的【状态】选项用于设置该层上的图素能否进行编辑。当图层处于"锁定"状态时，虽然层上图素可见，但不能被拾取。

特别提示

(1) 当前层不能"锁定"、"不可见"、"删除"。
(2) 要删除某个图层，必须先删除其层上的所有元素。
(3) 新建图层名不能与现有图层名相同。

操作实例1-4

新建层名分别为"练习1"、"练习2"和"练习3"，颜色分别为"红色"、"白色"和"蓝色"的图层，并把"练习2"层设置为当前图层。

操作步骤如下。

(1) 单击主菜单中的【设置】→【层设置】命令，弹出【图层管理】对话框。

(2) 单击【新建图层】按钮→双击【名称】栏中的新图层→输入层名"练习1"→按回

车键→双击"练习 1"的【颜色】栏→在弹出的【颜色管理】对话框中选择"红色"→单击【确定】按钮。

(3) 单击【新建图层】按钮→双击【名称】栏中的新图层→输入层名"练习 2"→按回车键→双击"练习 2"的【颜色】栏→在弹出的【颜色管理】对话框中选择"白色"→单击【确定】按钮。

(4) 单击【新建图层】按钮→双击【名称】栏中的新图层→输入层名"练习 3"→按回车键→双击"练习 3"的【颜色】栏→在弹出的【颜色管理】对话框中选择"蓝色"→单击【确定】按钮。

(5) 单击【名称】栏中的"练习 2"→单击【当前图层】按钮→【确定】按钮,结果如图 1.29 所示。

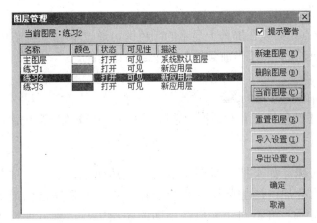

图 1.29

21．系统设置

系统设置是指对系统的一些原始环境、参数、颜色进行设定。

操作步骤如下。

(1) 选择主菜单中的【设置】→【系统设置】命令,弹出【系统设置】对话框。

(2) 选取【环境设置】或【系统设置】或【颜色设置】→输入参数→单击【确定】按钮。

特别提示

有关设置可以先打开对话框看一看,如果是初次接触 CAXA 制造工程师软件,建议不要急于进行修改,先单击【取消】按钮退出。例如,如果在【拾取过滤设置】对话框中进行了设置,不选中"空间点"选项,而单击【确定】按钮退出,要再拾取两点作一个矩形,无论怎么按鼠标键,都不可能拾取到点。如果在作图过程中出现元素选不中的情况,首先要想到按空格键,看看点的拾取设置对不对,如果是对的,就应该想到是否"拾取过滤设置"不对,打开它检查一下。

22．材质设置

材质设置是指对生成的实体表面材质进行设定。

操作步骤如下。

(1) 选择主菜单中的【设置】→【材质设置】命令，弹出图 1.30 所示的【材质属性】对话框。

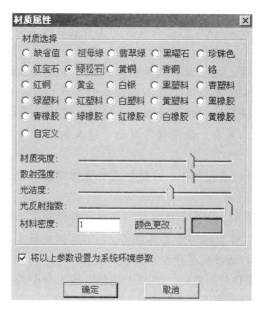

图 1.30

(2) 在对话框中进行【材质选择】、【材质亮度】、【散射强度】、【光洁度】、【光反射指数】、【材料密度】选择。

特别提示

如果还需要设置"材质颜色"，可在弹出的【材质设置】对话框中，单击【颜色更改】按钮→弹出【颜色】对话框，选取所需的颜色→单击【确定】按钮，回到【材质属性】对话框→单击【确定】按钮，完成自定义。

23．显示

(1) 显示窗口。显示窗口是指为了在屏幕上看清图形的微小细节而对局部进行放大显示的窗口。可通过单击【显示窗口】图标 或者通过选择主菜单中的【显示】→【显示变换】→【显示窗口】命令激活该功能。

(2) 显示效果。

① 真实感显示。真实感显示是指对曲面或实体采用真实的显示效果进行显示，可通过单击【真实感】图标 激活该功能，常用在需要拾取实体表面或者显示曲面和实体材质实际效果的场合。

② 消隐显示。消隐显示是指对曲面或实体采用消隐的显示效果进行显示，可通过单击【消隐显示】图标 激活该功能。

③ 线架显示。线架显示是指将零部件采用线架的显示效果进行显示，可通过单击【线架显示】图标 激活该功能，常用在拾取曲面或实体边界线的场合。

任 务 小 结

  通过本任务主要学习CAXA制造工程师的工作环境及其设定、基本操作和常用工具，包括文件管理、显示、鼠标和键盘的使用、工具条定制、图层操作、坐标系以及基本图素的可见性等操作。这些常用工具和基本操作不是孤立的，以后要经常用到这些内容，熟练掌握后将在很大程度上提高后续造型工作的效率和质量。读者可以通过熟练运用这些功能键，提高绘图的灵活性和方便性，还可以通过建立个性的层设置和操作环境，修改常用的工具条，使得操作页面变得人性化，因此读者在学习本任务知识时要重点掌握。

  (1) 对于一些概念性的基础知识，应结合上机操作领会其中的含义，以便于快速记忆。

  (2) 对于一些基本操作，应多上机演练。此时，要特别关注命令行的提示，因为它是人机交互的关键所在，对于初学者尤其重要，能够有效地提高学习效率和能力，即使在后面的操作实践中也要随时观察命令行的提示。

  (3) 初学者在上机操作时，应以工具栏"图标"输入命令为主，并且应时刻注意命令行的提示，可提高绘图效率。

练 习 与 拓 展

1. 填空题

(1) CAXA制造工程师工具软件提供了(　　)、(　　)、(　　)三大类基本造型方法。

(2) 鼠标左键可用来(　　)。按鼠标左键一次称为单击，对点、曲线、曲面和实体进行选择的单击操作也称为拾取。

(3) Shift+←、Shift+↑、Shift+→、Shift+↓或Shift+鼠标左键：显示(　　)。

(4) 点的坐标输入有两种方式：(　　)和(　　)。

(5) 图层具有(　　)、(　　)、(　　)等特征，利用图层对设计中的图形对象分类进行组织管理，可起到方便设计、保持图面清晰、防止误操作等作用。

(6) (　　)键可以在3个平面之间进行切换，视向(　　)改变。

2. 判断题

(1) CAD/CAM技术的发展和应用水平已成为衡量一个国家科技现代化和工业现代化水平的重要标志之一。　　　　　　　　　　　　　　　　　　　　　　　　(　　)

(2) F5键：将当前面切换至XOY平面。视图平面与XOY平面平行，把图形投影到XOY面内显示。　　　　　　　　　　　　　　　　　　　　　　　　　　　　(　　)

(3) 当前工作坐标系是能够被删除的，任何时刻输入的点坐标或者光标移动时右下角的变动数值，都是针对当前工作坐标系的。　　　　　　　　　　　　　　　(　　)

(4) CAXA 制造工程师软件是一种 CAD/CAM 集成软件,主要功能有交互进行零件几何建模、加工代码生成、联机通信等。   (   )

1.2 快速入门

1.2.1 任务导入

本任务通过图 1.31 所示的实体造型和图 1.32 所示的笔盒加工实例,介绍 CAXA 制造工程师 2011 的曲线(草图)绘制、编辑、实体造型和数控加工的基本操作,使读者对 CAXA 制造工程师的基本概念、操作和功能有比较全面的认识,为对 CAXA 制造工程师的深入学习和理解奠定基础。

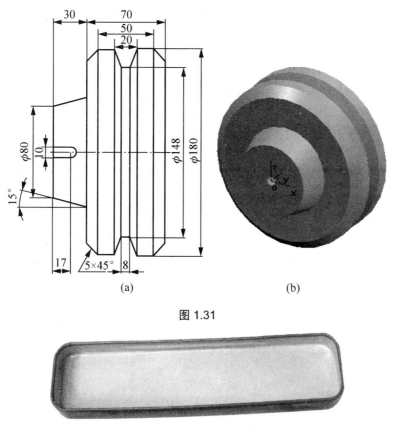

图 1.31

图 1.32

1.2.2 任务分析

图 1.31 所示为回转体零件,应采用旋转增料的方法完成造型,关键是旋转特征截面草图的作法;图 1.32 所示为笔盒零件的造型与加工,重点突出了笔盒零件加工轨迹生成及仿真方法。作为入门任务,旨在使读者按照操作实例完成工作任务,为后续学习奠定基础。

本任务用到了实体造型、数控加工轨迹生成及仿真等诸多知识,是本书重点讲解的内容,将会在后面各项目中展开介绍。

1.2.3 实体造型步骤

1.回转体零件的实体造型

(1) 单击零件特征树中的【平面 XOY】选项,XOY 面为绘图基准面。

(2) 单击【绘制草图】图标 ,进入草图绘制状态,按 F5 键。

(3) 单击【直线】图标 →依次选择【两点线】、【连续】、【点方式】选项。

(4) 按回车键→输入"起点坐标"(0,0,0)→按回车键→输入"终点坐标"及 2 点坐标(40,0,0)→按回车键→输入 3 点坐标(48,30,0)→输入 4 点坐标(80,30,0)→按回车键→输入 5 点坐标(90,40,0)→按回车键→输入 6 点坐标(90,55,0)→按回车键→输入 7 点坐标(74,61,0)→按回车键→输入 8 点坐标(74,69,0)→按回车键→输入 9 点坐标(90,75,0)→按回车键→输入 10 点坐标(90,90,0)→按回车键→输入 11 点坐标(80,100,0)→按回车键→输入 12 点坐标(0,100,0)→按回车键→输入原点坐标(0,0,0) →按回车键→右击结束,结果如图 1.33 所示。

(5) 单击【整圆】图标 ,选择【圆心_半径】选项。

(6) 输入"圆心坐标"(0,17,0),输入半径"5"→按回车键。

(7) 单击【直线】图标 →依次选择【两点线】、【连续】、【点方式】选项→捕捉圆的右侧点→输入"终点坐标"(5,0,0) →按回车键→右击结束。

(8) 单击【剪裁】图标 →选择剪裁不需要的线→按回车键结束,结果如图 1.34 所示。

(9) 单击【绘制草图】图标 ,退出草图绘制状态。

(10) 单击【直线】图标 →依次选择【两点线】、【连续】、【点方式】选项→捕捉坐标原点→输入"终点坐标"(0,-50,0) →按回车键→右击结束,回转轴线绘制完成。

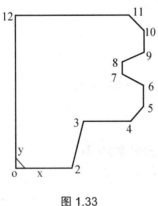
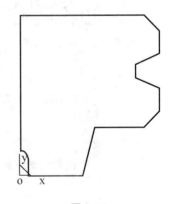

图 1.33　　　　　　　　　　　　　　　图 1.34

(11) 按 F8 键→单击【旋转增料】图标 →选择【单向旋转】选项→输入旋转角度"360"。

(12) 在【特征树】上拾取"草图 0"→拾取回转轴线→单击【确定】按钮,结果如图 1.31(b)所示。

2.笔盒薄壁零件的造型

图 1.35 所示笔盒薄壁零件造型的操作步骤如下。

(1) 单击零件特征树中的【平面 XOY】选项，XOY 面为绘图基准面。

(2) 单击【绘制草图】图标，进入草图绘制状态。

(3) 单击曲线工具中的【矩形】图标，选择对话框中默认的"中心-长-宽"方式，输入长度"200"，宽度"80"，选择原点作为中心点，完成矩形操作，如图 1.35 所示。

(4) 单击【曲线过渡】图标，在弹出的过渡对话框中输入半径值"10"，然后选择相应的边，完成过渡操作，如图 1.36 所示。

(5) 单击【拉伸增料】图标，在弹出的拉伸对话框中输入深度值"30"，然后单击【确定】按钮，完成拉伸实体操作，如图 1.36 所示(可以按 F8 键观察其轴测图)。

(6) 拾取长方体的上表面作为绘图的基准面，然后单击【绘制草图】图标，进入草图绘制状态。

(7) 按 F5 键切换为 XOY 面显示，单击曲线工具栏中的【相关线】图标，在对话框中选择"实体边界"方式，拾取长方体上表面的四边，生成 4 条直线。

(8) 单击【等距线】图标，选择对话框中默认的"单根曲线-等距"方式，输入距离"2"，然后拾取步骤(7)中生成的直线，选择指向坐标点的方向，绘制等距线，如图 1.38 所示。

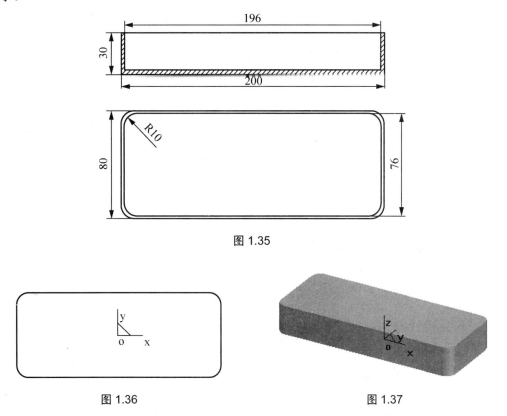

图 1.35

图 1.36　　　　　　　　　　图 1.37

(9) 单击【删除】图标，删除原直线。单击【绘制草图】图标，退出草图绘制状态。

(10) 单击【拉伸除料】图标，在弹出的拉伸对话框中输入深度值"28"，然后单击【确定】按钮，完成拉伸实体操作，如图 1.39 所示(可以按 F8 键观察其轴测图)。

至此，笔盒薄壁零件的实体造型就完成了。

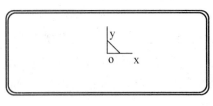
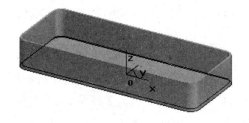

图 1.38　　　　　　　　　　　　　　图 1.39

1.2.4　笔盒薄壁零件的加工

1．加工前的准备工作

(1) 设定加工刀具。操作步骤如下。

① 在特征树加工管理区内选择【刀具库】命令，弹出【刀具库管理】对话框。

② 增加铣刀。单击【增加刀具】按钮，在对话框中输入铣刀名称"D10，r1"，增加一个区域式加工需要的铣刀。

③ 设定增加的铣刀的参数。在【刀具库管理】对话框中输入准确的数值，其中的刀刃长度和刀杆长度与仿真有关，而与实际加工无关，刀具定义即完成。其他定义需要根据实际加工刀具来完成。

(2) 后置设置。用户可以增加当前使用的机床，给出机床名，定义适合自己机床的后置格式。系统默认的格式为 FANUC 系统的格式。

操作步骤如下。

① 选择【加工】→【后置处理】→【后置设置】命令，或者选择特征树加工管理区的【机床后置】选项，弹出【机床后置】对话框。

② 机床设置。设置当前机床类型为"FANUC"。

③ 后置设置。选择【后置设置】选项卡，根据当前的机床，设置各参数。

(3) 设定加工毛坯。

操作步骤如下。

① 选择【加工】→【定义毛坯】命令，或者选择特征树加工管理区的【毛坯】选项，弹出【定义毛坯】对话框。

② 在【毛坯定义】选项组中选择"参照模型"方式，对系统给出的尺寸进行调整，如图1.40所示。

③ 单击【确定】按钮后，生成毛坯。

④ 确定区域式加工的轮廓边界。

2．区域式粗加工刀具轨迹

(1) 单击曲线工具栏中的【相关线】图标，在对话框中选择"实体边界"方式，拾取长方体内表面的四边，生成4条直线，作为加工边界，如图1.39所示。

(2) 选择【加工】→【粗加工】→【区域式粗加工】命令，或者单击加工工具栏中的图标，或者在特征树加工管理区空白处右击，在弹出的快捷菜单中选择【加工】→【粗加工】→【区域式粗加工】命令，如图1.41所示。

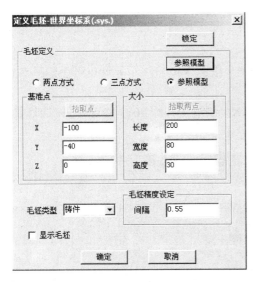

图 1.40

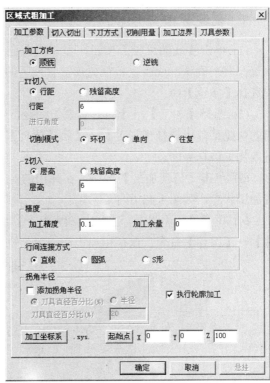

图 1.11

(3) 设置切削用量。设置"加工参数"选项卡中的加工方向为"顺铣",选择刀具直径为 10mm 的平头槽铣刀,在"Z 切入"选项组中设置"层高"为"5"(该项为轴向切深),"XY 切入"中"行距"为"6","加工余量"为"0",如图 1.41 所示。在【切削用量】选项卡中设置"主轴转速"为"6000","切削速度"(即进给速度)为"900"。

(4) 选择【刀具参数】选项卡,选择已经在刀具库中设定好的槽铣刀"D10,r1",设定铣刀的参数。

(5) 选择【加工边界】选项卡,在"Z 设定"选项组中设置"最大"为 32,"最小"为"2",确定加工部分,否则区域式加工将一直加工到底。

(6) 根据状态栏提示轮廓,拾取区域式加工的笔盒内轮廓,右击确认。

(7) 根据状态栏的提示拾取岛屿,右击确认,选取系统默认岛屿。之后系统开始计算,最终得到加工轨迹,如图 1.42 所示。

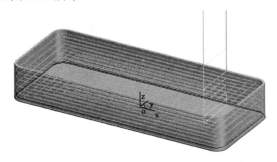

图 1.42

3．轨迹仿真

(1) 单击【线面可见】按钮，显示所有已经生成的加工轨迹，然后拾取区域式粗加工轨迹，右击确认；或者在特征树加工管理区的粗加工刀具轨迹上右击，在弹出的快捷菜单中选择【显示】命令。

(2) 选择【加工】→【轨迹仿真】命令，或者在特征树加工管理区空白处右击，在弹出的快捷菜单中选择【加工】→【轨迹仿真】命令。拾取所有刀具轨迹，右击结束，系统进入加工仿真界面。

(3) 单击【仿真加工】按钮，在弹出的对话框中单击【仿真开始】按钮，系统进入仿真加工状态，如图 1.43 所示。

(4) 仿真检验无误后，退出仿真程序，回到 CAXA 制造工程师 2011 的主界面，选择【文件】→【保存】命令，保存粗加工和精加工轨迹。

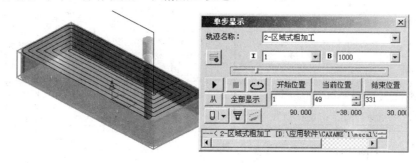

图 1.43

4．生成 G 代码

(1) 选择【加工】→【后置处理】→【生成 G 代码】命令，弹出【选择后置文件】对话框，如图 1.44 所示，输入加工代码文件名"笔盒"，单击【保存】按钮。

(2) 拾取生成的粗加工的刀具轨迹，右击确认，将弹出的粗加工代码文件保存即可，如图 1.45 所示。

图 1.44　　　　　　　　　　　图 1.45

至此，该薄壁件的造型、生成加工轨迹、加工轨迹仿真检查、生成 G 代码程序的工作已经全部做完，可以把 G 代码程序通过工厂的局域网送到车间去了。

任 务 小 结

　　本任务通过回转体实体造型和笔盒加工实例,介绍了CAXA制造工程师实体造型、加工轨迹生成、加工轨迹仿真检查、生成G代码程序等内容,使读者对CAXA制造工程师2011的主要内容有个初步的了解和认识。本任务中的笔盒薄壁零件造型相对比较简单,但是相对于高速加工过程来说,薄壁件的加工却是一个比较复杂的过程。使用常规加工方法,很难提高薄壁结构零件的加工效率,并且很难保证加工质量。所以,对于薄壁件来说,使用高速加工方式是解决其加工性能不佳的良好途径。

练习与拓展

1. 认知题

(1) 将光标移动到每个图标处停留一下,借助软件系统给出的提示,熟悉图标代表的功能。

(2) 熟悉主菜单及子菜单的内容。

(3) 熟悉常用键的功能,重点观察按F5、F6、F8和F9键时坐标系显示上的变化及移动光标时右下角数值变动规律。

(4) 创建一个工作坐标系,观察移动光标时右下角数值变化情况;切换当前工作坐标系,再观察右下角数值变化情况。

(5) 在【图层管理】对话框中,添加名称分别为"线架"、"曲面"、"实体"、"加工轨迹"的新图层,颜色自定义。

2. 作图题

(1) 绘制图1.46所示的平面图形。

(2) 绘制图1.47所示的平面立体图形。

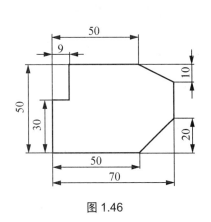

图1.46

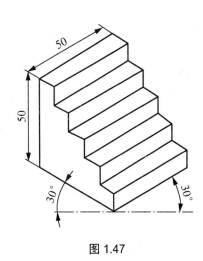

图1.47

项目 2

线架造型

学习目标

本项目主要学习 CAXA 制造工程师线架造型的方法,是学习 CAXA 制造工程师的重要基础,通过典型工作任务的学习,达到快速掌握并熟练运用线架造型的方法绘制简单平面图和线框立体图的目的。

学习要求

(1) 掌握用空间点和空间曲线来描述零件轮廓形状的造型方法。
(2) 掌握功能图标操作方法,提高作图效率。
(3) 掌握绘制简单二维平面图形和三维线框立体图的方法。
(4) 掌握平面图形编辑方法。

项目导读

"线架造型"就是直接使用空间点、直线、圆、弧、样条线等曲线(有的称作"架线")表达三维零件形状的造型方法。CAXA 制造工程师软件为"草图"或"线架"的绘制提供了多项功能:直线、圆弧、圆、椭圆、样条、点、公式曲线、多边形、二次曲线、等距线、曲线投影、相关线和曲线编辑等。利用这些功能,可以方便快捷地绘制出各种各样复杂的图形。

基本绘图功能是线架造型、曲面造型和实体造型的基础,熟练掌握曲线的绘制是三维造型和编程的重要保证。

2.1 曲线绘制

2.1.1 任务导入

根据所给 18 个图形，认真分析读懂图形，运用相关命令完成二维图形的绘制。通过练习，初步掌握 CAXA 制造工程师软件中直线、圆弧、圆、矩形等常用绘图功能及操作技巧。

2.1.2 任务分析

本任务所选练习图形简单，通过学习 18 个操作实例，其短小精悍，旨在学习直线、圆弧、圆、矩形、椭圆、样条、点、公式曲线、多边形、二次曲线、等距线、曲面投影、相关线、文字等绘图命令，有些图形需要掌握一定技巧才能顺利绘制完成，目的在于扩大读者视野，提高学习兴趣，培养灵活运用知识的能力。

2.1.3 任务知识点

CAXA 制造工程师软件为曲线绘制提供了 14 项功能，分别是直线、圆弧、圆、矩形、椭圆、样条、点、公式曲线、多边形、二次曲线、等距线、曲面投影、相关线、文字等。用户可以利用这些功能，方便快捷地绘制出各种各样复杂的图形。

1．直线

直线是图形构成的基本要素，为了适应各种情况下直线的绘制。直线功能提供了两点线、平行线、角度线、切线/法线、角等分线和水平/铅垂线 6 种方式。

(1) 选择主菜单中的【应用】命令，指向【曲线生成】，选择【直线】命令，或者直接单击 按钮。

(2) 在立即菜单中选取画线方式，单击下拉按钮 ，切换到不同的直线绘制方式，根据状态栏提示，完成操作，如图 2.1 所示。

图 2.1

特别提示

可随时改变"选项"菜单内容。例如，单击【直线】图标 后，发现处于"平行线"绘制方式，如果想绘制"两点线",切换的步骤是:选择"选项"菜单的下拉按钮▼→选择【两点线】命令。

操作实例 2-1

绘制图 2.2 所示的平面图形。

操作步骤如下。

(1) 单击【直线】图标 →依次选择【两点线】、【连续】、【正交】(非正交也可以)、【点方式】命令,如图 2.1 所示。

(2) 按回车键→输入"起点坐标"(0,0)→按回车键→输入"终点坐标"(50,0)→按回车键,得到长为 50mm 的第 1 条直线。

(3) 输入"终点坐标"(85,38)→按回车键,得到第 2 条直线。

(4) 输入"终点坐标"(@0,32)→按回车键,得到第 3 条直线。

(5) 输入"终点坐标"(@-35,0)→按回车键,得到第 4 条直线。

(6) 输入"终点坐标"(@0,-35)→按回车键,得到第 5 条直线。

(7) 输入"终点坐标"(@-20,0)→按回车键,得到第 6 条直线。

(8) 输入"终点坐标"(@0,35)→按回车键,得到第 7 条直线。

(9) 输入"终点坐标"(0,50)→按回车键,得到第 8 条直线。

(10) 输入"终点坐标"(0,0)→按回车键,得到第 9 条直线→右击结束,结果如图 2.2 所示。

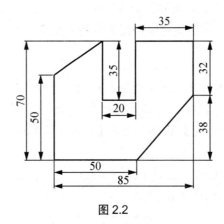

图 2.2

特别提示

(1) 选取"过点"时,拾取点可以按空格键,利用"工具点"菜单选择点的类型;也可按回车键,进行绝对坐标或相对坐标输入。

(2) 非正交:可以画任意方向的直线,包括正交的直线。

正交:指所画直线与坐标轴平行。

点方式:指定两点来画出正交直线。

长度方式:指定长度和点来画出正交直线。

平行线:按给定距离绘制与已知线段平行且长度相等的单向或双向平行线段。

角度线:生成与坐标轴或一条直线成一定夹角的直线。

操作实例 2-2

利用两点线绘制图 2.3(b)所示圆的公切线。

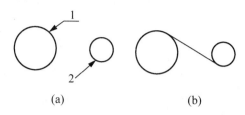

(a)　　　　　　　　　(b)

图 2.3

操作步骤如下。

(1) 单击【直线】图标，系统提示"输入第一点"。
(2) 按空格键弹出"工具点"菜单，选择【切点】命令。
(3) 然后按提示拾取第一个圆，拾取的位置如图 2.3(a)所示的"1"所指的位置。
(4) 输入第二点时，方法同第一点的拾取方法一样，拾取第二个圆的位置如图 2.3(a)所示的"2"所指的位置，作图结果如图 2.3(b)所示。

这里需要注意的是，在拾取圆时，拾取位置的不同，则切线绘制的位置也不同。

 特别提示

点的输入有两种方式：按空格键拾取工具点和按回车键直接输入坐标值。充分利用"工具点"菜单，可以绘制出多种特殊的直线。

2．圆弧

圆弧是图形构成的基本要素，为了适应各种情况下圆弧的绘制，圆弧功能提供了 6 种方式：三点圆弧、圆心_起点_圆心角、圆心_半径_起终角、两点_半径、起点_终点_圆心角和起点_半径_起终角。

(1) 选择主菜单【应用】命令，指向下拉菜单【曲线生成】，选择【圆弧】命令，或者直接单击 按钮。
(2) 在立即菜单中选取圆弧方式，单击下拉按钮 ，切换到不同的圆弧绘制方式，根据状态栏提示，完成操作，如图 2.4 所示。

图 2.4

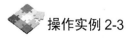 操作实例 2-3

绘制图 2.5 所示的平面图形。

操作步骤如下。

(1) 单击【直线】图标 →依次选择【水平/铅垂线】、【水平】命令→输入长度为"100"。

(2) 按回车键→输入"中点坐标"(0,0)→按回车键→右击结束，结果如图2.6所示。

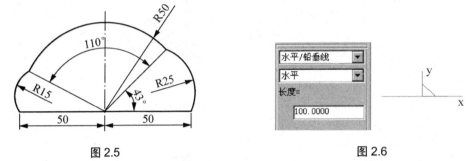

图2.5　　　　　　　　　　　　　　图2.6

(3) 单击【圆弧】图标 →选择【圆心_半径_起终角】命令→输入"起始角"为"43"→输入"终止角"为"153"→按回车键。

(4) 按回车键→输入"圆心坐标"(0,0,0)→按回车键→输入"半径"为"50"→按回车键→右击结束，结果如图2.7所示。

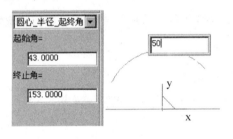

图2.7

特别提示

在XOY平面和XOZ平面中，角度是指与X轴正向的夹角；在YOZ平面中，角度是指与Y轴正向的夹角；逆时针方向为角度正值，顺时针方向为角度负值。

(5) 单击【圆弧】图标 →选择【两点_半径】命令。

(6) 按回车键→用鼠标捕捉"1"点、"4"点→移动光标到合适位置时，按回车键→输入"半径"为"25"→按回车键结束，结果如图2.8所示。

(7) 按回车键→用鼠标捕捉"2"点、"3"点→移动光标到合适位置时，按回车键→输入"半径"为"15"→按回车键结束，结果如图2.9所示。

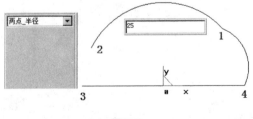

图2.8

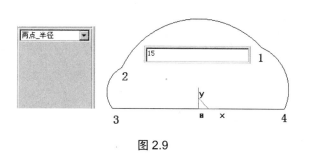

图 2.9

 特别提示

拾取点可以按空格键,利用"工具点"菜单选择点的类型;也可按回车键,进行绝对坐标或相对坐标的输入。按 F8 键可以进行轴测显示。

3．整圆

可通过单击【整圆】图标 激活该功能,再单击立即菜单的下拉按钮 ,切换到不同的整圆绘制方式。圆功能提供了 3 种方式:圆心_半径、三点和两点_半径,如图 2.10 所示。

圆心_半径是指按给定圆心坐标和半径生成整圆;三点圆是指按给定圆上任意 3 个不重合点坐标来生成整圆;两点_半径是指给定圆上任意两个不重合点的坐标及圆的半径生成整圆。

图 2.10

 操作实例 2-4

在 XOY 平面上绘制图 2.11 所示的图形。

操作步骤如下。

(1) 按 F5 键。

(2) 单击【直线】图标 →依次选择【水平/铅垂线】、【水平】命令→输入长度为"82"。

(3) 按回车键→输入"直线中点坐标"(0,0)→按回车键→右击结束。

(4) 单击【整圆】图标 ,选择【圆心_半径】命令。

(5) 捕捉直线左端点为圆心,输入"半径"为"69"→按回车键→捕捉直线右端点为圆心,输入"半径"为"74"→按回车键,结果如图 2.12 所示。

(6) 单击【直线】图标 →选择【两点/连续/非正交】命令→捕捉 R69 和 R74 两圆的交点→连接直线 69 和 74。

(7) 单击【整圆】图标 ,选择【两点_半径】命令。

(8) 按空格键选择切点捕捉方式→捕捉直线 82 和 74 两边(即 1 点、2 点)→输入"半径"15→按回车键结束,结果如图 2.12 所示。

(9) 单击【整圆】图标 →选择【三点】命令。

(10) 按空格键选择切点捕捉方式→捕捉直线 69 和 82 两边及 R15 圆上三点(即 3 点、4 点、5 点)→按回车键结束,结果如图 2.11 所示。

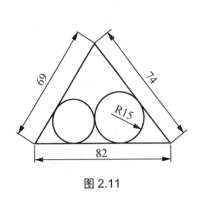
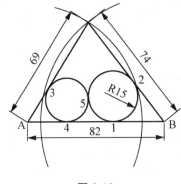

图 2.11　　　　　　　　　　　　　图 2.12

4．矩形

可通过单击【矩形】图标 激活该功能，再单击立即菜单的下拉按钮 ，切换到不同的矩形绘制方式。矩形功能提供了两种方式：两点矩形和中心_长_宽。

两点矩是指通过给定矩形的两个对角点坐标生成矩形；中心_长_宽是指通过给定矩形几何中心坐标和两条边的长度值生成矩形。

 操作实例 2-5

在 XOY 平面上绘制图 2.13 所示的矩形。

操作步骤如下。

(1) 按 F5 键。

(2) 单击【整圆】图标 ，选择【圆心_半径】命令。

(3) 捕捉坐标原点→输入半径"115"→按回车键结束。

(4) 单击【直线】图标 →选择【角度线/X 轴夹角】命令→输入"35"→按回车键→捕捉坐标原点→沿着 35°方向任意单击一下→右击结束，如图 2.14 所示。

(5) 单击【矩形】图标 →选择【两点矩形】命令。

(6) 捕捉原点 A 及 115 斜线与 R115 圆的交点 B→右击结束，结果如图 2.14 所示。

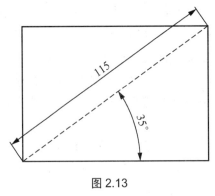

图 2.13

5．椭圆

可通过单击【椭圆】图标激活该功能。椭圆生成只有一种方法，即输入长半轴长度、短半轴长度、旋转角度、起始角度和终止角度。

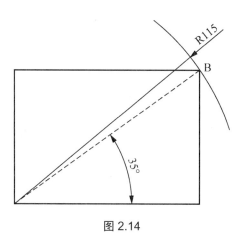

图 2.14

操作实例 2-6

在 XOY 平面上绘制图 2.15 所示长半轴为 15、短半轴为 37.5、中心坐标为(0,37.5)的椭圆。操作步骤如下。

(1) 按 F5 键。

(2) 单击【椭圆】图标→输入长半轴 "15" →输入短半轴 "37.5" →输入旋转角 "0"。

(3) 按回车键→输入 "中心坐标" (0,37.5)→右击结束。

(4) 单击【整圆】图标 ⊕，选择【圆心_半径】命令。

(5) 捕捉坐标原点→输入半径 "37.5" →按回车键结束。

(6) 单击【椭圆】图标→输入长半轴 "15" →输入短半轴 "37.5" →输入旋转角 "340"。

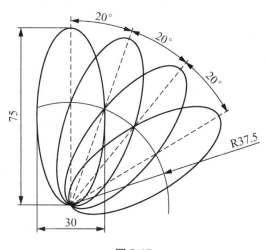

图 2.15

(7) 按回车键→捕捉 R37.5 圆与椭圆的交点→右击结束，结果如图 2.15 所示。

(8) 其他椭圆作法类似。

6．点

可通过单击【点】图标 × 激活该功能，再单击立即菜单的下拉按钮▼，切换到不同的点绘制方式。点功能提供了两种方式：单个点和批量点。

单个点是指通过输入点的坐标生成或通过"工具点"菜单捕捉出的点，如端点、交点、切点、中点、型值点(圆与X、Y、Z正负轴的交点)等。

批量点是指一次生成多个点。批量点又分等分点、等距点和等角度点。

等分点是指将曲线按照段数进行等分生成的点。

等距点是指生成曲线上间隔为给定弧长的点。

等角度点是指生成圆弧或整圆上按照点数及角度进行等分的点。

操作实例2-7

在XOY平面上绘制图2.16(c)所示的图形。

操作步骤如下。

(1) 按F5键。

(2) 单击【直线】图标 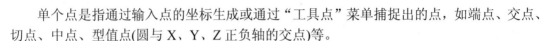 →选择【水平/铅垂线】→【水平】命令→输入长度"70"，按回车键。

(3) 按回车键→输入"直线中点坐标"(0,0)→按回车键→右击结束。

(4) 单击【点】图标 →依次选择【单个点】、【批量点】、【等分点】命令→输入段数"6"，按回车键。

(5) 拾取AB直线→右击结束，结果如图2.16(a)所示。

(6) 单击【圆弧】图标 →选择【起点_终点_圆心角】命令→输入圆心角"-180"(图2.17)→捕捉A点和1点→捕捉B点和1点→捕捉A点和2点→捕捉B点和2点→捕捉A点和3点→捕捉B点和3点→捕捉A点和4点→捕捉B点和4点→捕捉A点和5点→捕捉B点和5点→按回车键结束，结果如图2.16(b)所示。

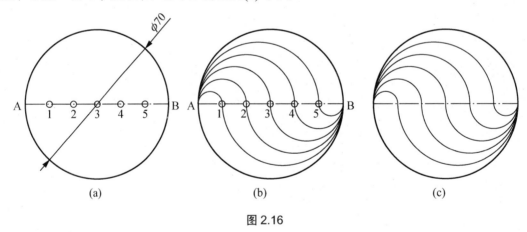

图2.16

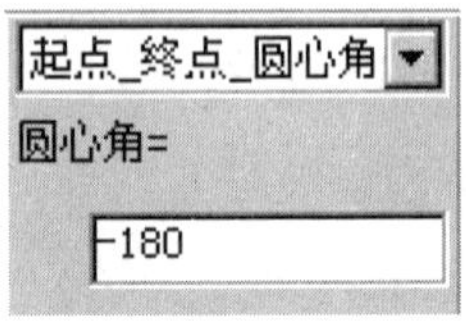

7．样条线

可通过单击【样条线】图标 激活该功能，再单击立即菜单的下拉按钮 ，切换到不同的样条线绘制方式。样条线功能提供了两种方式：插值方式和逼近方式。

插值方式是指输入一系列的点，系统顺序通过这些点生成一条光滑的样条线。

圆和圆弧与轴线的交点或者用来生成样条线的点统称为型值点。

图2.17

逼近方式是指顺序输入一系列点，系统根据事先设定的精度生成拟合这些点的光滑样条线。

 操作实例 2-8

用插值方式绘制"缺省切矢"、"开曲线"、型值点坐标依次为(-45,0)、(-15,-10)、(0,25)、(30,-5)的样条线。

操作步骤如下。

(1) 单击【样条线】图标 ↗ →依次选择【插值】、【缺省切矢】、【开曲线】命令。

(2) 按回车键→输入"点坐标"(-45,0)→按回车键→输入"点坐标"(-15,-10)→按回车键→输入"点坐标"(0,25)→按回车键→输入"点坐标"(30,-5)→按回车键→右击结束，结果如图 2.18 所示。

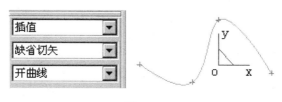

图 2.18

8．公式曲线

公式曲线是指按照数学表达式绘制出来的数学曲线。可通过单击【公式曲线】图标 f(x) 激活该功能。公式曲线功能分为直角坐标系和极坐标系两种方式。

 操作实例 2-9

在 XOY 平面上绘制半径为 25、回转 5 圈、螺距等于 10 的三维螺旋曲线，参数设置如图 2.19 所示。

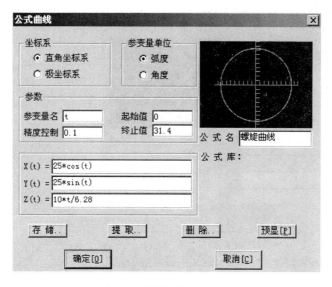

图 2.19

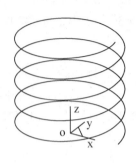

操作步骤如下。

(1) 按 F5 键→按 F8 键(选取轴侧图显示方式)。

(2) 单击【公式曲线】图标 f(x)→在弹出的【公式曲线】对话框中选择【直角坐标系】→【弧度】命令→输入"参变量名"为"t"→输入"起终值"为"0"→输入"终止值"为"31.4"→输入"X(t)公式"为"25*cos(t)"→输入"Y(t)公式"为"25*sin(t)"→输入"Z(t)公式"为"10*t/6.28"。

(3) 拾取坐标原点，结果如图 2.20 所示。

图 2.20

特别提示

(1) 一整圈等于 6.28 弧度。

(2) 螺距大小的计算公式：螺距*参变量/6.28。

(3) 公式中的"*"代表"乘号"，"/"代表"除号"。

 操作实例 2-10

在极坐标系下的 XOY 平面上绘制一条起始值为 0、终止值为 6.28 弧度、曲线公式为 p=6*t 的曲线。

操作步骤如下。

(1) 按 F5 键→按 F8 键。

(2) 单击【公式曲线】图标 f(x)→选择【极坐标系】→【弧度】命令→输入"参变量名"为"t"→输入"起终值"为"0"→输入"终止值"为"6.28"→输入"p(t)公式"为"60*t"→输入"Z(t)"公式为"0"，如图 2.21 所示。

(3) 拾取坐标原点，结果如图 2.22 所示。

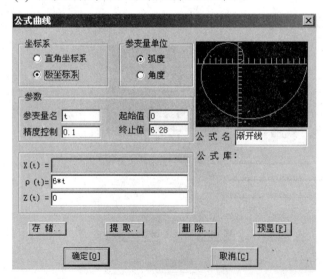

图 2.21

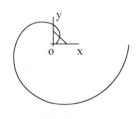

图 2.22

9．正多边形

可通过单击【正多边形】图标激活该功能，再单击立即菜单的下拉按钮，切换到不同的正多边形绘制方式。正多边形功能提供了两种方式：边_边数和中心_边数_内接(外切)，如图2.23所示。

"边_边数"方式是指按照给定的边数、边起点和终点生成正多边形。

"中心_边数_内接(外切)"方式是指按照给定的多边形中心位置、边数和与给定图形的相接方式(内接或外切)生成正多边形。

图2.23

 操作实例2-11

绘制图2.25所示的五角星图形。

操作步骤如下。

(1) 单击【正多边形】图标→选择【中心】命令，输入"边数"为"5"。
(2) 捕捉中心坐标点→按回车键→输入边起点坐标为(@50,0)→按回车键结束。
(3) 单击【直线】图标→依次选择【两点线】、【连续】、【非正交】、【点方式】命令。
(4) 捕捉A点和D点→捕捉B点→捕捉E点→捕捉C点→捕捉A点→按回车键结束，结果如图2.24所示。
(5) 单击【剪裁】图标→单击剪裁内部交叉线→按回车键结束，结果如图2.25所示。

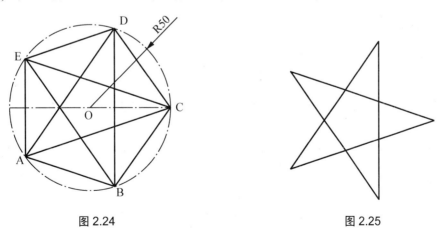

图2.24　　　　　　　　　　　图2.25

10．二次曲线

可通过单击【二次曲线】图标激活该功能，再单击立即菜单的下拉按钮，切换到不同的二次曲线绘制方式。二次曲线功能提供定点和比例两种方式。

定点方式是指给定起点、终点、方向点和肩点,用光标拖动方式生成二次曲线。

特别提示

肩点是二次曲线上的点,而方向点却不是。

比例方式是指给定比例因子、起点、终点和方向点生成二次曲线。比例因子是二次曲线极小值点,是起点和终点连线的中点到方向点距离的比。

操作实例 2-12

生成一条起点坐标为(30,10)、终点坐标为(80,15)、方向点坐标为(55,35)、肩点坐标为(60,20)的二次曲线。

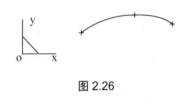

图 2.26

操作步骤如下。

(1) 单击【二次曲线】图标→选择【定点】命令。

(2) 按回车键→输入"起点坐标"(30,10)→按回车键→输入"终点坐标"(80,15)→按回车键→输入"方向点坐标"(55,35)→按回车键→输入"肩点坐标"(60,20)→按回车键→右击结束,结果如图 2.26 所示。

11．等距线

可通过单击等距线图标激活该功能,再单击【立即菜单】的下拉按钮,切换不同的等距线绘制方式。等距线功能提供等距和变等距两种方式。

等距线是指按照给定的距离作现有曲线的等距离线。

变等距线是指按照给定的起始和终止距离,沿着给定方向作现有曲线的变等距离线。

操作实例 2-13

绘制图 2.27 的三角形。

操作步骤如下。

(1) 单击【直线】图标→依次选择【两点线】、【连续】、【正交】、【点方式】命令。

(2) 按回车键→输入"直线起点坐标"(0,0)→按回车键→输入"直线终点坐标"(50,0)→右击结束,完成直线 OA 的绘制。

(3) 单击【整圆】图标,选择【圆心_半径】命令。

(4) 捕捉直线左端点 O 为圆心,输入半径"43"→按回车键结束,如图 2.28 所示。

(5) 单击【等距线】图标→选择【等距】命令→输入"距离"23。

(6) 拾取直线 OA→拾取向上箭头,结果如图 2.28 所示。

(7) 单击【直线】图标→选择【两点】→【连续】→【非正交】命令→捕捉 O 点→捕捉 B 点→捕捉 A 点→右击结束,完成直线 OB 和 OA 的连接,结果如图 2.29 所示。

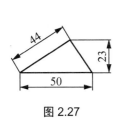 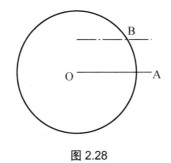 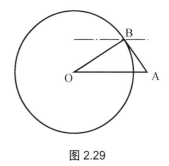

图 2.27　　　　　　图 2.28　　　　　　图 2.29

12．曲线投影

可通过单击【曲线投影】图标激活该功能。

 特别提示

(1) 曲线投影功能只能在"草图状态"下使用。
(2) 用作投影的曲线只能是空间曲线。
投影线是指一条曲线沿某一方向向曲面作投影时形成的影子线。

操作实例 2-14

生成图 2.30 所示的直线在 XOY 平面上的投影线。已知直线起点坐标为(-30,20,30)、终点坐标为(30,30,15)。

操作步骤如下。

(1) 按 F5 键→按 F8 键。
(2) 在【特征树】中拾取【平面 XOY】。
(3) 单击【绘制草图】图标，进入"草图状态"。
(4) 单击【曲线投影】图标。
(5) 拾取直线→右击，结果如图 2.30 所示。
(6) 单击【绘制草图】图标，退出"草图状态"。

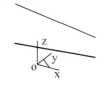

图 2.30

13．相关线

可通过单击【相贯线】图标激活该功能，再单击立即菜单的下拉按钮，切换到不同的相关线求取方式，如图 2.31 所示。

相关线具有非常重要的功能，如能熟练掌握它的用法，在恰当的时候加以运用，会节省很多计算点坐标的时间，提高曲面造型和特征实体造型的速度。

曲面交线是指求取两个曲面间的相交线。
曲面边界线是指求取一个曲面的内外边界线。
曲线方向是由起点到终点决定的。曲面方向则用 U 和 V 两个方向表示。
曲面参数线是指求取曲面的 U 向或 W 向的参数线。
曲面法线是指求取给定曲面在指定点处的法线。
曲面投影线是指求出曲线在曲面上的投影线。

实体边界是指求由实体特征生成的实体间的相交线或实体的棱边线。

 操作实例 2-15

求图 2.32 所示的两曲面间的相交线。

操作步骤如下。

(1) 单击【相贯线】图标→选择【曲面交线】命令。

(2) 拾取一个曲面→拾取另一个曲面→右击结束,结果如图 2.32 所示。

 操作实例 2-16

求图 2.32 所示两曲面间的边界线。

操作步骤如下。

(1) 单击【相贯线】图标→依次选择【曲面边界线】、【单根】命令。

(2) 拾取曲面一个边界,生成一条边界线→右击结束,结果如图 2.32 所示。

图 2.31

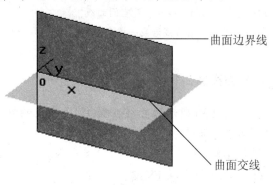

图 2.32

 特别提示

如果立即菜单中选择的是"全部",拾取曲面后,可生成曲面所有边界线。

 操作实例 2-17

求图 2.33 所示的两个圆柱的实体交线和边界线。

操作步骤如下。

(1) 单击【相贯线】图标→选择【实体边界】命令。

(2) 拾取两圆柱相交处的交线→右击结束,结果如图 2.33 所示。

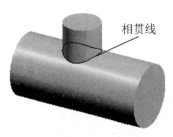

图 2.33

14. 文字

可通过单击【文字】图标 **A** 激活该功能。生成的文字属矢量字,可用来生成刀具轨迹,适用于零件表面刻字的场合。

特别提示

(1) 文字输入后,系统自动将文字打散,因此无法再对文字进行编辑。
(2) 如果文字录入错误或尺寸等不合适,只能将文字删除重新输入。

操作实例 2-18

在坐标(-80,30)处输入"我爱学 CAXA 制造工程师"一串文字。中文为宋体、宽度为 0.8,西文为 Times New Roman、宽度为 1.0,字高为 7、字间距为 0.2、粗体。

操作步骤如下。

(1) 单击【文字】图标。
(2) 按回车键→输入"文字起点坐标"(-80,30)→在弹出的【文字输入】对话框中单击【设置】按钮,如图 2.34 所示。

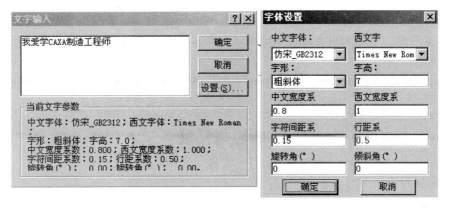

图 2.34

(3) 在【字体设置】对话框中,按题目要求进行设置→单击【确定】按钮,如图 2.34 所示。
(4) 输入"我爱学 CAXA 制造工程师"→单击【确定】按钮,结果如图 2.35 所示。

我爱学CAXA制造工程师

图 2.35

15.删除

通过单击【删除】图标激活该功能。

特别提示

"删除"是指对不再需要的元素,如点、线、面、实体、草图、文字、基准面等进行擦除的操作。

操作步骤如下。

(1) 单击【删除】图标。
(2) 逐个拾取或框选(在屏幕上先单击一点,然后拖动鼠标用动态虚矩形把要删除的元素包围进来,再在屏幕上单击另一点)→右击结束,拾取的元素全都被删除了。

任 务 小 结

本任务主要学习常见曲线的绘制方法,在曲面造型和实体造型中,创建和编辑曲线是最基本的,点、线的绘制,是线架造型、曲面造型和实体造型的基础,所以该部分内容应熟练掌握。其中,"公式曲线"和"二次曲线"功能是目前国内正在流行使用的国外中小型 CAD/CAM 软件中没有的较高级的功能,在一些复杂的曲面造型和特征实体中很有用,如设计一个铣刀或钻头就要用到公式曲线,设计一个马鞍就要用二次曲线等。"曲线投影"功能是实体造型中经常要用到的功能,它可以实现"架线"向"草图"的转换,用该功能可以实现线架造型和曲面造型向特征实体造型的转换。"相贯线"在曲面造型中用得很多,就是在特征实体造型中也经常用到。在 CAXA 制造工程师软件中,虽然"文字"的字型、字体等是利用 Windows 的,但它输出的是矢量字,即这些字在图形中,可以利用生成刀具轨迹进行加工,如模具上要刻字,就可以利用该功能在图形中写字。

练 习 与 拓 展

1. 填空题

(1) CAD/CAM 系统基本上是由(　　)、(　　)及(　　)组成。

(2) CAD/CAM 技术的发展方向是(　　)、(　　)、(　　)等。

(3) Shift+←、Shift+↑、Shift+→、Shift+↓ 或 Shift+鼠标左键: 显示(　　)。

(4) 在 CAXA 制造工程师软件中,把曲面与曲面的交线、实体表面交线、边界线、参数线、法线、投射线和实体边界线等,均称为(　　)。

(5) 正多边形功能提供了两种方式:(　　)方式和(　　)方式。

(6) 直线功能包括(　　)线、(　　)线、(　　)线、(　　)线、(　　)线和(　　)线 6 种方式。

2. 判断题

(1) (　　)新创建的坐标系可以删除。

(2) (　　)F6 键:将当前面切换至 XOY 平面。视图平面与 XOY 平面平行,把图形投影到 XOY 面内显示。

(3) (　　)"曲线投影"功能是实体造型中经常要用到的功能,它可以实现"架线"向"草图"的转换,用该功能可以实现线架造型和曲面造型向特征实体造型的转换。

(4) (　　)CAXA 制造工程师软件是一种 CAD/CAM 集成软件,主要功能有交互工进行零件几何建模、加工代码生成、联机通信等。

(5) (　　)视图平面是指看图时使用的平面;作图平面是指绘制图形时使用的平面。

3. 作图题

绘制图 2.36 所示的连杆平面图形。

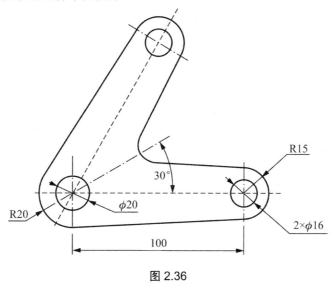

图 2.36

2.2 曲 线 编 辑

2.2.1 任务导入

根据图 2.37 所示的三视图，绘制其线架立体图。通过该图的练习，初步掌握线架造型的方法与步骤。

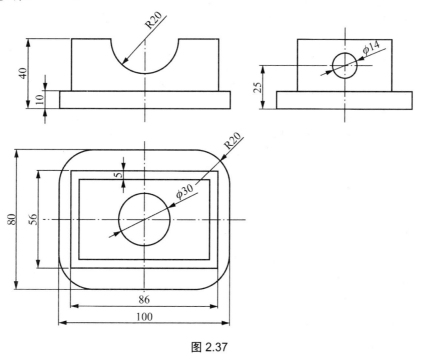

图 2.37

2.2.2 任务分析

从图 2.37 可以看出,该模型由上下两个长方体叠加而成,中间空,四面开孔,形体较为复杂,完成本任务需要用矩形、圆、平移、曲线裁剪等命令,4 个侧面作图要注意作图平面的切换。

2.2.3 任务知识点

CAXA 制造工程师软件为曲线编辑提供了曲线裁剪、曲线过渡、曲线打断、曲线组合、曲线拉伸等功能。用户可以利用这些功能,方便快捷地编辑图形,从而提高造型速度。

1．曲线裁剪

曲线裁剪是指用一给定的曲线做剪刀,裁掉另一曲线上不需要的部分,得到新的曲线。可通过单击【曲线裁剪】图标 激活该功能。

快速裁剪是指用鼠标拾取的部分被裁剪掉,分为正常裁剪和投影裁剪两种。

修剪是指用拾取一条或多条曲线作剪刀线对一系列被裁剪曲线进行裁剪,拾取的部分被裁掉。

线裁剪是指以一条曲线作剪刀线对其他曲线进行裁剪,拾取的部分留下。

点裁剪是指利用点作剪刀对曲线进行裁剪,拾取的部分将被留下。

操作实例 2-19

对图 2.38 所示的直线进行"快速裁剪"操作,剪刀线为圆弧线。

操作步骤如下。

(1) 单击【曲线裁剪】图标 →依次选择【快速裁剪】、【正常裁剪】命令。

(2) 拾取垂直线在剪刀线下边的部分→右击结束,结果如图 2.39 所示。

操作实例 2-20

对图 2.39 所示的圆弧线两边进行线裁剪,剪刀线为垂直线。

操作步骤如下。

(1) 单击【曲线裁剪】图标 →依次选择【线裁剪】、【正常裁剪】命令。

(2) 拾取垂直线作剪刀线→右击。

(3) 依次拾取圆弧线中间保留部分→右击结束,结果如图 2.40 所示。

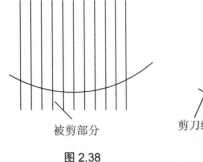 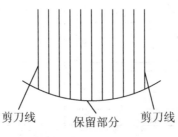 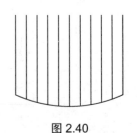

图 2.38　　　　　　　　图 2.39　　　　　　　　图 2.40

2．曲线过渡

曲线过渡是对指定的两条曲线进行圆弧过渡、倒角或尖角过渡，以生成新曲线或尖点。可通过单击【曲线过渡】图标 激活该功能。

圆弧过渡是指在两条曲线之间用给定半径的圆弧进行光滑过渡。

倒角是指对给定的两条直线之间进行倒角过渡。

尖角过渡是指在给定的两条曲线之间进行呈尖角形状的过渡。作尖角过渡的两条曲线可以直接相交，过渡后两条曲线相互裁剪；也可以不直接相交，但必须有交点存在，再通过查询操作，可快速求出两个不直接相交曲线的交点坐标。

 操作实例 2-21

对图 2.41(a)所示的两条曲线进行过渡操作，过渡半径为 20、精度为 0.01。

操作步骤如下。

(1) 单击【圆弧过渡】图标 →选择【圆弧过渡】命令→输入半径为"20"→输入精度为"0.01"，如图 2.41(b)所示，依次选择【裁剪曲线 1】、【裁剪曲线 2】命令。

(2) 分别拾取两条裁剪曲线→右击结束，结果如图 2.42 所示。

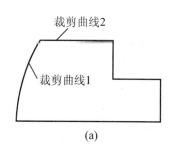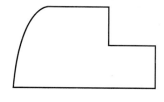

(a)　　　　　　　　　(b)

图 2.41　　　　　　　　　　　　　图 2.42

对一条曲线裁剪和两条曲线都不裁剪的圆弧过渡，操作步骤与两条曲线都裁剪一样，只是在立即菜单中的选择稍有不同。

 操作实例 2-22

对图 2.42 所示的两条曲线进行两两之间角度为 45°、距离为 15 的倒角过渡。

操作步骤如下。

(1) 单击【圆弧过渡】图标→选择【倒角】命令→输入角度为"45"→输入距离为"15"→依次选择【裁剪曲线 1】、【裁剪曲线 2】命令。

(2) 拾取最左边裁剪曲线 1→拾取裁剪曲线 2，结果如图 2.43 所示。

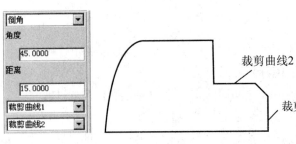

图 2.43

3．曲线打断

曲线打断是指在一条曲线上用指定点对曲线打断，形成两条曲线。可通过单击【曲线打断】图标 激活该功能。

操作实例 2-23

对图 2.44 所示的曲线进行打断，并删除点上边的一段。

操作步骤如下。

(1) 选择主菜单【应用】命令，指向【曲线编辑】，然后选择【曲线打断】命令，或者直接单击 按钮。

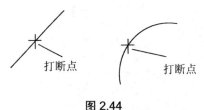

图 2.44

(2) 拾取被打断的曲线，拾取打断点，曲线打断完成。

4．曲线组合

曲线组合是指把拾取到的多条相连接的曲线组合成一条样条线，分为保留原曲线和删除原曲线两种。可通过单击"曲线组合"图标 激活该功能。

操作实例 2-24

对图 2.45 所示的 3 条曲线进行不保留原曲线的组合操作。

(a) 组合前　　　　(b) 保留原曲线的组合　　　(c) 删除原曲线的组合

图 2.45

操作步骤如下。

(1) 选择【应用】命令，指向【线面编辑】，然后选择【曲线组合】命令，或者直接单击 按钮。

(2) 按空格键，弹出拾取快捷菜单，选择拾取方式。
(3) 按状态栏中的提示拾取曲线，按鼠标右键确认，曲线组合完成，结果如图 2.45 所示。

5．曲线拉伸

曲线拉伸是指将指定的曲线用拖动法(按住鼠标左键移动光标)拉伸到指定点。可通过单击【曲线拉伸】图标 激活该功能。

特别提示

拉伸与移动功能是不同的。

操作实例 2-25

对图 2.46 所示的直线进行拉伸操作。
操作步骤如下。
(1) 选择【应用】命令，指向【线面编辑】，然后选择【曲线拉伸】命令，或者直接单击 按钮。
(2) 按状态栏中的提示进行操作，结果如图 2.46 所示。

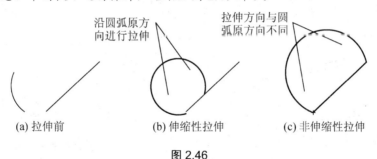

(a) 拉伸前　　　　(b) 伸缩性拉伸　　　　(c) 非伸缩性拉伸

图 2.46

2.2.4 造型步骤

一般都是先进行分析，确定作图的方法与步骤，然后再开始绘图。

1．图形分析

由图 2.48 可以看出，该零件为箱体零件，由底板和上箱体组成，中间空，四面开孔，所以作图首先作底板轮廓，然后通过平移命令复制到上面，最后用直线命令连接各线段形成线架立体图。

2．绘图方法与步骤

(1) 按 F5 键。
(2) 单击【矩形】图标 →选择【中心_长_宽】命令→输入"长度"为"100"→输入"宽度"为"80"。
(3) 拾取坐标原点(矩形中心)→按 F8 键，按回车键→输入"矩形中心坐标"(0,0,10)，按回车键→右击→按 F8 键。

(4) 单击【圆弧过渡】图标 →选择【圆弧过渡】命令→输入半径"20"→依次选择【裁剪曲线 1】、【裁剪曲线 2】命令。

(5) 分别拾取两个矩形的边作圆弧过渡→右击。

(6) 单击【整圆】图标 →选择【圆心_半径】命令。

(7) 拾取坐标原点(圆心坐标)→输入"半径""15"→按回车键→右击(表示下个圆的圆心坐标与上个不同)→按回车键→输入"圆心坐标"(0,0,10)→按回车键→输入"半径""15"→按回车键→右击。

(8) 单击【矩形】图标 →选择【中心_长_宽】命令→输入长度为"86"→输入宽度"56"。

(9) 按回车键→输入"矩形中心"(0,0,10)→按回车键→输入"矩形中心"(0,0,40)→按回车键→右击。

(10) 单击【矩形】图标 →选择【中心_长_宽】命令→输入长度"76"→输入宽度"46"。

(11) 按回车键→输入"矩形中心"(0,0,10)→按回车键→输入"矩形中心"(0,0,40)→按回车键→右击。结果如图 2.47 所示。

(12) 按 F9 键(选取 YOZ 平面为视图和作图平面),按 F8 键(轴测图显示)。

(13) 单击【整圆】图标 →选择【圆心_半径】命令。

(14) 按回车键→输入"圆心坐标"(43,0,25)→按回车键→输入半径"7"→按回车键→右击→输入"圆心坐标"(38,0,25)→按回车键→输入半径"7"→按回车键→右击→输入"圆心坐标"(-43,0,25)→按回车键→输入"半径"7→按回车键→右击→输入"圆心坐标"(-38,0,25)→按回车键→输入"半径""7"→按回车键→右击。

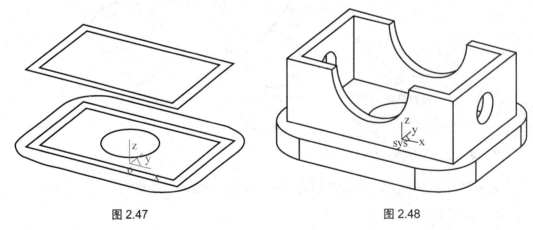

图 2.47   图 2.48

(15) 按 F9 键→(选取 XOZ 平面为视图和作图平面),按 F8 键。

(16) 单击【整圆】图标 →选择【圆心_半径】命令。

(17) 按回车键→输入"圆心坐标"(0,-28,40)→按回车键→输入"半径"为"15"→按回车键→右击→输入"圆心坐标"(0,-23,40)→按回车键→输入"半径"为"15"→按回车键→右击→输入"圆心坐标"(0,28,40)→按回车键→输入"半径"为"15"→按回车键→右击→输入"圆心坐标"(0,23,40)→按回车键→输入"半径"为"15"→按回车键→右击。

(18) 单击【曲线裁剪】图标 →依次选择【快速裁剪】、【正常裁剪】命令。

(19) 按 PageUp 键,放大显示图形→移动光标键,使图形处于方便操作的位置→拾取被裁剪的圆或直线不需要保留的部分→右击→按 PageDown 键。

(20) 单击【直线】图标 →依次选择【两点线】、【单根】、【非正交】命令。

(21) 按空格键→选择【E 端点】命令→对照图拾取各端点,依次绘出全部连线→右击结束,如图 2.48 所示。

任 务 小 结

> 对图形进行编辑修改是 CAD/CAM 软件不可缺少的基本功能。CAXA 制造工程师软件提供了功能齐全、操作灵活方便的编辑修改功能。曲线编辑包括曲线裁剪、曲线过渡、曲线打断、曲线组合、曲线拉伸等功能,它们往往需要配合使用。在使用曲线编辑功能时,要注意利用空格键进行工具点的选取和使用,利用好这些功能键,可以大大地提高绘图效率。学习中应注意总结操作经验,不断提高曲线绘制和编辑能力。

练 习 与 拓 展

1. 填空题

(1) 曲线剪裁共有 4 种方式(　　)、(　　)、(　　)和(　　),其中,(　　)和(　　)具有延伸特性。

(2) 标准视图有主视图、左视图、(　　)、(　　)、(　　)、(　　)。

(3) 公式曲线是根据(　　)表达式成(　　)表达式所绘制的数学曲线。利用它可以方便地绘制出(　　)的样条曲线,以适应某些(　　)的设计。

(4) 使用曲线组合把多条首尾相连的曲线组合成一条曲线,可得到两种结果。一种是(　　)表示,这种表示要求首尾相连的曲线是(　　)。

(5) 在曲面裁剪功能中,可以选用各种元素来修理和裁剪曲面,以得到所需要的曲面形状。也可以通过(　　)将被剪裁了的曲面恢复到原样。

(6) (　　)键可以在 3 个平面之间进行切换,视向(　　)改变。

2. 选择题

(1) 在进行点输入操作时,当在弹出的数据输入框中输入(,,-10)表示(　　)。
A．输入点距当前点的相对坐标为 X=10,Y=10,Z=10
B．输入点距当前点的相对坐标为 X=0,Y=0,Z=10
C．输入点距当前点的相对坐标为 X=0,Y=0,Z=-10

(2) sqrt(9)=(　　)
A．3　　　　　　　　　B．9　　　　　　　　　C．81

(3) 在使用曲线裁剪的线剪裁时,当剪刀线与被剪线有两个以上交点时,系统约定取(　　)的交点进行裁剪。
A．离剪刀线上拾取点较远　　B．离剪刀线上拾取点较近　　C．各点均选

(4) CAXA 制造工程师保存文件时系统默认的后缀名为(　　)。
A．*.mex　　　　　　　B．*.epb　　　　　　　C．*.csn

3. 作图题

(1) 绘制图 2.49 所示的平面图形。

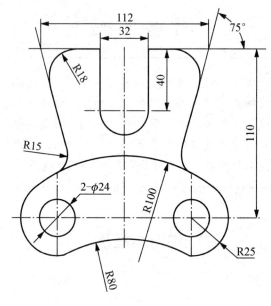

图 2.49

(2) 根据托架的轴测图(图 2.50)绘制其线架立体图。

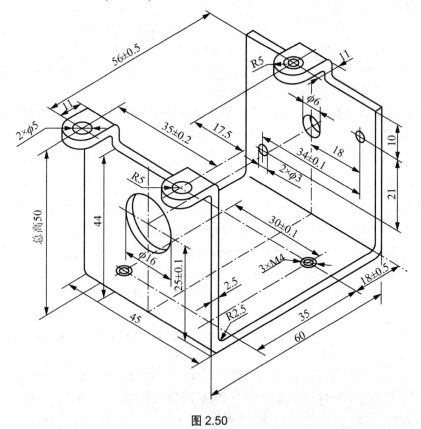

图 2.50

2.3 手柄平面图形绘制

2.3.1 任务导入

根据图 2.51 所示,绘制手柄轮廓图,通过该图的练习,掌握平面图形绘制的方法与步骤。

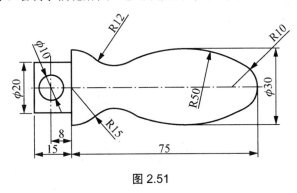

图 2.51

2.3.2 任务分析

由图 2.51 所示的手柄轮廓图可以看出,该图为回转体零件图,圆弧连接较多,所以作图首先用等距线命令作定位线,然后作已知线段,用如直线、圆弧、整圆命令完成,最后用两点-半径方法作连接线段。

2.3.3 绘图步骤

绘制手柄平面图主要有以下几个步骤。

(1) 双击桌面上的"CAXA 制造工程师"快捷方式图标,进入设计界面。在默认状态下,当前坐标平面为 XOY 平面,非草图状态。

(2) 在"非草图状态"下绘制轴线。单击【直线】按钮,在立即菜单中依次选择【两点线】、【单个】、【正交】、【长度方式】命令,并输入长度值"85",按回车键结束。捕捉坐标原点为第一点,向右移动鼠标,确认方向正确后单击鼠标,结束绘制直线操作,如图 2.52 所示。

(3) 单击【直线】按钮,在立即菜单中依次选择【两点线】、【单个】、【正交】、【长度方式】命令,并输入长度值"15"。捕捉坐标原点为第一点,向上移动鼠标,确认方向正确后单击鼠标,结束绘制直线的操作,如图 2.53 所示。

(4) 单击【等距线】按钮,在立即菜单中选择"等距"方式,输入距离值"15"后,按提示拾取曲线,选择"等距"方向后单击鼠标拾取曲线,结束绘制操作,如图 2.54 所示。

(5) 画已知圆弧。单击【圆】按钮,在立即菜单中选择"圆心_半径"方式,捕捉原点为圆心点,捕捉直线上端点为半径,完成 R15 圆;单击【圆】按钮,在立即菜单中选择"圆心_半径"方式,按回车键,在弹出的数据条输入框中输入圆心点(65,0,0),输入半径值"10",按回车键结束,完成 R10 圆,如图 2.55 所示。

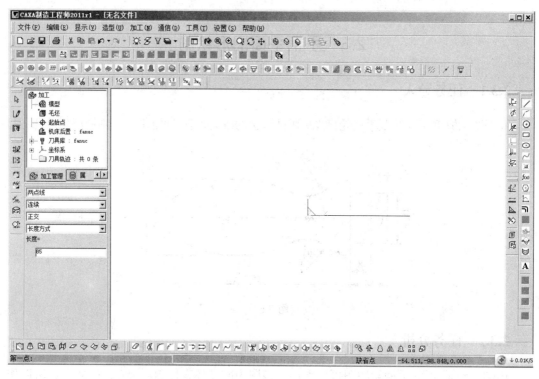

图 2.52

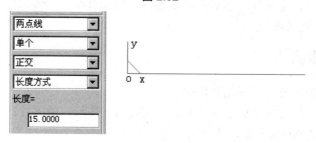

图 2.53

(6) 画中间弧。单击【圆】按钮,在立即菜单中选择"两点_半径"方式,按空格键,在弹出的快捷菜单中选择【切点】命令;然后拾取已知 R10 圆弧和直线,再按回车键,在弹出的数据条输入框中输入半径值"50",按回车键,结束 R50 中间圆弧的绘制,如图 2.56 所示。

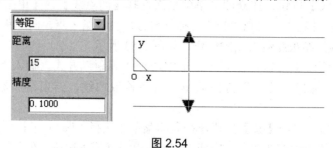

图 2.54

(7) 画连接弧。单击【圆】按钮,在立即菜单中选择"两点_半径"方式,按空格键,在弹出的快捷菜单中选择【切点】命令,然后拾取 R15 圆弧和 R50 圆弧上的切点,再按回车键,在弹出的数据条输入框中输入半径值"12",按回车键,结束 R12 中间圆弧的绘制,如图 2.57 所示。

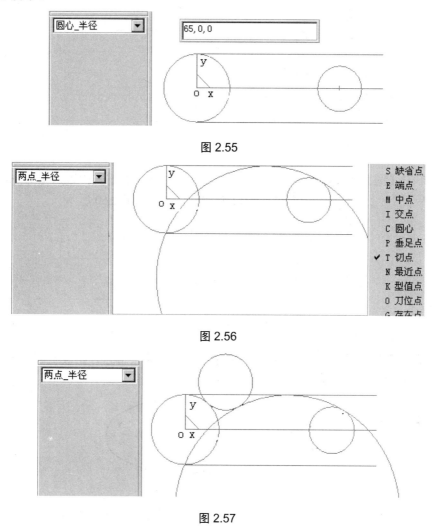

图 2.55

图 2.56

图 2.57

(8) 单击【曲线裁剪】按钮,在立即菜单中依次选择【快速裁剪】、【正常裁剪】命令,裁掉不需要的圆弧。单击【删除】按钮,按提示依次拾取要删除的曲线,然后按鼠标右键确认,结束删除操作,如图 2.58 所示。

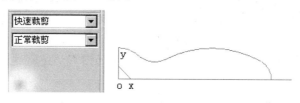

图 2.58

(9) 单击【直线】按钮,在立即菜单中依次选择【两点线】、【单个】、【正交】、【长度方式】命令,并输入长度值"10",按回车键结束。输入坐标(-15,10,0)为第一点,向下移动鼠标,确认方向正确后单击鼠标,结束绘制直线操作。输入长度值"15",按回车键结束。输入坐标(-15,10,0)为第一点,向右移动鼠标,确认方向正确后单击鼠标,结束绘制直线操作,如图 2.59 所示。

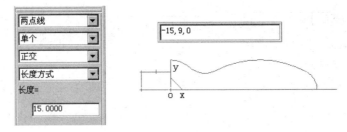

图 2.59

(10) 单击【圆】按钮,在立即菜单中选择"圆心_半径"方式,输入坐标(-8,0,0)为圆心点,输入半径"2.5",按回车键结束 R2.5 圆的绘制,如图 2.60 所示。

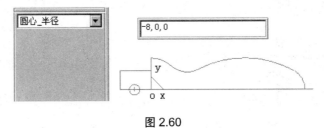

图 2.60

(11) 单击【平面镜像】图标,依次拾取中心线左右两个端点,拾取手柄上半个图形,按回车键结束手柄图形的绘制,如图 2.61 所示。

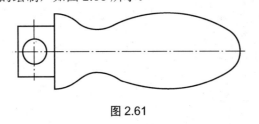

图 2.61

任 务 小 结

从实用的角度出发,结合手柄轮廓图实例介绍了平面绘图方法及基本线架造型方法,使读者从中领悟出一些绘图操作方面的技巧,为以后提高绘图速度奠定必要的技术基础。通过对本任务的学习,今后在绘制二维图的操作过程中,要注意绘图命令与编辑修改命令的灵活运用。因为任何简单的或复杂的图形均是通过这两类命令的交替与重复操作来完成的。

在作图过程中,注意领会作图方面的技巧。

(1) 充分利用缩放命令,对复杂的局部图形放大后,能更方便地进行绘制、编辑操作。

(2) 对于轴类零件,宜用"直线_连续"方式、采用相对坐标输入法进行作图较为快捷。

(3) 对于有对称结构零件，要注意使用镜像、阵列等命令进行作图。

(4) 在作图过程中，注意随时切换【正交】、【对象捕捉】、F9、F6、F7、F5 功能键等辅助工具，达到提高作图速度和质量的目的。

练习与拓展

1. 作图题

(1) 绘制图 2.62 所示的二维图形。

提示：用等距线绘制定位线，然后用圆_两点半径方式作弧线，最后修剪完成。

(2) 绘制图 2.63 所示的二维平面图形。

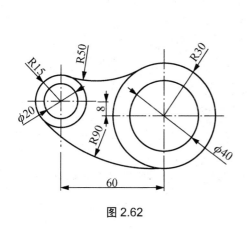

图 2.62

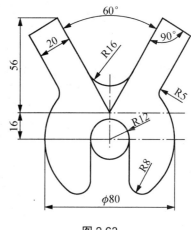

图 2.63

(3) 绘制图 2.64 所示的平面图形。

(4) 按照图 2.65 所示分别绘制鼠标的两个视图(二维图形)。图中顶边曲线是样条线，当底边直线与坐标系 X 轴线重合时，样条线上型值点坐标分别是(-70,90)、(-40,95)、(-20,100)和(30,85)。

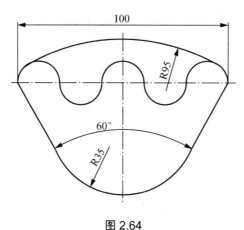

图 2.64

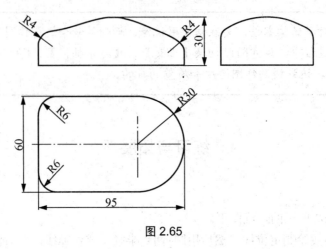

图 2.65

(5) 绘制图 2.66 所示的二维平面图形。

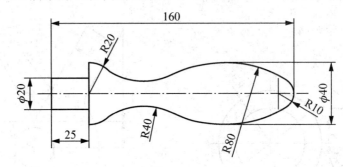

图 2.66

项目 3

几何变换

学习目标

本项目主要学习 CAXA 制造工程师软件中平移、平面旋转、旋转、平面镜像、镜像、阵列、缩放的几何变换功能，是简化作图，提高绘图效率的重要手段。通过典型工作任务的学习，使读者快速掌握并熟练运用几何变换操作方法。

学习要求

(1) 掌握平移、旋转、镜像、阵列等几何变换操作方法。
(2) 灵活运用几何变换方法，简化作图，提高绘图效率。

项目导读

CAXA 制造工程师软件在为用户提供丰富的线架造型功能的同时，也提供对点、曲线和曲面有效、对实体无效的平移、平面旋转、旋转、平面镜像、镜像、阵列、缩放的几何变换功能，进一步提高线架造型和曲面造型的速度，避免重复性劳动。

3.1　1/4 直角弯管线架造型

3.1.1　任务导入

根据图 3.1 所示的 1/4 直角弯管二维图形，综合运用平面绘图命令和几何变换方法，绘制线架立体图形。通过该图的练习，读者应熟练掌握矩形、修剪、组合、平移等命令的用法，掌握造型操作技巧，提高线架造型的能力。

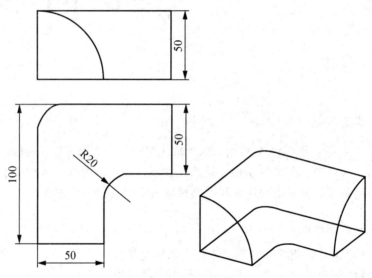

图 3.1　1/4 直角弯管二维图形

3.1.2　任务分析

从图 3.1 可以看出，该模型为 1/4 直角弯管造型，先画底部矩形，经过剪切、过渡后可得到俯视图，然后用组合、平移、直线命令完成基本框架，再通过切换不同侧面作 1/4 圆得到整体造型。本任务所选练习图形看似简单，但有一定难度，要综合运用所学知识才能完成。

3.1.3　任务知识点

几何变换是对图形元素进行平移、平面旋转、旋转等操作。它们主要是对曲线、曲面进行操作，运用得好可以简化作图，提高绘图效率。

1．平移

平移是指对拾取的图素相对于原位置进行移动或复制。可通过单击【平移】图标 激活该功能。该功能有偏移量方式和两点方式。

偏移量方式是指给出在 X、Y、Z 这 3 个坐标轴上的相对移动量，实现图素的移动或复制。

两点方式是指给定要平移的元素的基点和目标点，实现图素的移动或复制。

操作实例 3-1

用"偏移量"方式绘制完成中心坐标为(0,0)、边起点坐标为(30,0)、高为 10 的五棱柱线架造型。

操作步骤如下。

(1) 单击【正多边形】图标 →选择【中心】命令→输入"边数"为"5",如图 3.2(a)所示。

(2) 捕捉中心坐标点→按回车键→输入边起点坐标(@30,0)→按回车结束。

(3) 按 F8 键。

(4) 单击【平移】图标 →依次选择【偏移量】、【拷贝】命令→输入 DX"0"→输入 DY"0"→输入 DZ"10",如图 3.2(b)所示。

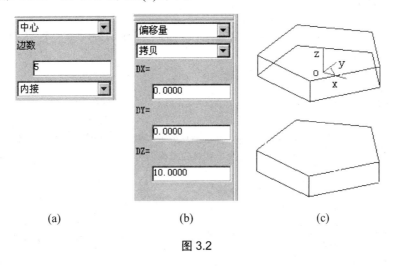

(a)　　　　　　(b)　　　　　　(c)

图 3.2

(5) 拾取正五边形各边→右击结束。

(6) 单击【直线】图标 →依次选择【两点线】、【连续】、【正交】、【点方式】命令。

(7) 捕捉连接上下正五边形各对应点。

(8) 单击【删除】图标 →删除不可见边,结果如图 3.2(c)所示。

 操作实例 3-2

在正交状态下将平面 XOY 上中心坐标为(0,0)、长度为 40、宽度为 60 的矩形,从基点(0,0)复制到目标点(50,0)。

操作步骤如下。

(1) 绘制矩形,如图 3.3 所示。

(2) 按 F8 键。

(3) 单击【平移】图标 →依次选择【两点】、【拷贝】、【正交】命令。

(4) 拾取坐标原点→拾取矩形(框选方式)→按回车键→输入"目标点坐标"(50,0)→按回车键→右击结束,结果如图 3.3 所示。

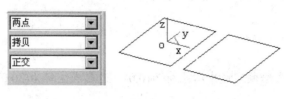

图 3.3

特别提示

在正交状态下只有作图平面上的一个较大坐标值才是有效的。如果作图平面上的两个坐标值相同，则 XOY 平面中取 Y 坐标进行偏移、XOZ 平面中取 X 坐标进行偏移、YOZ 平面中取 Z 坐标进行偏移。平移时，提示使用 F9 键选择作图平面。平移也可以对面和图形进行平移。

2．平面旋转

平面旋转是指将拾取到的图素围绕某点作当前平面内的旋转或旋转复制。可通过单击【平面旋转】图标 激活该功能。

特别提示

图素作平面旋转后，仍保持最初与旋转点间的距离不变，但有可能脱离原来的作图平面。

复制方式与移动方式的不同之处在于：除了可以指定旋转角度外，还可以指定复制份数。

操作实例 3-3

对位于 XOY 平面上半径为 R8 和 R4 的圆，作围绕中心点(0,0,0)、份数 1、角度为 80°的平面旋转复制。

操作步骤如下。

(1) 绘制图 3.4 所示的平面图形。

(2) 单击【平面旋转】图标 →选择【拷贝】命令→输入份数"1"→输入角度"80"。

(3) 拾取坐标原点→拾取 R8 和 R4 圆→右击结束，结果如图 3.4 所示。

特别提示

旋转角度是以原始曲线为基准，沿逆时针方向旋转的角度。由于所选的作图平面不同，旋转生成的结果也不一样。选择作图平面时，按 F9 键进行选择；拾取元素时，可按空格键进行选项的选择。

 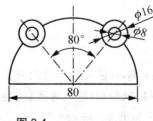

图 3.4

3．旋转

旋转是指将拾取到的图素以空间线为对称轴作旋转移动或旋转复制。可通过单击【旋转】图标激活该功能。

特别提示

图素作旋转后，仍保持最初与旋转轴线间的垂直距离及最小夹角不变。

操作实例 3-4

对图 3.5 所示的样条线，作围绕 X 轴、份数为 1、角度为 180°的旋转复制。

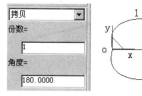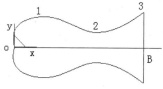

图 3.5

操作步骤如下。

(1) 按 F5 键。

(2) 单击【直线】图标→依次选择【两点线】、【单根】、【正交】命令。

(3) 拾取坐标原点→在沿 X 轴方向任一点处单击，生成一条 OB 直线，如图 3.5 所示。

(4) 单击【样条线】图标→依次选择【插值】、【缺省切矢】、【开曲线】命令。

(5) 按回车键→输入"点坐标"(0,0)→按回车键→输入"点坐标"(18,15)→按回车键→输入"点坐标"(40,7)→按回车键→输入"点坐标"(67,17)→按回车键→右击结束，结果如图 3.4 所示。

(6) 单击【旋转】图标→选择【拷贝】命令→输入拷贝份数"1"→输入角度值"180"。

(7) 拾取直线的一个端点 O→拾取直线的另一个端点 B→拾取样条线 O123→右击结束，结果如图 3.5 所示。

特别提示

旋转是以原始曲线为基准，旋转指定的角度。拾取元素时，可以按空格键，弹出【选择集拾取工具】对话框，进行选项的选择。起点和终点的选取不同，旋转方向就不同，按照右手螺旋法则：拇指指向末点方向，四指指向旋转方向。

3.1.4 造型步骤

1．图形分析

从图 3.1 可以看出，该图为 1/4 管接头三维线架图，先画底面正方形，然后画圆弧过渡，再通过平移、画侧面圆弧得到整体图形。

2．绘图方法与步骤

(1) 双击桌面上的"CAXA 制造工程师"快捷方式图标，进入设计界面。在默认状态下，当前坐标平面为 XOY 平面，非草图状态。

(2) 单击【矩形】图标□→选择【中心_长_宽】命令→输入长度"100"，按回车键→输入"宽度"为"100"。

(3) 按回车键→输入"中心坐标"(0,0)→按回车键→右击结束。

(4) 单击【直线】图标↘→依次选择【两点线】、【连续】、【正交】(非正交也可以)、【点方式】命令。

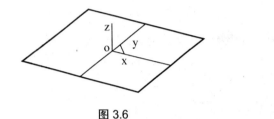

图 3.6

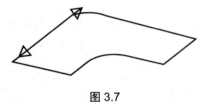

图 3.7

(5) 捕捉各边中点连接直线，结果如图 3.6 所示。

(6) 单击【剪裁】图标→选择【剪裁多余线】命令→按回车键结束。

(7) 单击【圆弧过渡】图标→选择【圆弧过渡】命令→输入半径"20"→输入精度"0.01"→依次选择【裁剪曲线 1】→【裁剪曲线 2】命令。

(8) 分别拾取两条裁剪曲线→右击结束。

(9) 单击【曲线组合】图标→按空格键→弹出拾取快捷菜单，选择【单个拾取】命令→拾取要组合的曲线，结果如图 3.7 所示。

(10) 单击【平移】图标→依次选择【偏移量】、【拷贝】命令→输入 DX "0"→输入 DY "0"→输入 DZ "50"。

(11) 拾取正后边线→右击结束。

(12) 单击【直线】图标↘→依次选择【两点线】、【连续】、【非正交】、【点方式】命令。

(13) 捕捉连接上下各对应点。

(14) 按 F9 键，选 XOZ 平面为作图平面→单击【圆弧】图标→选取"圆心_起点_圆心角"方式→拾取圆心点 1(左角点)→拾取起点 2→拾取直线端点 3→作圆弧，如图 3.8 所示。

(15) 按 F9 键，选 YOZ 平面为作图平面→拾取圆心点 1(右角点)→拾取起点 2→拾取直线左端点 3→作圆弧，如图 3.9 所示。

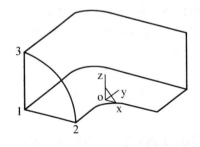

图 3.8

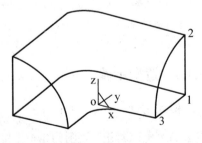

图 3.9

特别提示

拾取元素采用"框选"方式时，如果用鼠标在图形左上方单击拾取一点，再到图形右下方拾取一点进行"框选"，则在框内的所有元素被选中，与框交叉或在框外的元素不被选中；反过来，如果用鼠标在图形右下方单击拾取一点，再到图形左上方拾取一点后进行"框选"，则在框内和框相交叉的所有元素都被选中，在框外的元素不被选中。

任 务 小 结

本任务主要学习几何变换中对图形元素进行平移、平面旋转、旋转等操作。在线架造型和曲面造型中，对相同图形元素移动，对有回转中心的图形进行旋转复制，可以简化作图，提高绘图效率。作图时，常需要将曲线或图移动或复制到其他地方。在非"草图绘制"模式下，不能利用作辅助基准面的办法，作某方向上的相同或相似的曲线。而用"等距线"的方法有时又受到限制，曲线"投影"只能在"草图绘制"时使用。因此，"平移"功能在作图中的使用频率较高。

练习与拓展

1. 填空题

(1) 几何变换共有几种方式：(　　　)、(　　　)、(　　　)、(　　　)、(　　　)、(　　　)和(　　　)。

(2) CAD/CAM 技术的发展方向是(　　　)、(　　　)、(　　　)等。

(3) Shift+←、Shift+↑、Shift+→、Shift+↓或 Shift+鼠标左键：显示(　　　)。

(4) (　　　)相关线　在 CAXA 制造工程师软件中，把曲面与曲面的交线、实体表面交线、边界线、参数线、法线、投射线和实体边界线等，均称为相关线。

(5) 正多边形功能提供了两种方式：(　　　)方式和(　　　)方式。

(6) 标准视图有主视图、左视图、(　　　)、(　　　)、(　　　)、(　　　)。

2. 判断题

(1) (　　　)曲线裁剪是指用一给定的曲线做剪刀，裁掉另一曲线上不需要的部分。

(2) (　　　)圆形阵列时，图案以原始图案为起点，按顺时针方向旋转而成。

(3) (　　　)旋转是指将拾取到的图素以空间线为对称轴作旋转移动或旋转复制。旋转是以原始曲线为基准，旋转指定的角度。起点和终点的选取不同，旋转方向就不同，按照右手螺旋法则：拇指指向末点方向，四指指向旋转方向。

(4) (　　　)圆形阵列时，图案以原始图案为起点，按逆时针方向旋转而成。

(5) (　　　)使用阵列功能，给出的阵列数为 4，最后得到包括原被阵列对象在内共 5 个相同的对象。

3. 作图题

绘制图 3.10 和图 3.11 所示的平面图形。

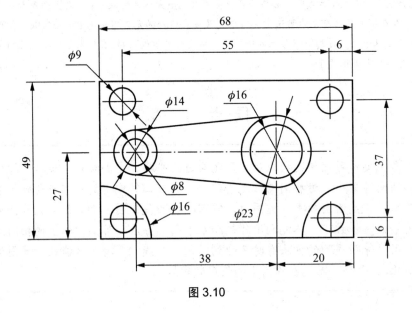

图 3.10

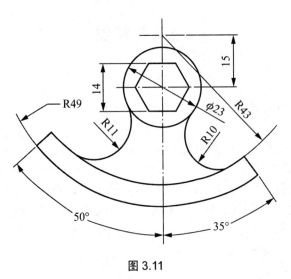

图 3.11

3.2 六角花平面图形绘制

3.2.1 任务导入

根据图 3.12 所示的六角花平面图形，综合运用平面绘图命令和几何变换方法，绘制其平面图形。通过该图的练习，读者应熟练掌握三角形、修剪、镜像、旋转等命令的用法，掌握绘图操作技巧，提高绘制平面图形的能力。

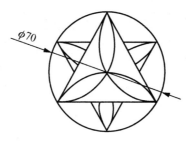

图 3.12

3.2.2 任务分析

从图 3.12 可以看出，该图为六角花平面图形，先画圆形、一个三角形，然后画圆弧，再通过旋转、镜像得到整体图形。

3.2.3 任务知识点

几何变换是对图形元素进行平移、平面旋转、旋转、平面镜像、镜像、阵列和缩放等操作。它们主要是对曲线、曲面进行操作，运用得好可以简化作图，提高绘图效率。

1．平面镜像

平面镜像是指对拾取到的图素以某一条直线为对称轴进行对称镜像或对称复制，可通过单击【平面镜像】图标激活该功能。

操作实例 3-5

完成图 3.13(b)所示的图形，再以 CD 直线为对称轴作平面镜像复制。
操作步骤如下。

(1) 按 F5 键。

(2) 单击【整圆】图标→选择【圆心_半径】命令。

(3) 按回车键→输入"圆心坐标"(0,0)→输入半径"35"→按回车键。

(4) 单击【正多边形】图标→选择【中心】命令→输入边数"3"，选择【内接】命令。

(5) 按空格键→在"工具点"菜单中选择【C 圆心】命令→按空格键→选择【N 最近点】命令→拾取圆边界上的 C 点→右击，结果如图 3.13(a)所示。

(6) 单击【圆弧】图标→选择【三点圆弧】命令→捕捉 C 点、A 点、D 点→同样捕捉其他点完成图 3.13(b)所示的图形。

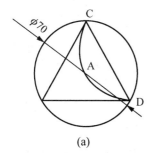 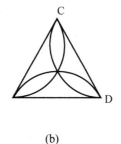 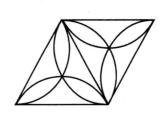

    (a)   (b)

图 3.13   图 3.14

(7) 单击【平面镜像】图标→选择【拷贝】命令。

(8) 拾取直线的一端点 C→拾取直线的另一端点 D→拾取梅花圆弧线→右击结束，结果如图 3.14 所示。

> **特别提示**
>
> 按 F9 键，所选的作图面不同，镜像的结果也不相同。

2．镜像

镜像是指对拾取到的图素以空间平面为对称面，进行镜像或镜像复制，可通过单击【镜像】图标激活该功能。

> **特别提示**
>
> 可以把对称面想象成一面镜子，如果镜子在空间的位置发生改变，你的像也自然位于以镜子为参照面的空间对称位置上。

操作实例 3-6

在极坐标系下，对 XOY 平面上 p(t)=12×t、Z(t)=0、起始值 0、终止值 3.14 的公式曲线，以 YOZ 平面为对称面做镜像移动。

操作步骤如下。

(1) 按 F5 键。

(2) 单击【公式曲线】图标→在对话框中选择【极坐标系】命令→输入变量名"t"→输入起始值"0"→输入终止值"3.14"→输入 p(t)"12×t"→输入 Z(t)"0"→单击【确定】按钮。

(3) 拾取坐标原点→右击，按 F8 键，结果如图 3.15 所示。

(4) 按 F9 键，切换当前工作面到 YOZ 平面。

(5) 单击【镜像】图标→选择【移动】命令。

(6) 在屏幕 3 个不重合的位置单击(以 YOZ 平面为对称面)→拾取曲线→右击，结果如图 3.16 所示。

图 3.15

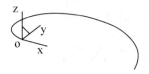

图 3.16

> **特别提示**
>
> 实体表面生成曲面后也可以进行镜像，方法：鼠标选择主菜单的【应用】→【曲面生成】→【实体表面】命令→拾取要生成曲面的实体表面→单击线架显示功能图标，即可见已生成曲面，再进行镜像操作。

3．阵列

阵列是指对拾取的图素按圆形或矩形方式进行阵列复制，可通过单击【阵列】图标激活该功能。

矩形方式是指对拾取到的图素按给定的行数、行距、列数、列距及角度的阵列复制。

操作实例 3-7

用均布方式，对 XOY 平面上 CAB 圆弧作复制份数为 6 的圆形阵列。

操作步骤如下。

(1) 按 F5 键。

(2) 单击【整圆】图标→选择【圆心_半径】命令。

(3) 按回车键→输入"圆心坐标"(0,0)→输入半径"40"→按回车键。

(4) 单击【正多边形】图标→选择【中心】命令→输入边数"6"，选择【内接】命令。

(5) 按空格键→在"工具点"菜单中选取【C 圆心】命令→拾取圆边界→按空格键→选择【N 最近点】命令→拾取圆边界上的 B 点→右击，结果如图 3.17 所示。

(6) 单击【圆弧】图标→选择【三点圆弧】命令→捕捉 C 点、A 点、B 点→右击，完成图 3.17 所示的图形。

(7) 单击【阵列】图标→选择【圆心】→【均布】命令→输入份数为"6"。

(8) 拾取圆弧 CAB→右击→拾取圆心 A 点→右击结束，结果如图 3.18 所示。

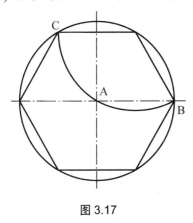 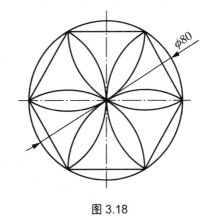

图 3.17　　　　　　　　　　　　　图 3.18

操作实例 3-8

用矩形方式对圆心坐标(0,0)、半径 10 的圆，作行数 1、行距 0、列数 4、列距 20、角度 60°的阵列复制。

操作步骤如下。

(1) 按 F5 键。

(2) 单击【整圆】图标→选择【圆心-半径】命令。

(3) 按回车键→输入"圆心坐标"(0,0)→输入半径"10"→按回车键。

(4) 单击【阵列】图标→选择【矩形】命令→输入行数"1"→输入行距"0"→输

入列数"4"→输入列距"20"→输入角度"60°",如图3.19(a)所示。

(5) 拾取圆→右击结束。

(6) 单击【阵列】图标→选择【矩形】命令→输入行数"1"→输入行距"0"→输入列数"4"→输入列距"20"→输入角度"0"。

(7) 拾取4个小圆→右击结束,结果如图3.19(b)所示。

(8) 单击【直线】图标→依次选择【两点线】、【连续】、【非正交】命令。

(9) 按空格键→在"工具点"菜单中选择【C圆心】命令→拾取ABC三圆边界→作三角形ABC。

(10) 单击【等距线】图标→选择【等距】命令→输入距离"10"。

(11) 拾取三角形ABC三边,向外等距10。

(12) 单击【删除】图标。

(13) 逐个拾取要删除的元素→右击结束,拾取的元素全都被删除了,结果如图3.20所示。

特别提示

拾取元素时,可以利用"选择集拾取工具"→按空格键。圆形阵列时,图案以原始图案为起点,按逆时针方向旋转而成。矩形阵列时,图案以原始图案为起点,沿轴的正向排列而成。角度指与轴的夹角。作图平面不同,图案排列方式也不同。另外,提示使用F9键进行作图平面的选择。

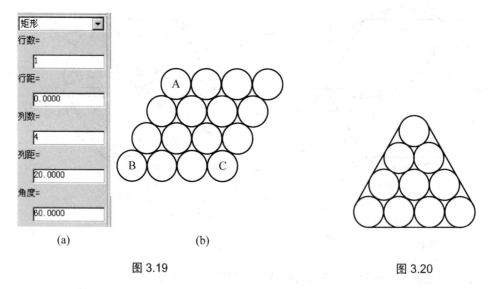

图3.19   图3.20

4．缩放

缩放是指对拾取到的图素进行按比例放大或缩小,可通过单击【缩放】图标激活该功能。

 操作实例3-9

对图3.21(b)所示的图形,作X比例0.5、Y比例0.5的缩放移动。

特别提示

因为此图在 XOY 平面上，故 Z 比例 0.5 无效。

操作步骤如下。

(1) 绘制图 3.21(b)所示的图形。

(2) 单击【缩放】图标 → 选择【移动】命令 → 输入 X 比例 "0.5" → 输入 Y 比例 "0.5"，如图 3.21(a)所示。

(3) 拾取坐标圆心 → 拾取所有图形边界线 → 右击结束，结果如图 3.21(c)所示。

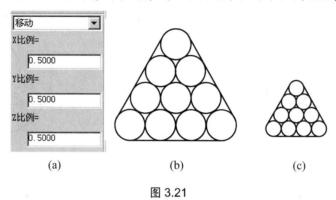

图 3.21

特别提示

拾取元素时，按空格键，弹出"选择集拾取工具"对话框。

3.2.4 绘图步骤

现以图 3.12 为例说明六角花平面图形绘制的方法与步骤。

一般都是先进行分析，确定作图的方法与步骤，然后再开始绘图。

1．图形分析

从图 3.12 可以看出，该图为六角花平面图形，先画已知圆形、三角形，然后画圆弧，再通过旋转、镜像得到整体图形。

2．绘图方法与步骤

(1) 按 F5 键 → 单击【整圆】图标 → 选择【圆心_半径】命令。

(2) 按回车键 → 输入"圆心坐标"(0,0) → 输入半径"35" → 按回车键。

(3) 单击【正多边形】图标 → 选择【中心】命令 → 输入边数"3"，选择【内接】命令。

(4) 按空格键 → 在"工具点"菜单中选取【C 圆心】命令 → 按空格键 → 选择【N 最近点】命令 → 拾取圆边界上的 C 点 → 右击，结果如图 3.22 所示。

(5) 单击【圆弧】图标 → 选择【三点圆弧】命令 → 捕捉 C 点、A 点、D 点 → 同样捕捉其他点完成如图 3.23 所示的图形。

(6) 单击【阵列】图标→选择【圆心】→【均布】命令→输入份数"3"。

(7) 拾取圆弧 CAD→右击→拾取圆心 A 点→右击结束，结果如图 3.24 所示。

(8) 单击【平面镜像】图标→选择【拷贝】命令。

(9) 拾取直线一端点 A→拾取直线另一端点 H→拾取梅花圆弧线→右击结束，结果如图 3.25 所示。

(10) 单击【曲线裁剪】图标→选择【快速裁剪】→【正常裁剪】命令。

(11) 拾取需要裁剪的部分→右击结束。

(12) 单击【删除】图标→逐个拾取要删除的元素→右击结束，结果如图 3.26 所示。

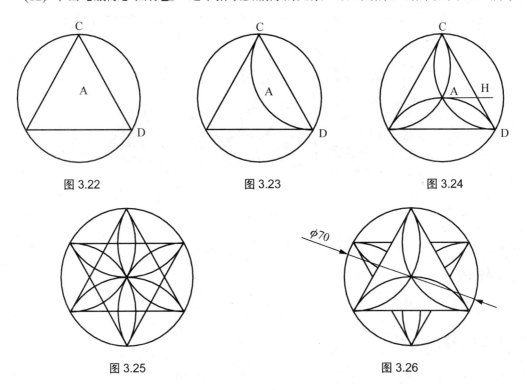

图 3.22　　　　　　　　图 3.23　　　　　　　　图 3.24

图 3.25　　　　　　　　　　　　图 3.26

任 务 小 结

通过学习，掌握平面旋转、旋转、平面镜像、镜像、阵列和缩放等功能的基本操作，树立作图的基本思维方法，尽量简化作图过程，提高作图效率。

几何变换是对图形元素进行平移、平面旋转、旋转、平面镜像、镜像、阵列和缩放等操作。它们主要是对曲线、曲面进行操作。"缩放"功能在造型完成后，使用的机会也很多，如塑料模具在加工过程中，是要考虑塑料的"缩水率"的。但是，在进行模具造型时，一般都是按标注的公称尺寸作图，并不考虑每个尺寸的缩放问题。可以在造型完成以后，再统一考虑图形的缩放，这样使作图更准确可靠一些。在使用这些功能时，提示区别"平面旋转"与"旋转"、"平面镜像"与"镜像"的不同。

练习与拓展

1. 绘制图 3.27 所示的二维图形。

提示：用多边形绘制定位线，然后用"圆_半径"方式作圆，最后使用圆形阵列功能完成。

2. 按图 3.28 所示绘制二维平面图形。

提示：使用圆、等距、修剪等功能。

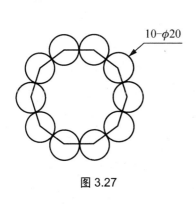

图 3.27

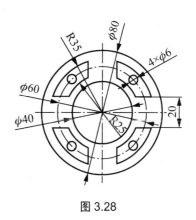

图 3.28

3. 按图 3.29 所示绘制二维平面图形。

提示：使用圆、平面镜像、修剪等功能。

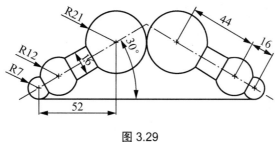

图 3.29

4. 按图 3.30 所示绘制二维平面图形。

提示：使用圆、阵列、等距、修剪等功能。

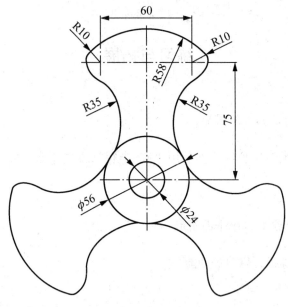

图 3.30

项目 4

曲面造型

学习目标

本项目是学习 CAXA 制造工程师软件中直纹面、旋转面、扫描面、边界面、放样面、网格面、导动面、等距面、平面、实体表面、曲面裁剪、过渡、拼接、缝合和延伸等曲面造型和编辑功能。通过典型工作任务的学习,使读者快速掌握并熟练运用曲面造型操作方法。

学习要求

(1) 掌握直纹面、旋转面、扫描面、边界面、放样面、网格面等曲面生成方法。
(2) 掌握曲面的常用编辑命令及操作方法。
(3) 理解并基本掌握曲面造型的一般步骤和技巧。
(4) 灵活运用曲面造型和编辑方法构建各种复杂曲面图形。

项目导读

曲面造型是使用各种数学曲面方法表达三维零件形状的造型方法。随着计算机计算能力的不断提升和曲面模型化技术的进步,现代 CAD/CAM 系统使用曲面已经能够完整准确地表现一个特别复杂的零件的外形,如汽车、飞机、金属模具、塑料模具等的复杂外形。

CAXA 制造工程师软件提供了丰富的曲面造型手段,构造完决定曲面形状的关键线框后,就可以在线框基础上,选用各种曲面的生成和编辑方法,在线框上构造所需定义的曲面来描述零件的外表面。例如,在横竖相交的网格曲线架上蒙成自由曲面,就用"网格面"生成方式;要在一组互不相交、方向相同、形状相似的曲线上蒙成自由曲面,就用"放样面"生成方式;如果要让某条曲线在某个方向上扫动成曲面,就用"扫描面"生成方式;要使某一曲线沿着另一条曲线扫动形成曲面,就用"导动面"生成方式。

根据曲面特征线的不同组合方式,可以有不同的曲面生成方式。曲面生成方式共有 10 种:直纹面、旋转面、扫描面、边界面、放样面、网格面、导动面、等距面、平面和实体表面。曲面编辑方法共有 5 种:曲面裁剪、过渡、拼接、缝合和延伸。

4.1 曲面造型基础

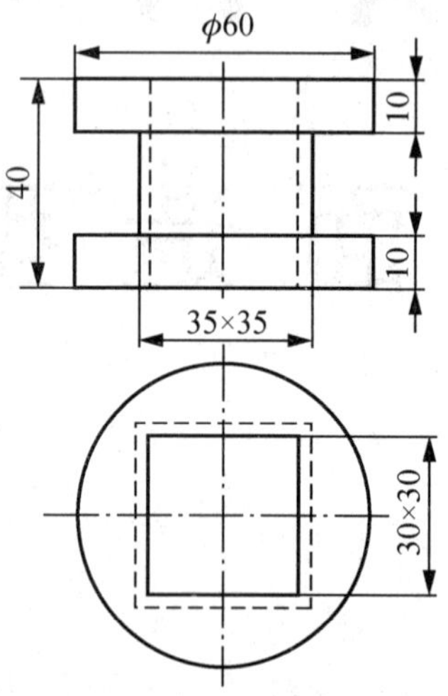

4.1.1 任务导入

根据图 4.1 所示的外圆内方形体的二维图形建立其三维曲面造型。通过该图的练习,初步了解直纹面、平移等命令的用法,掌握曲面造型的操作技能。

4.1.2 任务分析

从图 4.1 中可以看出,该模型为外圆内方形体造型,先画底部圆和正方形,经过向上平移复制后可得到各层高度的框架,然后用直纹面命令完成基本曲面造型。本任务所选练习图形比较简单,关键是要内外分层作图,以免各面相互混淆。

图 4.1

4.1.3 任务知识点

通过学习,掌握直纹面、旋转面、扫描面、边界面、放样面、网格面、导动面、等距面、平面和实体表面等曲面生成的方法,树立作图的空间思维概念,能够对所生成的曲面进行分析和比较,选择出对于特定零件的特定曲面最适合的曲面生成方式和方法,以便切削加工出符合要求的零件。

1．直纹面

直纹面是指一根直线的两端点分别在两条曲线上匀速运动而形成的轨迹曲面。可通过单击【直纹面】图标 激活该功能。直纹面有 3 种生成方式:"曲线+曲线"、"点+曲线"和"曲线+曲面",如图 4.2 所示。

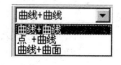

图 4.2

"曲线+曲线"是指在两条曲线之间生成直纹面。"点+曲线"是指在一个点和一条曲线之间生成直纹面。"曲线+曲面"是指在一条曲线和一个曲面之间生成直纹面。

操作实例 4-1

用圆心坐标(0,0,0)、半径为 30 的圆和将其平移复制 DZ=50 后得到的圆生成直纹面。
操作步骤如下。

(1) 绘制圆心坐标(0,0,0)、半径为 30 的圆。

(2) 按 F8 键→单击【平移】图标 →选择【平移】、【偏移量】、【拷贝】命令→输入 DZ "50"。

(3) 拾取圆→右击,结果如图 4.3(a)所示。

(4) 单击【直纹面】图标 →选择【曲线+曲线】命令。

(5) 分别拾取两个圆大致相同的位置→右击结束，结果如图 4.3(b)所示。

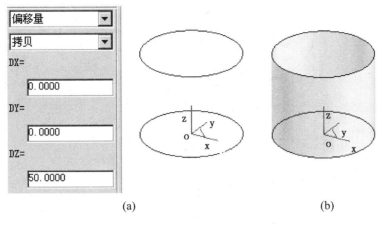

图 4.3

 特别提示

拾取两条曲线时一定要在同侧端点或圆和圆弧大致相同的位置，否则生成的直纹面会发生扭曲现象。在拾取曲线时，不能用链拾取，它只能拾取单根线。如果一个封闭图形有尖角过渡，直纹面必须分别做出，才能围成直纹面图形，它不是整体式的。对于圆、圆弧、椭圆、组合曲线等线与线之间无尖角过渡的曲线，系统将作为一条曲线进行拾取，形成一个整体的直纹面。

 操作实例 4-2

用批量点将圆心坐标为(0,0)、半径为 60 的圆分成 8 等份，再将 0°、45°、90°、135°、180°、225°、270°、315° 各处的等分点作 DZ 值分别对应 20、21、23、30、40、30、23、21、20 的平移移动，过上述 8 个平移点绘制闭合样条线，最后用"曲线+曲线"方式生成直纹面。

操作步骤如下。

(1) 绘制圆心坐标为(0,0,0)、半径为 60 的圆。

(2) 按 F8 键。

(3) 单击【点】图标 ×→选择【批量点】、【等分点】选项→输入段数"8"。

(4) 拾取圆，在圆的轮廓线上生成 8 个点。

(5) 单击【平移】图标 →选择【平移】、【偏移量】、【移动】选项→设置 DZ 为"20"。

(6) 拾取圆在 0° 位置的点→右击。

(7) 重复第(5)步和第(6)步，将其余 7 个点分别移动到给定的位置。

(8) 单击【样条线】图标 →选择【插值】、【缺省切矢】、【闭曲线】选项。

(9) 从 0° 位置开始沿顺时针方向依次拾取平移得到的点→右击，结果如图 4.4(a)所示。

(10) 单击【直纹面】图标 →选择【曲线+曲线】选项。

(11) 分别拾取圆和样条线大致相同的位置→右击结束，结果如图 4.4(b)所示。

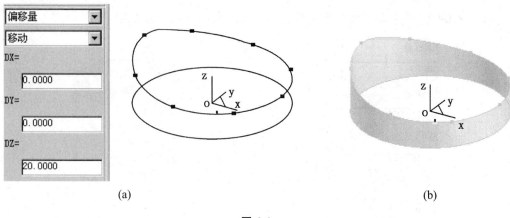

(a)   (b)

图 4.4

 操作实例 4-3

用圆心坐标为(50,60)、半径为 30 的圆和其圆心正上方 50 处的点生成直纹面。
操作步骤如下。
(1) 按已知条件及要求绘制圆和点，如图 4.5(a)所示。
(2) 单击【直纹面】图标→选择【点+曲线】命令。
(3) 拾取空间点→拾取圆轮廓(得到曲线)→右击结束，结果如图 4.5(b)所示。

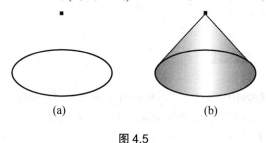

(a)   (b)

图 4.5

特别提示

在"点+曲线"方式中，在拾取曲线时，不能用链拾取，它只能拾取单根线。如果一个封闭图形有尖角过渡，直纹面必须分别做出，才能围成直纹面图形，它不是整体式的。对于圆、圆弧、椭圆、组合曲线等线与线之间无尖角过渡的曲线，将作为一条曲线进行拾取，形成一个整体的直纹面。另外，应提示使用 F9 键切换作图平面。

 操作实例 4-4

用圆心坐标为(0,0,50)、半径为 10 的圆和 XOY 平面上的曲面生成夹角为 10°的直纹面。
操作步骤如下。
(1) 按已知条件绘制圆和样条曲线。
(2) 单击【直纹面】图标→选择【曲线+曲线】选项。

(3) 拾取两样条曲线→右击，结果如图 4.6(a)所示。

(4) 在立即菜单中单击下拉按钮选取【曲线+曲面】选项→输入角度"10"。

(5) 拾取曲面→拾取曲线圆→按空格键→选取【Z 轴负向】选项→拾取指向圆外的箭头→右击结束，结果如图 4.6(b)所示。

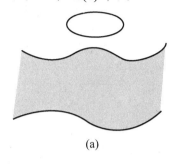
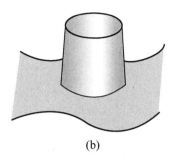

图 4.6

特别提示

(1) 如果曲线的投影线落到了曲面的外面，则不能生成"曲线+曲面"的直纹面。

(2) 生成方式为"曲线+曲面"时，输入方向时可使用矢量工具菜单。在需要这些工具菜单时，按空格键或鼠标中键即可弹出工具菜单。

(3) 生成方式为"曲线+曲面"时，当曲线沿指定方向，以一定的锥度向曲面投影作直纹面时，如曲线的投影不能全部落在曲面内，直纹面将无法做出。

2．旋转面

旋转面是指按给的起始角度、终止角度，将曲线(也称为母线)绕一轴线旋转而生成的轨迹曲面。可通过单击【旋转面】图标 激活该功能。

起始角是指生成曲面的起始位置与母线和旋转轴构成平面的夹角。

终止角是指生成曲面的终止位置与母线和旋转轴构成平面的夹角。

 操作实例 4-5

用起点为(10,0,0)、中间点(19,0,10)和(10,0,26)、终点为(26,0,46)的样条曲线作母线，生成起始角为 0°、终止角为 360°并绕 Z 轴旋转的旋转面。

操作步骤如下。

(1) 按 F7 键，根据已知条件绘制样条母线。

(2) 绘制一条起点为坐标系原点，终点为 Z 轴上任一点的直线，作为旋转轴线→按 F8 键，如图 4.7(a)所示。

(3) 单击【旋转面】图标 →输入起始角"0°"→输入终止角"360°"。

(4) 拾取与 Z 轴重合的旋转轴线→拾取向上的箭头→拾取母线→右击结束，结果如图 4.7(b)所示。

图 4.7(c)所示的图形是起始角为 60°、终止角为 270°的情况。

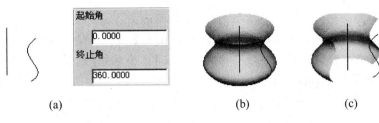

图 4.7

 **特别提示**

(1) 提示旋转线和旋转轴不要相交。在拾取母线时，可以利用曲线拾取工具菜单(按空格键)。选择的箭头方向与曲面旋转方向两者遵循右手螺旋法则。旋转时以母线的当前位置为零起始位置。

(2) 如果旋转生成的是球面，其上半部分要被加工制造的则不能做成二分之一的圆旋转 180°，而应做成四分之一的圆旋转 360°，否则法线方向不对，以后无法加工。

3．扫描面

扫描面是指按给定的起始位置和扫描距离，将曲线沿指定方向以一定的锥度扫描生成的曲面。可通过单击【扫描面】图标 激活该功能。

起始距离是指生成曲面的起始位置与曲线平面沿扫描方向上的间距。

扫描距离是指生成曲面的起始位置与终止位置沿扫描方向上的间距。

扫描角度是指生成的曲面母线与扫描方向的夹角。

 操作实例 4-6

用过型值点(-30,0,24)、(-4,0,40)、(20,0,18)、(43,0,14)、(65,0,-10)的样条曲线生成起始距离为-10、扫描距离为 60、扫描角度为 0°的扫描面。

操作步骤如下。

(1) 按 F8 键作轴测显示→按 F9 键，选 XOZ 平面为作图平面→单击【样条线】图标 →选择【插值】、【缺省切矢】、【开曲线】命令→顺序输入各点坐标值→右击结束，如图 4.8(a)所示。

(2) 单击【扫描面】图标 →输入起始距离 "0" →右击→输入扫描距离 "60" →输入扫描角度 "0" →按空格键→选取扫描方向(Y 轴正方向)→扫描面生成→右击结束，如图 4.8(b)所示。

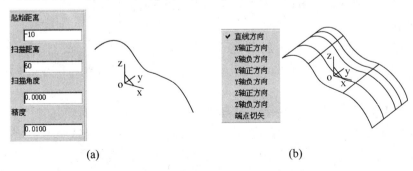

图 4.8

特别提示

(1) 扫描面的产生以母线的当前位置为零起始位置。"距离"可取正值也可取负值，它是相对坐标原点而言的，是相对值。

(2) 扫描角度不为零时，需要选择扫描夹角的方向。扫描夹角的方向按照"右手定则"确定。

4．导动面

导动面是指特征截面线沿着特征轨迹线的某一方向扫动生成的曲面。可通过单击【导动面】图标激活该功能。导动面的生成方式有 6 种：平行导动、固接导动、导动线&平面、导动线&边界线、双导动线和管道曲面。

生成导动曲面的基本思想：选取截面曲线或轮廓线沿着另外一条轨迹线导动生成曲面。

为了满足不同形状的要求，可以在扫动过程中，对截面线和轨迹线施加不同的几何约束，让截面线和轨迹线之间保持不同的位置关系，就可以生成形状变化多样的导动曲面。如在截面线沿轨迹线运动的过程中，可以让截面线绕自身旋转，也可以绕轨迹线扭转，还可以进行变形处理，这样就能产生各种方式的导动曲面。

 特别提示

(1) 导动曲线、截面曲线应当是光滑曲线。

(2) 在两根截面线之间进行导动时，拾取两根截面线时应使得它们方向一致，否则曲面将发生扭曲，形状不可预料。

(3) 导动线&平面中给定的平面法矢尽量不要和导动线的切矢方向相同。

 操作实例 4-7

用 XOY 平面上圆心坐标为(0,0)、半径为 20 的圆作截面线，沿型值点(0,0,0)、(0,0,30)、(0,20,45)的插值样条线生成平行导动的导动面。

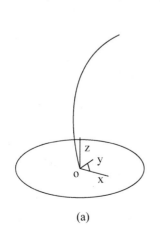
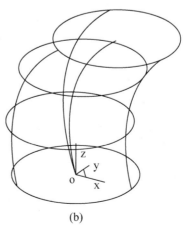

(a)　　　　　　　　　(b)

图 4.9

操作步骤如下。

(1) 在 YOZ 平面上绘样条线，在 XOY 平面上绘圆，如图 4.9(a)所示。

(2) 单击【导动面】图标→选择【平行导动】选项。

(3) 拾取样条线(导动线)→拾取向上的箭头→拾取圆→右击结束，结果如图 4.9(b)所示。

特别提示

平行导动是指截面线沿导动线移动过程中始终平行于它最初的空间位置导动生成曲面。截面线扫动距离由导动线长度决定。

操作实例 4-8

用 XOZ 平面上圆心坐标为(0,0)、半径为 20 的圆和样条线的终点为圆心且垂直于样条线、半径为 10 的圆作截面线，沿型值点(0,0,0)、(0,0,30)、(0,20,45)的插值样条线(导动线)生成双截面线固接导动的导动面。

操作步骤如下。

(1) 在 YOZ 平面上绘制样条线，在 XOY 平面上绘制半径 20 的圆。

(2) 按 F9 键，切换到 XOZ 平面。

(3) 单击【整圆】图标→选择【圆心_半径】选项。

(4) 拾取型值点(0,20,45)→按回车键，输入半径"10"，结果如图 4.10(a)所示。

(5) 单击【导动面】图标→选择【固接导动】、【双截面线】命令。

(6) 拾取样条线→拾取向上的箭头→拾取大圆→拾取小圆→右击结束，结果如图 4.10(b)所示。

特别提示

固接导动是指截面线在沿导动线移动过程中始终保持最初与导动线之间固定的空间夹角关系不变导动生成的曲面。固接导动有单截面线和双截面线两种，也就是说截面线可以是一条或两条。"双截面线"导动时，应选取箭头所指方向的截面线作为第二条截面曲线。

(a)

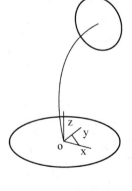

(b)

图 4.10

操作实例 4-9

以 YOZ 平面上起点坐标为(0,0,0)、终点坐标为(0,20,20)的直线为平面法矢,用起点坐标(5,0,0)、终点坐标(50,0,0)的直线作截面线,沿型值点(0,0,0)、(0,10,34)、(0,23,40)、(0,37,38)、(0,47,38)、(0,114,5)的插值样条线(导动线)生成导动线&平面的导动面。

操作步骤如下。

(1) 绘制平面法矢线、截面线和导动线,并按 F8 键切换至轴测图显示,如图 4.11(a)所示。

(2) 单击【导动面】图标→选择【导动线&平面】、【单截面线】选项。

(3) 拾取平面法矢直线→拾取向上的箭头→拾取样条线,拾取向上箭头→拾取截面线→右击结束,结果如图 4.11(b)所示。

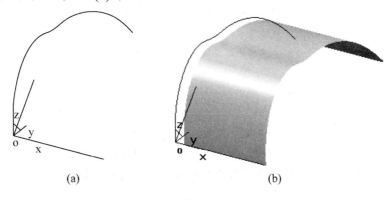

图 4.11

特别提示

导动线&平面是指按一定规则、沿一个平面或空间导动线导动生成曲面,其规则如下。
(1) 截面线平面的方向与导动线上每一点的切矢方向之间相对夹角始终保持不变。
(2) 截面线平面的方向与所定义的平面法矢的方向始终保持不变。

 操作实例 4-10

用 XOY 平面上起点坐标为(10,0)、终点坐标为(10,-50)的直线和起点坐标为(-10,0)、终点坐标为(-15,-55)的样条曲线作边界线,以 XOZ 平面上圆心坐标为(0,0)、起始角为 0°、终止角为 180°、半径为 10 的圆弧作截面线,沿与 Y 轴负向平行的直线生成导动线&边界线的等高导动面。

操作步骤如下。

(1) 绘制边界线、截面线和导动线,并按 F8 键切换至轴测图显示,如图 4.12(a)所示。

(2) 单击【导动面】图标→选择【导动线 & 边界线】→【单截面线】→【等高】选项。

(3) 拾取导动线→拾取向左下的箭头→分别拾取两条边界线→拾取截面线→右击结束,结果如图 4.12(b)所示。

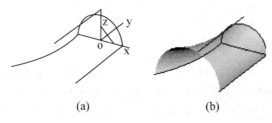

图 4.12

 特别提示

导动线&边界线是指截面线按一定规则沿一条导动线扫动生成曲面,其规则如下。
(1) 在运动过程中截面线平面始终与导动线垂直。
(2) 在运动过程中截面线平面与两边界线需要有两个交点。
(3) 对截面线进行放缩,将截面线横跨于两个交点上。
(4) 截面线的两个端点必须分别落在两条边界线上。

 操作实例 4-11

用 XOZ 面上圆心坐标为(0,0)、起始角为 0°、终止角为 180°、半径为 15 的圆弧作截面线,以 XOY 平面上起点坐标为(10,0)、终点坐标为(20,50)的直线和起点坐标为(-10,0)、终点坐标为(-15,55)的直线作导动线,生成双导动线的变高导动面。

图 4.13

操作步骤如下。
(1) 绘制导动线和截面线,并按 F8 键切换至轴测图显示,如图 4.13(a)所示。
(2) 单击【导动面】图标 →选择【双导动线】→【单截面线】→【变高】选项。
(3) 拾取一条导动线→拾取向右上的箭头→拾取另一条导动线→拾取右上箭头→拾取截面线→右击结束,结果如图 4.13(b)所示。

 特别提示

双导动线是指将一条或两条截面线沿着两条导动线均速地导动生成曲面,分为等高导动和变高导动。拾取截面线时,拾取点应在第一条导动线附近。"变高"导动出来的参数线仍然维持原状,以保证曲率半径的一致性;而"等高"导动出来的参数线不是原状,不保证曲率半径的一致性。可以将多条曲线组合成一条曲线后,作为一条导动线或截面线。

操作实例 4-12

用型值点为(0,0,0)、(0,0,30)、(0,25,35)的插值样条线作导动线,生成起始半径为 10、终止半径为 10 的管道导动面。

操作步骤如下。

(1) 按已知条件绘制样条线。

(2) 单击【导动面】图标→选择【管道曲面】选项→输入起始半径"10"→输入终止半径"10"。

(3) 拾取样条线→拾取向上箭头→右击结束,结果如图 4.14 所示。

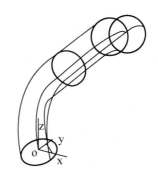

图 4.14

特别提示

(1) 管道曲面是指给定起始半径和终止半径的圆形截面沿指定的中心线扫动生成曲面。

(2) 导动曲线应当是光滑曲线。管道曲面是截面线为圆的固接导动面。截面线为一个整圆,截面线在导动过程中,其圆心一直位于导动线上,且圆所在平面总是与导动线垂直。

(3) 圆形截面可以是两个,由起始半径和终止半径分别决定,生成变半径的管道曲面。进行方向选择时,所选的箭头指向管道终止方向。

5.等距面

等距面是指按给定距离与等距方向生成与已知曲面等距的曲面。可通过单击【等距面】图标激活该功能。

操作实例 4-13

用 XOY 平面上长度为 50、宽度为 30、中心坐标为(10,20)的矩形曲面,生成与其相距为 30 的等距面。

操作步骤如下。

(1) 按已知条件生成曲面。

(2) 单击【等距面】图标→输入等距距离"30"。

(3) 拾取曲面→拾取向上箭头→右击结束,结果如图 4.15 所示。

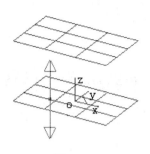

图 4.15

按给定距离与等距方向生成和已知平面(曲面)等距的平面(曲面)。这个命令类似于曲线中的"等距线"命令,不同的是"线"改成了"面"。如果曲面的曲率变化太大,等距的距离应当小于最小曲率半径。

6．平面

平面是指利用多种方式生成所需平面。可通过单击【平面】图标 激活该功能。

平面与基准面的比较:基准面是绘制草图时的参考面,而平面则是一个实际存在的面。

裁剪平面是指将封闭轮廓进行裁剪后形成的有一个或者多个边界的平面。工具平面是指用给定的长度和宽度生成平面。

适合于 5 边以上的平面和内部有形状的平面,它可以简化操作,提高制作裁剪平面的速度,应用很多。要求轮廓线必须在一个平面上,否则制作不成功。

 操作实例 4-14

在 XOY 平面上,用裁剪方式生成边界长度为 60、宽度为 50、内有圆心坐标为(5,5)、半径为 10 的圆的裁剪平面。

操作步骤如下。

(1) 按要求绘制矩形和圆。

(2) 单击【平面】图标 →选择【裁剪平面】选项。

(3) 拾取矩形任一边框线→拾取任一方向的箭头→拾取圆→拾取任一方向的箭头→右击结束,结果如图 4.16 所示。

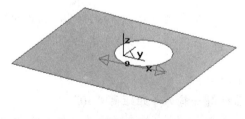

图 4.16

特别提示

轮廓线必须封闭。内轮廓线允许交叉。当提示拾取内轮廓线时,如果有内轮廓线,继续选,如果没有可选的内轮廓线,则右击结束。拾取轮廓线时,可以按空格键选取"链拾取"、"限制链拾取"、或"单个拾取"方式。

只要是封闭的外轮廓且无内轮廓(圆、四边形、三角形、多边形等),均可直接生成平面,此时只需在拾取外轮廓线以后直接右击结束即可。

 操作实例 4-15

在 XOY 平面上、生成绕 Y 轴旋转 20°、长度为 50、宽度为 20、中心坐标为(10,15)的工具平面。

操作步骤如下。

(1) 单击【平面】图标 →选择【工具平面】→【XOY 平面】选项→输入角度"20"→输入长度"50"和宽度"20"。

(2) 按回车键→输入"中心坐标"(10,15)→按回车键→右击结束,结果如图 4.17 所示。

 特别提示

平面为实际存在的面,其大小由给定的长和宽所决定。可通过"线架显示"观察已生成的曲面。"角度"方向按右手螺旋法则确定。

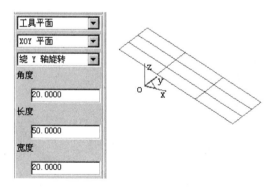

图 4.17

7. 边界面

边界面是指在由已知曲线围成的边界区域上生成的曲面。可通过单击【边界面】图标 激活该功能。

已知曲线必须是首尾相连的封闭环。

三边面是指用 3 条空间曲线作边界生成的曲面。

四边面是指用 4 条空间曲线生成的曲面。

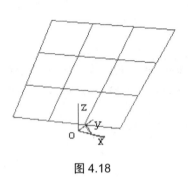

操作实例 4-16

用起点坐标为(30,30,50)、终点坐标为(-30,30,30)、终点坐标为(-20,-20,10)、终点坐标为(35,-25,20)和终点坐标为(30,30,50)的4条首尾相连的直线生成四边面。

操作步骤如下。

(1) 按要求先绘制4条直线。

(2) 单击【边界面】图标→选择【四边面】选项。

图 4.18

(3) 分别拾取4条直线→右击结束，结果如图4.18所示。

特别提示

拾取的4条曲线必须首尾相连，形成封闭环，才能作出四边面，如果4条边不封闭，可以用曲线过渡的方法将它们连起来，拾取的曲线应当是光滑的曲线；如果一条边是由多条线构成的，可以采用曲线组合的办法将其组合成一条光滑的曲线。

8．放样面

放样面是指以一组互不相交、方向相同、形状相似的截面线为骨架进行形状控制，过这些曲线蒙面生成的曲面。可通过单击【放样面】图标激活该功能。

截面曲线是通过一组空间曲线作为截面来生成的封闭或者不封闭的曲面。

曲面边界是指以曲面的边界线和截面曲线并与曲面相切来生成曲面。

操作实例 4-17

用起始角均为0°、终止角均为180°，圆心坐标分别为(0,-30,0)、(0,-5,0)、(0,15,0)、(0,35,0)、(0,45,0)，半径分别为10、18、15、10、10的5个半圆生成截面不封闭放样面。

操作步骤如下。

(1) 按要求先绘制5个半圆。

(2) 单击【边界面】图标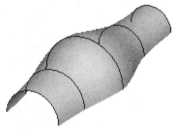→选择【截面曲线】→【不封闭】选项。

(3) 依次拾取5个圆弧大致相同的位置→右击结束，结果如图4.19所示。

图 4.19

操作实例 4-18

用圆心坐标为(0,0,35)、半径为25的曲面和圆心坐标为(0,0,-20)、半径为30的曲面及圆心坐标为(0,0,15)、半径为20的截面线和圆心坐标为(0,0,-5)、半径为26的截面曲线生成曲面边界放样面。

操作步骤如下。

(1) 按要求先绘制两个曲面和两条圆截面线,如图 4.20 所示。
(2) 单击【放样面】图标 →选择【曲面边界】选项。
(3) 如图 4.20(a)所示,拾取最下面的曲面→向上依次拾取图中两个圆→右击→拾取图中最上面的曲面→右击结束,结果如图 4.20(b)所示。

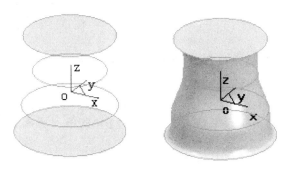

图 4.20

 特别提示

(1) 截面线一定要光滑。
(2) 拾取的一组截面线要形状相似、互不相交、方向一致,否则生成的结果将发生扭曲。
(3) 要按截面线摆放的顺序依次拾取曲线。

9.网格面

网格面是指以网格线为骨架,蒙上自由曲面后生成的曲面。可通过单击【网格面】图标 激活该功能。

操作实例 4-19

绘制图 4.21 所示的网格面。
(1) 网格线是指在空间横竖相交的线,且相邻的 5 个相交点所围成的小区域必须为四边形,否则不能生成网格面。
(2) 拾取网格线时,要在每根线大致相同的位置。
因为所需的曲线较多,且还要有合适的交点,故在此不再举操作实例,但图 4.21 给出了网格线相交示意图。

图 4.21

 特别提示

构造曲面的特征网格线需要先确定曲面的初始骨架形状,然后用自由曲面插值特征网格线生成曲面。拾取的每条 U 向曲线与所有 V 向曲线都必须有真正的交点。拾取的曲线应当是光滑的曲线。

10．实体表面

实体表面是指从特征生成的实体表面剥离出来而形成一个独立的面。可通过选择主菜单中的【应用】→【曲面生成】→【实体表面】命令激活该功能。

操作实例 4-20

用图 4.22(a)所示的实体(线架显示)的上表面生成实体曲面。

操作步骤如下。

(1) 选择主菜单中的【应用】→【曲面生成】→【实体表面】命令。

(2) 拾取实体的上表面→右击结束，如图 4.22(b)所示，为删除实体和草图后显示的图形。

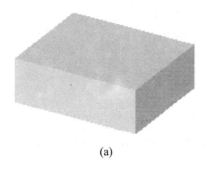
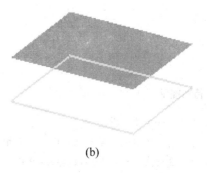

(a)　　　　　　　　　　　　　　　　(b)

图 4.22

"实体表面"没有功能图标，要激活它必须在主菜单中进行选取。实体表面生成后，可以通过"线架显示"观察已经生成的曲面。生成的实体表面，具有用其他方法生成的面同样的属性(如进行面的编辑、镜像等)。利用生成的实体生成实体表面的曲面，是生成曲面的一种有效方法。有时使用曲面完后，需要将它删除。当构造完决定曲面形状的关键线框以后，就可以选用各种曲面生成方法，构造所需的曲面。除"实体表面"是由实体生成外，其他面都是通过在非草图模式下构造线架(线框)图而生成的。

4.1.4 造型步骤

一般都是先进行分析，确定作图的方法与步骤，然后再开始绘图，结果如图 4.23 所示。

线圈骨架的底面在 XOY 平面上，且底面中心与坐标系原点重合。

操作步骤如下。

(1) 按 F5 键→按 F8 键。

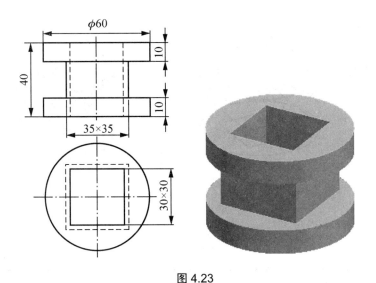

图 4.23

(2) 单击【整圆】图标 ⊕ →选择【圆心_半径】选项。

(3) 拾取坐标系原点→输入半径"30"→右击。

(4) 单击【矩形】图标 □ →选择【中心_长_宽】选项→输入长度"30"→输入宽度"30"。

(5) 拾取坐标系原点→右击。

(6) 单击【平移】图标 →选择【偏移量】→【拷贝】选项→输入 DX "0"→输入 DY "0"→输入 DZ "40"。

(7) 拾取矩形→拾取圆→右击,结果如图 4.24 所示。

(8) 输入 DZ "10"→拾取 XOY 平面上的圆→右击。

(9) 单击【矩形】图标 □ →选择【中心_长_宽】选项→输入长度"35"→输入宽度"35"。

(10) 按回车键→输入"矩形中心坐标"(0,0,10)→按回车键,结果如图 4.24 所示。

(11) 单击【平移】图标 →选择【偏移量】→【拷贝】选项→输入 DX "0"→输入 DY "0"→输入 DZ "20"。

(12) 拾取 35×35 的矩形和同一高度的圆→右击,结果如图 4.24 所示。

(13) 单击【直纹面】图标 →选择【曲线+曲线】选项。

(14) 拾取最下面两个圆→拾取最上面两个圆→拾取上下两个 30×30 的矩形→拾取上下两个 35×35 的矩形→右击,结果如图 4.25 所示。

(15) 单击【平面】图标 →选择【裁剪平面】选项。

(16) 拾取圆→拾取任一箭头→拾取矩形任一条边→拾取任一箭头→右击,结果如图 4.25 所示(真实感显示)。

(17) 单击主菜单中的【编辑】→【图素不可见】命令→拾取全部线架→右击结束,结果如图 4.25 所示。

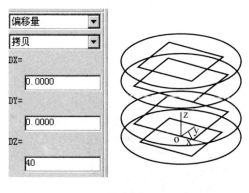

图 4.24

图 4.25

任 务 小 结

本任务主要学习曲面造型的方法，重点掌握直纹面、旋转面、扫描面、边界面、放样面、网格面、导动面、等距面、平面和实体表面等曲面的生成方法，树立作图的空间思维概念。在创建直纹面时，要注意在同侧拾取截面线，否则就会形成交叉曲面。

练习与拓展

1. 填空题

(1) 在生成扫描面时，当扫描角度不为零，需要选择扫描夹角的方向时，扫描夹角的方向按(   )定则确定。

(2) 导动曲线应当是光滑曲线，管道曲面是截面线为圆的固接导动面，截面线为一个整圆，截面线在导动过程中，其圆心总是位于(   )，且圆所在的平面总是与导动线(   )。

(3) 在生成旋转曲面时，在拾取母线时，选择方向时的箭头与曲面旋转方向两者应遵循(   )法则，旋转时以母线的(   )位置为(   )。

(4) 扫描面是按照给定的(   )和(   )将曲面沿(   )以一定的(   )扫描生成曲面，其也是(   )的一种。

(5) 曲面造型是直接使用各种数学方式表达零件形状的造型方法。曲面生成方式共有10种：(   )。

(6) 在横竖相交的网格曲线架上蒙成自由曲面，就用(   )生成方式；要在一组互不相交、方向相同、形状相似的曲线上蒙成自由曲面，就用(   )生成方式；如果要让某条曲线在某个方向上扫动成曲面，就用(   )生成方式；若要某一曲线沿着另一条曲线扫动形成曲面，就用(   )生成方式。

2. 判断题

(1) (　　)扫描面是指按给定的起始位置和扫描距离,将曲线沿指定方向以一定的锥度扫描生成的曲面。扫描距离是指生成曲面的起始位置与终止位置沿扫描方向上的间距;扫描面的产生以母线的当前位置为零起始位置。

(2) (　　)导动面是指特征截面线沿着特征轨迹线的某一方向扫动生成的曲面。平行导动是指截面线沿导动线移动过程中始终平行它最初的空间位置导动生成曲面。截面线扫动距离由导动线长度决定。

(3) (　　)直纹面是指一条直线的两端点分别在两条曲线上匀速运动而形成的轨迹曲面。拾取两条曲线时一定要在同侧端点或圆和圆弧大致相同的位置,否则生成的直纹面会发生扭曲现象。

(4) (　　)放样面是指以一组互不相交、方向相同、形状相似的截面线为骨架进行形状控制,过这些曲线蒙面生成的曲面。要按截面线摆放的顺序依次拾取曲线。

(5) (　　)网格面是指以网格线为骨架,蒙上自由曲面后生成的曲面。网格线是指在空间横竖相交的线,且相邻的 5 个相交点所围成的小区域必须为四边形,否则不能生成网格面。

(6) (　　)使用边界面生成曲面时,可生成三边面、四边面和五边面。

3. 作图题

(1) 根据三视图(图 4.26)绘制其曲面立体图。

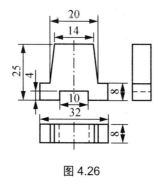

图 4.26

(2) 根据二视图(图 4.27、图 4.28)绘制其曲面立体图。

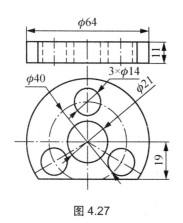

图 4.27

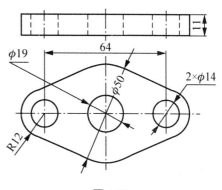

图 4.28

4.2 吊钩三维曲面造型

4.2.1 任务导入

根据图4.29所示的给定尺寸，用曲面造型方法生成吊钩三维模型图。

先绘制各截面图，如图4.30所示，主要应用导动面命令生成双导动曲面。

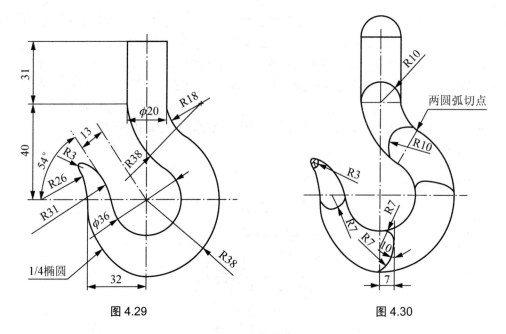

图4.29　　　　　　　　　　图4.30

4.2.2 任务分析

从图4.29中可以看出，该模型为吊钩曲面模型，先画图4.29所示的吊钩平面图，然后画图4.30所示吊钩各截面图，再通过旋转命令将各截面图旋转成与水平面成90°，通过双截面双导动得到整体曲面造型，最后用曲面缝合命令将各曲面连成一体。本次任务所选练习图形比较难，要综合运用曲面造型与曲面编辑知识才能完成。

4.2.3 任务知识点

曲面编辑主要讲述有关曲面的常用编辑命令及操作方法，它是CAXA制造工程师软件的重要功能。曲面编辑包括曲面裁剪、曲面过渡、曲面缝合、曲面拼接和曲面延伸5种功能。通过熟练运用曲面编辑功能，可大大缩短复杂曲面造型的时间。

1. 曲面裁剪

曲面裁剪是指对已生成的曲面进行修剪，去掉不需要的部分。可通过单击【曲面裁剪】图标激活该功能。在曲面裁剪功能中，用户可以选用各种元素，包括各种曲线和曲面来修理和剪裁曲面，获得用户所需要的曲面形态，也可以将被裁剪了的曲面恢复到原来的样子。

曲面裁剪有 5 种方式：投影线裁剪、等参数线裁剪、线裁剪、面裁剪和裁剪恢复。

投影线裁剪是指将空间曲线沿给定的固定方向投影到曲面上，然后用投影得到的影线作剪刀线来裁剪曲面。

等参数线裁剪是指以曲面上给定的等参数线为剪刀线来裁剪曲面，有裁剪和分裂两种方式。参数线的给定可以通过立即菜单选择过点或者指定参数来确定。

线裁剪是指曲面上的曲线沿曲面法矢方向投影到曲面上，形成剪刀线来裁剪曲面。

面裁剪是指用给定的曲面作剪刀面来裁剪其他曲面。剪刀面必须与被裁曲面相交，宽度任意。

裁剪恢复是指将拾取到的曲面裁剪部分恢复到没有裁剪的状态。

操作实例 4-21

用以圆心坐标(0,0,40)、半径为 15 的圆作剪刀线，对 XOY 平面上的曲面作投影线裁剪。操作步骤如下。

(1) 按已知条件绘制圆、生成曲面，如图 4.31(a)所示。
(2) 单击【曲面裁剪】图标→选择【投影线裁剪】→【裁剪】选项。
(3) 拾取曲面需要保留的部分→按空格键→在立即菜单中选取【Z 轴负方向】命令→拾取圆→拾取箭头→右击结束，结果如图 4.31(b)所示。

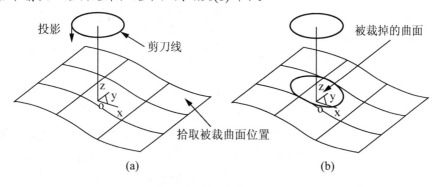

图 4.31

特别提示

剪刀线与曲面边界线重合或部分重合以及相切时，可能得不到正确的裁剪结果。

操作实例 4-22

用 XOY 平面上中心坐标为(0,0)、长度为 50、宽度为 45 的曲面作剪刀面，对 XOY 平面上中心坐标为(0,0,-20)、半径为 10、高度为 40 的圆柱曲面作面裁剪。

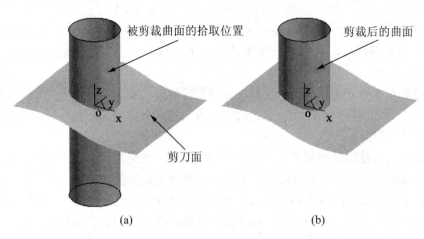

图 4.32

操作步骤如下。

(1) 按已知条件生成两张曲面,如图 4.32(a)所示。

(2) 单击【曲面裁剪】图标→选择【面裁剪】→【裁剪】→【裁剪曲面1】选项。

(3) 拾取曲面需要保留的部分(拾取圆柱曲面上半部分)→拾取剪刀面→右击结束,结果如图 4.32(b)所示。

特别提示

(1) 裁剪时保留拾取点所在的那部分曲面。

(2) 两曲面必须有交线,否则无法裁剪曲面。两曲面在边界线处相交或部分相交及相切时,可能得不到正确的结果,建议尽量避免。

(3) 若曲面交线与被裁剪曲面边界无交点,且不在其内部封闭,则系统将交线延长到被裁剪曲面边界后实行裁剪,一般应尽量避免这种情况。

2．曲面过渡

曲面过渡是指在给定的曲面之间以一定的方式,作出给定半径或半径变化规律的圆弧过渡面,以实现曲面之间的光滑过渡。可通过单击【曲面过渡】图标激活该功能。

系列面是指首尾相接、边界重合,并在重合边界处保持光滑连接的多张曲面的集合。系列面过渡是指在给定的两个系列面之间进行的过渡处理。

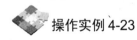 操作实例 4-23

用 XOY 平面上中心坐标为(0,0)、长度为 60、宽度为 30 的曲面 1 和 XOZ 平面上中心坐标为(0,0,25)、长度为 20、宽度为 50 的曲面 2 作等半径为 20 的两面过渡。

操作步骤如下。

(1) 按已知条件生成两张曲面,如图 4.33(a)所示。

(2) 单击【曲面过渡】图标→选择【两面过渡】→【等半径】选项→输入半径"20"→选择【裁剪两面】选项。

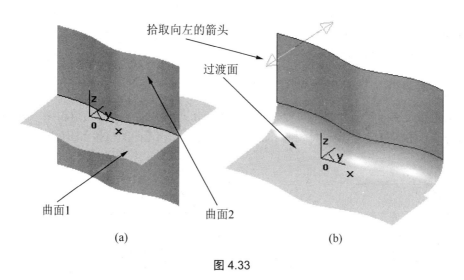

图 4.33

(3) 拾取曲面 1→拾取向上箭头→拾取曲面 2→拾取向左的箭头→右击结束，结果如图 4.33(b)所示。

操作实例 4-24

现以水平曲面 1 为第一系列面，侧面曲面 2、曲面 3 和曲面 4 为第二系列面，作等半径为 10 的系列面过渡。

操作步骤如下。

(1) 按已知条件生成图 4.34(a)所示的曲面。

(2) 单击【曲面过渡】图标→选择【系列面过渡】→【等半径】选项→输入半径"10"→选择【裁剪两系列面】→【单个拾取】选项。

(3) 拾取曲面 1(第一系列面)→右击→拾取曲面 2、曲面 3、曲面 4→右击→拾取曲面 2、曲面 3、曲面 4 上指向外的箭头，使其指向曲面体内部，如图 4.34(a)所示→右击结束，结果如图 4.34(b)所示。

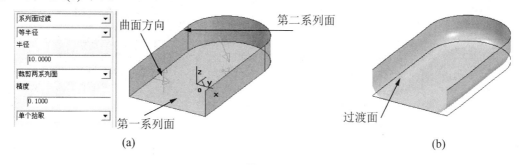

图 4.34

特别提示

(1) 用户需正确地指定曲面的方向，方向不同会导致完全不同的结果。
(2) 进行过渡的两曲面在指定方向上与距离等于半径的等距面必须相交，否则曲面过渡失败。

(3) 若曲面形状复杂，变化过于剧烈，使得曲面的局部曲率小于过渡半径时，过渡面将发生自交，形状难以预料，应尽量避免这种情形。

3．曲面拼接

曲面拼接是指通过多个曲面的对应边界生成一张曲面与这些曲面光滑相接。曲面拼接共有 3 种方式：两面拼接、三面拼接和四面拼接。可通过单击【曲面拼接】图标激活该功能。

特别提示

曲面拼接主要用在曲面间存有不封闭的区域时，需要用一张光滑的新曲面将不封闭的区域补上的场合。一定在两张曲面大致相同的位置拾取，否则拼出的曲面将发生扭曲。

两面拼接是指连接两给定曲面的指定对应边界，并在连接处保证光滑。

 操作实例 4-25

用在 XOY 平面上生成的曲面 1 和中心坐标为(0,0,20)、长度为 40、宽度为 20 且与 XOZ 平面平行的曲面 2 作两面拼接。

操作步骤如下。

按已知条件生成两张曲面，如图 4.35(a)所示。

(1) 单击【曲面拼接】图标 →选择【两面拼接】选项→输入精度"0.01"。

(2) 拾取曲面 1→拾取曲面 2→右击结束，结果如图 4.35(b)所示。

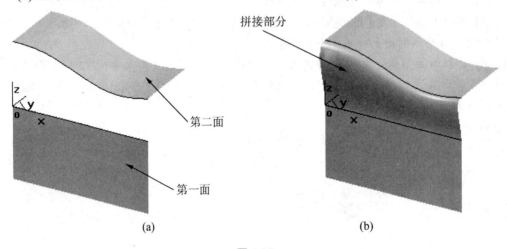

图 4.35

特别提示

(1) 要拼接的 4 个曲面必须在角点两两相交，要拼接的 4 个边界应该首尾相连，形成一串封闭曲线，围成一个封闭区域。

(2) 操作中，拾取曲线时需先按右键，再单击曲线才能选择曲线。

4．曲面缝合

曲面缝合是指将两张曲面光滑连接为一个整张曲面。

曲面缝合有两种方式：通过曲面 1 的切矢进行光滑过渡连接；通过两曲面的平均切矢进行光滑过渡连接。可通过单击【曲面缝合】图标 激活该功能。

 操作实例 4-26

用在 XOY 平面上生成的曲面 1 和中心坐标为(0,0,20)、长度为 40、宽度为 20 且与 XOZ 平面平行的曲面 2 作"曲面切矢 1"的曲面缝合。

操作步骤如下。

(1) 按照已知条件生成两张曲面，如图 4.36(a)所示。

(2) 单击【曲面拼接】图标 →选择【曲面切矢 1】选项。

(3) 拾取曲面 1→拾取曲面 2→右击结束，结果如图 4.36(b)所示。

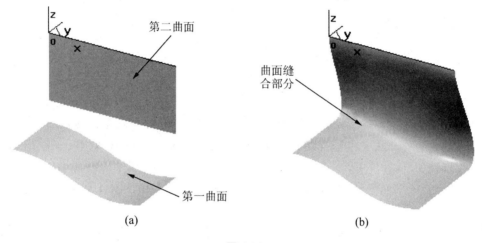

图 4.36

5．曲面延伸

在应用中会遇到所做的曲面短了或窄了而无法进行一些操作的情况，这时就需要把一张曲面从某条边延伸出去。曲面延伸就是针对这种情况，把原曲面按所给长度沿相切的方向延伸出去，扩大曲面，以帮助用户进行下一步操作。可通过单击【曲面延伸】图标 激活该功能。

(1) 对裁剪曲面无效。

(2) 拾取曲面时离哪条边界线最近，就从哪条边界线处延伸曲面。

 操作实例 4-27

用 XOY 平面上中心坐标为(0,-20)、长度为 40、宽度为 20 的曲面作 Y 轴正向的曲面长度延伸。

操作步骤如下。

(1) 按照已知条件生成曲面，如图 4.37(a)所示。

(2) 单击【曲面延伸】图标→输入长度"50"→选择【删除原曲面】选项。

(3) 拾取曲面→右击结束，结果如图 4.37(b)所示。

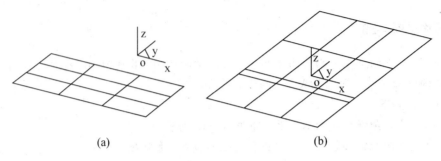

图 4.37

4.2.4 造型步骤

一般都是先进行视图分析，确定曲面造型的方法与步骤，然后再开始绘图造型，图形如图 4.29 所示。

在本实例中如果不使用曲面缝合功能，在应用参数线方式对型面进行加工时需要拾取 3 张曲面的法向矢量，加工完成后可能在曲面相接处会有不平滑现象，这是由曲面造型的误差造成的。另外，减少曲面的数量有利于优化代码计算，提高编程效率。

操作步骤如下。

(1) 在 XOY 平面上绘制吊钩轮廓线和截面线，如图 4.30、图 4.38 所示，作图过程省略。

(2) 对截面线进行空间变换。按 F8 键进入轴测图状态，需要使图 4.30 所示的 7 处截面线绕轴线旋转，使它们都能垂直于 XOY 平面。需要提示的是，中段截面线 5—6 和截面线 7—8 在旋转前需要先用曲线组合命令将 3 段曲线组合成一条曲线。

特别提示

应用曲线组合命令时，应选择删除原曲线方式。

(3) 单击【旋转】按钮，钩头的圆弧 1-2 用复制方式旋转 90°，另 5 段采用移动方式旋转 90°，系统会提示拾取旋转轴的两个端点。提示旋转轴的指向(始点向终点)和旋转方向符合右手法则，6 段曲线旋转后的结果如图 4.39 所示。

(4) 单击【平面旋转】按钮，选择复制方式，以原点为旋转中心，旋转 90°，拾取 5-6 曲线，在右侧方向生成另一中段截面线 7-8，如图 4.39 所示。

(5) 对底面轮廓线进行曲线组合和生成断点。将图 4.39 所示的 1、3 点之间的曲线组合成一条曲线，将 2、4 点之间的曲线组合成一条曲线。然后单击【曲线打断】按钮，分别拾取要打断的曲线 5-9 和曲线 6-10，拾取点 5、7 和 6、8 断点。

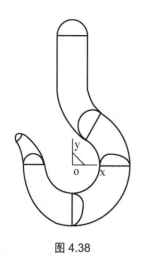
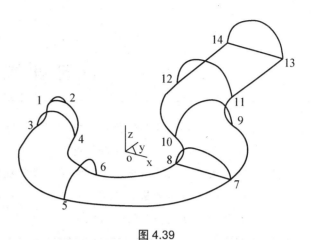

图 4.38   图 4.39

(6) 生成凹曲面。应用导动面命令，分别以截面线 1—2 和 3—4、3—4 和 5—6、5—6 和 7—8、7—8 和 9—10、9—10 和 11—12、11—12 和 13—14 为双截面线，以轮廓线 1—3 和 2—4、3—5 和 4—6、5—7 和 6—8、7—9 和 8—10、9—11 和 10—12、11—13 和 12—14 为双导动线，采用变高选项，生成两个双导动曲面。

应用导动面命令，以轮廓线 6—8、5—7 为双导动线，以截面线 5—6、7—8 为双截面线，采用等高选项，生成等高双导动曲面，如图 4.39 所示。

应用旋转面按钮，过 1、2 点绘制一条直线作为旋转轴，旋转 90°，即可生成吊钩头部的球面，如图 4.39 所示。

(7) 曲面缝合。从图 4.40 中可以看出，吊钩模型是由 7 张曲面组成的，其中 1 张曲面是旋转球面，6 张为导动曲面，为了提高型面加工的表面质量，建议最好对 6 张曲面进行缝合操作，生成一整张曲面，以便后面进行加工编程运算和处理。

单击【曲面缝合】按钮，选择【平均切矢】方式，分别拾取相邻的两个曲面，最后可以生成一整张曲面，如图 4.40 所示。

(8) 由于此曲面是位于 XOY 平面上的凸模型面，而图纸要求的是凹模型面，为此可以利用软件的镜像功能直接生成凹曲面。

单击几何变换的【镜像】按钮(当前工作平面必须位于 XOY 平面)，拾取位于 XOY 平面上的 3 个点(建议预先在 OX、OY 轴绘制两条直线)，拾取 7 张曲面，最后可以生成凹模型面，它由一张凹曲面构成，如图 4.41 所示。

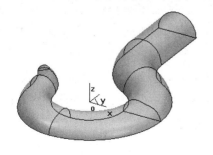
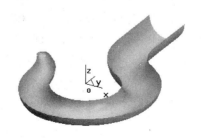

图 4.40   图 4.41

至此，吊钩的曲面凹模造型内容就完成了。

任 务 小 结

本任务通过创建吊钩曲面模型，重点掌握旋转、导动、缝合及镜像命令的用法，进一步掌握曲面造型与编辑方法和技能，在作图过程中，充分利用缩放命令，将复杂的局部图形放大后，能更方便地进行绘制、编辑操作；对于有对称结构的曲面，要提示使用镜像、阵列等命令进行作图；在进行曲面编辑时，用户需正确地指定曲面的方向，方向不对会导致完全不同的结果。

练习与拓展

1. 填空题

(1) 曲面裁剪有 5 种方式：(　　)、(　　)、(　　)、(　　)和(　　)。

(2) 在曲面裁剪功能中，可以选用各种元素来修理和裁剪曲面，以得到所需要的曲面形状，也可以通过(　　)将被裁剪了的曲面恢复到原样。

(3) 曲面过渡共有 7 种方式：(　　)、(　　)、(　　)、(　　)、(　　)、系列面过渡和两线过渡。

(4) CAXA 制造工程师软件提供的曲线编辑方法主要包括 5 种：(　　)、(　　)、(　　)、(　　)和(　　)。

2. 判断题

(1) (　　)曲线裁剪是指用一给定的曲线做剪刀，裁掉另一曲线上不需要的部分。

(2) (　　)在圆形阵列中，图案以原始图案为起点，按顺时针方向旋转而成。

(3) (　　)旋转是指对拾取到的图素以空间线为对称轴作旋转移动或旋转复制。旋转是以原始曲线为基准，旋转指定的角度。起点和终点的选取不同，旋转方向就不同，按照右手螺旋法则：拇指指向末点方向，四指指向旋转方向。

(4) (　　)在圆形阵列中，图案以原始图案为起点，按逆时针方向旋转而成。

(5) (　　)使用阵列功能时，给出的阵列数为 4，最后得到包括原被阵列对象在内的 5 个相同对象。

3. 作图题

根据图 4.42 所示二视图，绘制图 4.43 所示可乐瓶底的曲面造型图。

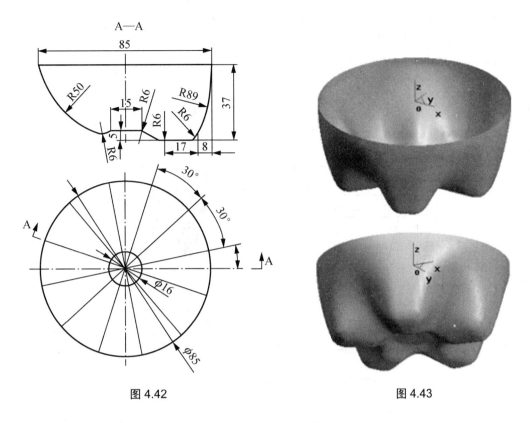

图 4.42　　　　　　　　　　　　　　　　图 4.43

4.3　集粉筒三维曲面造型

4.3.1　任务导入

通过创建图 4.44 所示的集粉筒三维曲面模型,掌握综合使用"直纹面"、"导动面"、"旋转面"、"镜像面"及"曲面裁剪"功能创建较复杂曲面模型的技能。

4.3.2　任务分析

从图 4.44 中可以看出,该集粉筒三维曲面模型下部为天圆地方,可用"平移"和"直纹面"来完成;中部为圆锥、圆柱,可用"旋转面"或"直纹面"来完成。上部偏管可用"旋转面"、"曲面裁剪"、"镜像"来完成造型。本任务所选集粉筒三维曲面模型比较难,关键是要由下往上分层作图,进行曲面裁剪时面裁剪容易出错。

4.3.3　任务知识点

(1) 直纹面、旋转面、扫描面及平面等曲面生成技术的使用方法。
(2) 曲面裁剪等曲面编辑方法。
(3) 旋转、镜像等几何变换技术的使用方法。
(4) 直线、圆弧、整圆、矩形及相关线等曲线生成技术的使用方法。
(5) 图层设置方法。

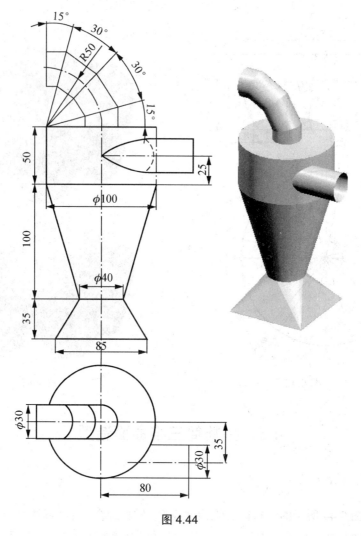

图 4.44

4.3.4 造型步骤

绘制集粉筒主要包括以下方法和步骤。

(1) 绘制天圆地方底座，并使用直纹面技术，生成圆锥面和三角面。

(2) 绘制喇叭管和圆管，并使用旋转面技术，生成圆柱面和喇叭管。

(3) 绘制两偏交圆管，并使用旋转面技术，生成偏交圆柱面；然后使用曲面裁剪技术，裁掉不需要的部分。

(4) 绘制等径弯管，并使用旋转面技术，生成圆柱面；采用扫描面或平面技术，生成裁剪平面；然后使用曲面裁剪技术，裁掉不需要的部分，再用镜像技术生成对称部分。

操作步骤如下。

(1) 双击桌面上的"CAXA 制造工程师"快捷方式图标，进入设计界面。在默认状态下，当前坐标平面为 XOY 平面，非草图状态。单击【层设置】按钮，在【图层管理】对话框中单击【新建图层】按钮，再单击【当前图层】按钮，将该新图层设置为当前层，单击【确定】按钮结束操作。

特别提示

建立新图层的目的是，在该图层绘制相应曲面的框架形状，生成曲面后可隐藏该层。

(2) 按 F8 键显示轴测图，并确认当前坐标平面为 XOY 平面，若不是，可按 F9 键切换当前坐标平面。单击【矩形】按钮，在立即菜单中选择【中心_长_宽】方式，输入长度值"85"、宽度值"85"。再捕捉坐标圆点为矩形中心点，按鼠标右键结束当前操作。

(3) 按 F9 键切换当前坐标平面为 YOZ 平面。

单击【直线】按钮，在立即菜单中依次选择【两点线】、【单个】、【正交】、【长度方式】命令，输入长度值"35"。然后捕捉坐标圆点为第一点，向上移动鼠标，确认方向正确后，单击鼠标完成直线绘制，如图 4.45 所示。

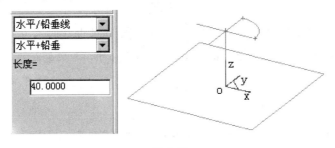

图 4.45

(4) 按 F9 键切换当前坐标平面为 XOY 平面。

单击【直线】按钮，在立即菜单中依次选择【水平/铅垂线】、【水平+铅垂】方式，输入长度值"40"。然后捕捉圆点为直线中点，按鼠标右键，结束当前操作。

(5) 单击【圆弧】按钮，在立即菜单中选择【圆心_起点_圆心角】方式。然后按提示依次捕捉圆心、起点和终点，完成一个圆弧的绘制，如图 4.45 所示。

特别提示

按逆时针顺序给出圆弧的起点和终点。

(6) 用同样方法绘制另外 3 个圆弧。

特别提示

绘制图中的 4 个圆弧时，也可以先画整圆，再使用曲线打断功能进行分割。

(7) 单击【层设置】按钮，在弹出的【图层管理】对话框中单击主图层显示条，然后再单击【当前图层】按钮，将主图层设置为当前层，单击【确定】按钮结束操作。

特别提示

改变当前层为主图层的目的是为了在该图层绘制相应的曲面。

(8) 单击【直纹面】按钮，在立即菜单中选择【点+曲线】方式。然后按提示依次拾取上面圆弧线端点和矩形对应的一条边，则生成三角形平面；同样按提示依次拾取矩形的一个顶点和对应的一条圆弧，则生成圆锥形曲面，如图 4.46 所示。

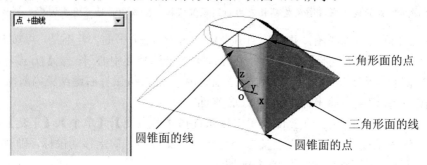

图 4.46

(9) 用同样的方法绘制其余的直纹曲面。如果捕捉点或曲线时不方便，可按 F5 键显示 XOY 平面视图进行捕捉点或曲线的操作。操作完成后，按 F8 键显示轴测图。

特别提示

选取点和相应曲线时，要看准对应关系，否则会出现曲面变形现象。

(10) 单击【层设置】按钮，在弹出的【图层管理】对话框中，双击新建层的"可见性"处，使其变为"隐藏"状态，将新建图层设置为"不可见"状态，单击【确定】按钮结束操作。

(11) 隐藏绘制曲面过程中生成的中间曲线所在层，即可显示曲面的真实形状。

特别提示

隐藏的图层还可以重复上一步的操作使其可见，以便分析作图过程。

(12) 单击【层设置】按钮，在弹出的【图层管理】对话框中，单击主图层显示条，然后再单击【当前图层】按钮，将主图层设置为当前层，并将新图层设置为"可见"状态，单击【确定】按钮结束。

特别提示

为了简化叙述过程，在以下过程中，曲线与曲面都在主图层完成。

(13) 按 F9 键切换当前坐标平面为 XOZ 平面。单击【直线】按钮，在立即菜单中依次选择【两点线】、【连续】、【正交】、【长度方式】命令，先输入长度值"100"。然后捕捉图中 A 点为起点，向上移动鼠标，确认方向正确后，单击鼠标，完成竖直直线的绘制。改变长度，依次作图 4.47 所示的其他正交直线。按鼠标右键，结束当前操作，如图 4.47 所示。

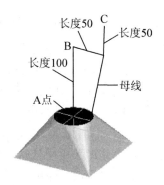

图 4.47

(14) 单击【直线】按钮，在立即菜单中依次选择【两点线】、【单个】、【非正交】方式，然后依次捕捉直线上的两端点，按鼠标右键，结束母线绘制操作，如图 4.47 所示。

(15) 单击【旋转面】按钮，在立即菜单中分别输入起始角、终止角。然后按提示拾取旋转轴，单击向上的箭头方向确认旋转方向，拾取母线，就生成了圆台旋转面。

特别提示

箭头方向与曲面旋转方向两者遵循右手法则。

(16) 同样，按提示依次拾取旋转轴，单击向上的箭头方向确认旋转方向，拾取母线，生成圆柱旋转面，如图 4.48 所示。

(17) 参照步骤 10，单击【层设置】按钮，在弹出的【图层管理】对话框中双击新建图层的"可见性"处，使其变为"隐藏"状态，将新建图层设置为"不可见"状态，单击【确定】按钮结束操作。

特别提示

隐藏绘制曲面过程中生成的中间曲线所在层，即可显示曲面的真实形状。

(18) 按 F9 键切换当前坐标平面为 YOZ 平面。

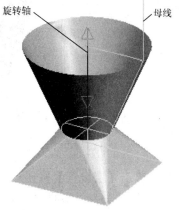

图 4.48

单击【直线】按钮，在立即菜单中依次选择【两点线】、【单个】、【正交】及【长度方式】命令，输入长度值"25"。然后捕捉 B 点为第一点作直线 I。同样，输入长度值"50"，捕捉直线 I 的终点为第一点作直线 II，如图 4.49 所示。

(19) 单击【整圆】按钮，在立即菜单中选择【圆心_半径】方式，然后捕捉直线 II 端点为圆心，输入半径值"15"，按右键结束。

(20) 按 F9 键切换当前坐标平面为 XOZ 平面。

单击【直线】按钮，在立即菜单中依次选择【两点线】、【单个】、【正交】及【长度方式】命令。然后捕捉直线 II 的端点，即可绘制图中的直线 IV；捕捉直线与圆的交点，绘制直线 III，如图 4.49 所示。

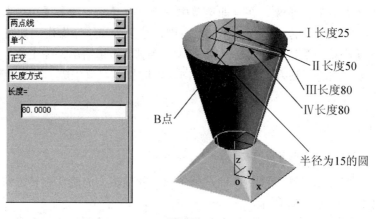

图 4.49

(21) 单击【旋转面】按钮，在立即菜单中分别输入起始角、终止角。然后按提示依次拾取旋转轴，单击箭头方向确认旋转方向，拾取母线，则生成(偏交圆柱)旋转面，如图 4.50 所示。

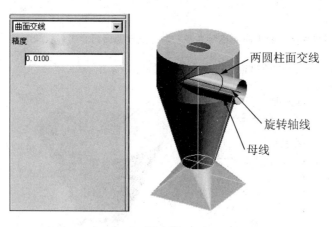

图 4.50

(22) 参照步骤 10，单击【层设置】按钮，在弹出的【图层管理】对话框中双击新建图层的"可见性"处，使其变为"隐藏"状态，将新建图层设置为"不可见"状态，单击【确定】按钮结束操作。

项目 4　曲面造型

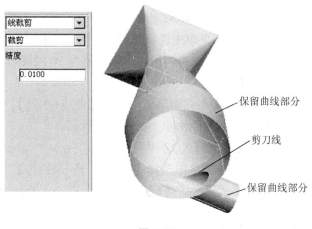

图 4.51

 特别提示

隐藏绘制曲面过程中生成的中间曲线所在层，即可显示曲面的真实形状。

(23) 单击【相关线】按钮，在立即菜单中选择【曲面交线】方式，按提示依次拾取两圆柱面，生成曲面交线，如图 4.50 所示。

(24) 单击【曲面裁剪】按钮，在立即菜单中依次选择【线裁剪】、【裁剪】方式，按提示拾取被裁剪曲面的保留部分，拾取两圆柱的交线为剪刀线，再拾取链搜索方向，则裁剪掉偏交圆柱面在大圆柱面以内的部分，如图 4.51 所示。

(25) 单击【曲面裁剪】按钮，在立即菜单中依次选择【线裁剪】、【裁剪】方式，按提示拾取被裁剪曲面的保留部分(大圆柱面)，拾取两圆柱的交线为剪刀线，再拾取向上方向为链搜索方向，则裁剪掉偏交圆柱面与大圆柱面的相交部分，如图 4.51 所示。

两圆管偏交后的完整效果如图 4.52 所示。

(26) 按 F9 键切换当前坐标平面为 XOZ 平面。

单击【直线】按钮，在立即菜单中依次选择【两点线】、【单个】、【正交】及【长度方式】命令，输入长度值"100"，然后捕捉直线上的端点 C，即可绘制图中所示的直线Ⅲ，如图 4.52 所示。

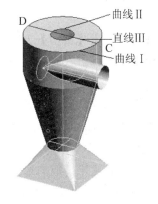

图 4.52

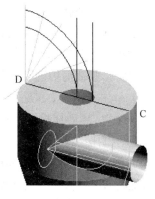

图 4.53

105

(27) 按 F9 键切换当前坐标平面为 XOY 平面。

单击【整圆】按钮⊕，在立即菜单中选择【圆心_半径】方式，然后捕捉直线 CD 的中点为圆心，捕捉直线 CD 的一个端点为半径，作半径值为 50 的圆Ⅰ。再以直线 CD 的中点为圆心，作半径值为 15 的圆Ⅱ。

(28) 单击【直纹面】按钮，在立即菜单中选择【曲线+曲线】方式。然后按提示依次拾取曲线Ⅰ和曲线Ⅱ，则生成圆环形平面，如图 4.52 所示。

(29) 按 F9 键切换当前坐标平面为 XOZ 平面。

单击【圆弧】按钮，在立即菜单中选择【圆心_半径_起终角】方式，输入起始角值"0"，终止角值"90"。然后按提示依次捕捉直线端点 D 为圆心、直线中点为半径，完成一个圆弧的绘制。同样的方法完成另一个圆弧的绘制，如图 4.53 所示。

(30) 单击【直线】按钮，在立即菜单中依次选择【两点线】、【单个】、【正交】及【长度】方式，输入长度值"70"，然后捕捉直线的端点 D 为第一点，即可绘制一条竖直线。同样，捕捉相应点为第一点，完成另两条竖直线的绘制，如图 4.53 所示。

(31) 单击【直线】按钮，在立即菜单中选择【角等分线】命令，将份数设置为 6，输入长度值"70"，然后捕捉两条直线，即可绘制图 4.53 所示的角等分线。

(32) 按 F9 键切换当前坐标平面为 XOY 平面。单击【直线】按钮，在立即菜单中依次选择【水平/铅垂线】、【水平】方式，输入长度值"70"。然后捕捉 D 点为直线中点，按鼠标右键，结束当前操作。

(33) 单击【旋转面】按钮，在立即菜单中分别输入起始角、终止角。然后按提示依次拾取旋转轴，单击箭头方向确认旋转方向，拾取母线，则生成(圆柱)旋转面，如图 4.54 所示。

特别提示

箭头方向与曲面旋转方向两者遵循右手法则。

(34) 单击【扫描面】按钮，在立即菜单中输入扫描距离值"80"，拾取图示的直线作扫描线，方向向右，按提示拾取截面曲线后，则生成扫描面，如图 4.54 所示。

(35) 单击【相关线】按钮，在立即菜单中选择【曲面交线】方式，按提示依次拾取平面和圆柱面，曲面交线即生成，如图 4.54 所示。

(36) 单击【曲面裁剪】按钮，在立即菜单中依次选择【线裁剪】、【裁剪】方式，按提示拾取被裁剪曲面的保留部分，拾取平面和圆柱的交线为剪刀线，再拾取向右上方向为链搜索方向，则裁剪掉圆柱面的上部，如图 4.55 所示。

(37) 单击【直线】按钮，在立即菜单中依次选择【切线/法线】、【切线】方式，输入长度值"50"，然后捕捉圆弧曲线，分别拾取 30°斜线与圆弧交点(即两切点)，即可绘制图 4.55 所示的切线。

(38) 单击【旋转面】按钮，在立即菜单中分别输入起始角、终止角。然后按提示依次拾取旋转轴，单击箭头方向确认旋转方向，拾取母线，则生成(圆柱)旋转面，如图 4.55 所示。

项目4 曲面造型

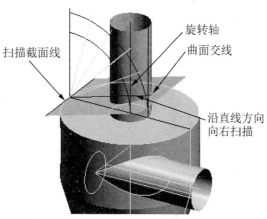

图 4.54

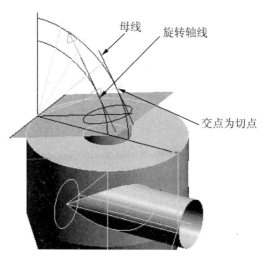

图 4.55

(39) 单击【曲面裁剪】按钮,在立即菜单中依次选择【线裁剪】、【裁剪】方式,按提示拾取被裁剪曲面的保留部分(圆柱面上部),拾取平面和圆柱的交线为剪刀线,再拾取向右上方向为链搜索方向,则裁剪掉圆柱面的下部。

(40) 单击【旋转】按钮,在立即菜单中选择【移动】命令,输入角度值 "30",然后按提示拾取旋转轴起点、旋转轴末点,再拾取要旋转的平面,按鼠标右键结束操作,如图 4.56 所示。

(41) 单击【相关线】按钮,在立即菜单中选择【曲面交线】方式,按提示依次拾取平面和圆柱面,曲面交线即生成,如图 4.56 所示。

(42) 单击【曲面裁剪】按钮,在立即菜单中依次选择【线裁剪】、【裁剪】方式,按提示拾取被裁剪曲面的保留部分,拾取平面和圆柱的交线为剪刀线,再拾取向右上方向为链搜索方向,则裁剪掉圆柱面的上部。

(43) 单击【镜像】按钮,在立即菜单中选择【拷贝】命令,然后按提示拾取镜像平面上的第一点、第二点和第三点,再拾取要镜像的曲面,按鼠标右键结束操作,如图 4.57 所示。

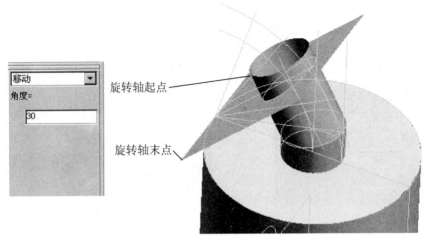

图 4.56

(44) 隐藏或删除作图过程中的曲线与平面,得到真实的曲面造型,如图 4.58 所示。放大显示顶部效果,检查作图结果。

(45) 单击【保存】按钮(或直接按 Ctrl+S 键),在弹出的【存储文件】对话框中选择相应的保存位置,再起一个文件名,单击【保存】按钮,完成存盘操作。

特别提示

保存文件是为了将绘制结果存储到磁盘上,以防意外。在绘制过程中可随时进行保存操作。

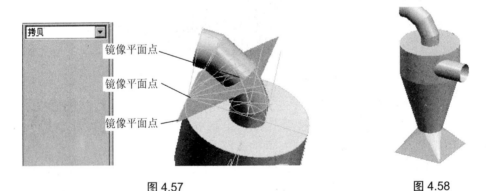

图 4.57　　　　　　　　　　　　　图 4.58

(46) 依次按 F8 键及 F3 键,显示完整的轴测图,如图 4.58 所示。至此就完成了集粉筒曲面立体图的绘制。

任 务 小 结

本任务通过集粉筒曲面造型展示了 CAXA 制造工程师软件强大的曲面造型功能,用户可利用曲面造型功能绘制出所需要符合加工工艺要求的曲面图形。当构造完决定曲面形状的关键线框以后，就可以选用各种曲面生成方法，构造所需的曲面。在作图过程中，充分利用实时缩放功能，将复杂的局部图形放大后，能更方便地进行绘制、编辑操作，随时切换"正交"，"对象捕捉"，F9、F6、F7、F5、F8 功能键等辅助工具，达到提高作图速度和质量的目的。在绘制二维图的操作过程中，要注重绘图命令与编辑修改命令的灵活运用，因为任何简单的或复杂的图形均是通过这两类命令的交替与重复操作来完成的。

练习与拓展

完成图 4.59 所示的五角星曲面造型。

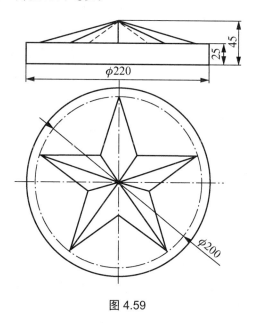

图 4.59

4.4　1/4 半圆弯头曲面造型

4.4.1　任务导入

通过创建图 4.60 所示的 1/4 半圆弯头三维曲面模型，掌握综合使用"直纹面"、"四边面"及"曲面裁剪"功能创建较复杂曲面模型的技能。

4.4.2　任务分析

从图 4.60 中可以看出，该半圆弯头三维曲面模型为方形圆曲面，可用"曲线组合"和"平移"来完成俯视图；上部为曲面，可用"边界面"来完成。本任务所选半圆弯头三维曲面模型比较简单，关键是要掌握将曲面裁剪分隔后进行部分加工的技能。

4.4.3 任务知识点

(1) 基本图形的绘制方法，如直线、圆弧、过渡、组合、裁剪及平移。
(2) 曲面造型用到边界面、直纹面、曲面裁剪等操作。

4.4.4 造型步骤

绘制图 4.60 所示的三维曲面图主要有以下几个步骤。

(1) 双击桌面上的【CAXA 制造工程师】快捷方式图标，进入设计界面。在默认状态下，当前坐标平面为 XOY 平面。
(2) 单击【矩形】图标 □ →选择【中心_长_宽】命令→输入长度"100"→按回车键→输入宽度"100"。
(3) 按回车键→输入"中心坐标"(0,0)→按回车键→右击结束。
(4) 单击【直线】图标 ↘ →选择【两点线】、【连续】、【正交】(【非正交】也可以)、【点方式】选项。

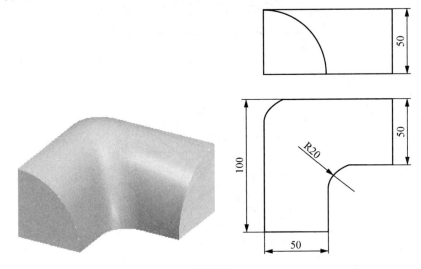

图 4.60

(5) 捕捉各边中点连成直线，结果如图 4.61 所示。
(6) 单击【裁剪】图标 → 单击裁剪多余线→按回车键结束。
(7) 单击【圆弧过渡】图标 → 选择【圆弧过渡】命令→输入半径"20"→输入精度"0.01"→选择【裁剪曲线 1】→【裁剪曲线 2】命令。
(8) 分别拾取两条裁剪曲线→右击结束。
(9) 单击【曲线组合】图标 → 按空格键→弹出【拾取】快捷菜单，选择【单个拾取】命令→拾取要组合的曲线，结果如图 4.62 所示。

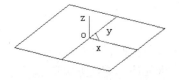

图 4.61

图 4.62

(10) 单击【平移】图标→选择【偏移量】→【拷贝】选项→输入 DX "0"→输入 DY "0"→输入 DZ "50"。

(11) 拾取正后边线→右击结束。

(12) 单击【直线】图标→选择【两点线】→【连续】→【非正交】→【点方式】选项。

(13) 捕捉连接上下各对应点。

(14) 按 F9 键，选 XOZ 平面为作图平面→单击【圆弧】图标→选取【圆心_起点_圆心角】命令→拾取圆心点 1(左角点)→拾取起点 2→拾取直线端点 3→作圆弧，如图 4.63 所示。

(15) 按 F9 键，选 YOZ 平面为作图平面→拾取圆心点 1(右角点)→拾取起点 2→拾取直线左端点 3→作圆弧，如图 4.64 所示。

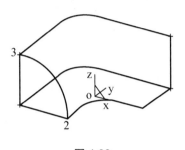
图 4.63

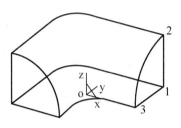
图 4.64

(16) 单击【边界线】图标→选取【四边面】选项→拾取两个圆弧和两条组合曲线，作曲面，如图 4.65 所示。

(17) 单击【直纹面】图标→选择【点+曲线】选项→拾取空间点(图 4.64 中的 1 点)→拾取(图 4.64 中的 2 点与 3 点)圆弧轮廓(得到曲线)→右击结束，完成侧面曲面，结果如图 4.66 所示。

(18) 同理，用"直纹面"曲面造型方式完成其他侧面，结果如图 4.66 所示。

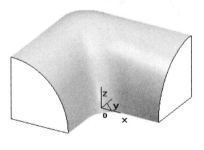
图 4.65

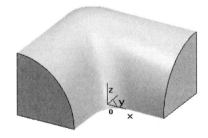
图 4.66

(19) 在上、下、中间作一条斜线→单击【曲面裁剪】图标→选取【投影线裁剪】→【分裂】选项→输入精度 "0.01"→拾取被裁剪曲面→按空格键→输入投影方向(Z 轴正方向)→拾取剪刀线(斜线)→等待计算，曲面被分成两部分，如图 4.67 所示。

(20) 单击主菜单中的【编辑】菜单→选取【图素不可见】命令→拾取右边的曲面→右击，如图 4.68 所示。

（21）单击主菜单中的"编辑"菜单→选取"图素可见"→拾取右边的曲面→右击，如图 4.69 所示。完成三维曲面造型如图 4.70 所示。轨迹仿真如图 4.71 所示。

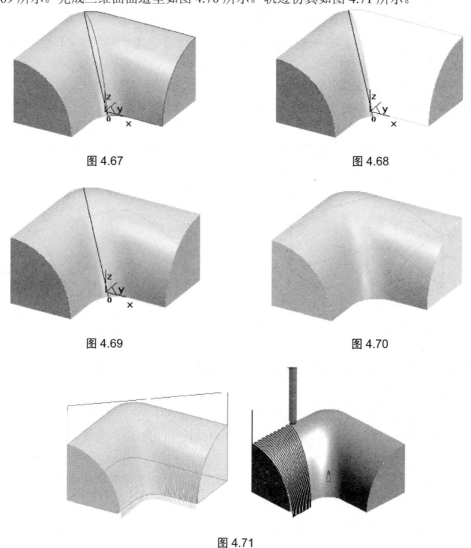

图 4.67　　　　　　　　　　　　　图 4.68

图 4.69　　　　　　　　　　　　　图 4.70

图 4.71

特别提示

裁剪曲面不能进行缝合操作。

任 务 小 结

本任务通过创建图 4.60 所示的 1/4 半圆弯头三维曲面模型，培养读者综合使用"直纹面"、"四边面"及"曲面裁剪"等曲面造型的能力。曲面造型是为曲面加工提供图素的，所以要根据零件加工需要来灵活创建曲面。

练习与拓展

1. 按图 4.72 所示的给定尺寸，用曲面造型方法生成三维曲面立体图。

提示：侧面上的半圆曲面可用直纹面的"点+曲线"方式生成，因此要先在半圆的圆心绘制一个点。

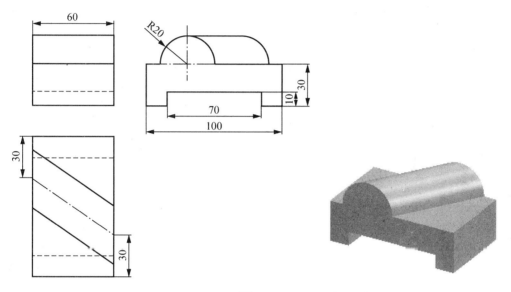

图 4.72

2. 按图 4.73 所示的给定尺寸，用曲面造型方法生成三维图形。

提示：使用直纹面、平面和平移等功能。

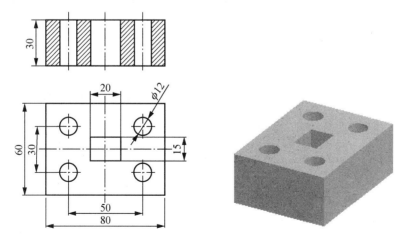

图 4.73

3. 按图 4.74 所示的给定尺寸，用曲面造型方法生成鼠标三维图形。样条曲线型值点坐标为(-70,0,20)、(-40,0,25)、(-20,0,30)、(35,0,15)。

提示：主要使用扫描面及曲面裁剪命令。

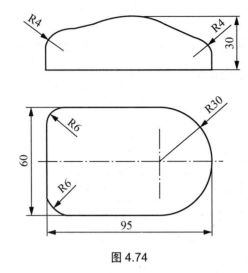

图 4.74

项目 5

实体造型

学习目标

本项目是学习 CAXA 制造工程师软件中拉伸增料、拉伸除料、旋转增料、旋转除料、放样增料、放样除料、导动增料、导动除料、打孔、倒角等实体造型和编辑功能。通过典型工作任务的学习,使读者快速掌握并熟练运用实体造型操作方法。

学习要求

(1) 掌握基准平面的构建方法。
(2) 掌握拉伸增料、拉伸除料、旋转增料、旋转除料、放样增料、放样除料、导动增料、导动除料等实体造型方法。
(3) 掌握孔、槽、型腔等特征造型方法。
(4) 灵活运用实体造型和编辑方法构建各种复杂立体。

项目导读

实体造型是通过实体的交并差方式描述三维零件形状的造型方法。实体造型是 CAD/CAM 软件的发展趋势,CAXA 制造工程师软件具有丰富的"实体造型"功能,经过几次升级后,功能日臻完善、实用性更强。

三维零件的设计以平面为基础,通过各种特征造型手段得到三维零件实体。在 CAXA 制造工程师软件三维造型中,要生成一个轮廓特征,必须经过确定基准平面、绘制草图和特征生成这 3 个步骤,一个零件是由多个特征累加而成的。

1. 确定基准平面

基准平面是草图和实体赖以存在的平面,确定基准平面是绘制草图的第一步,也是最重要的一步。它的作用是确定草图在哪个基准面上绘制,就好像用稿纸写文章,首先要选择一页稿纸一样。

2. 绘制二维草图

选择了基准平面以后,在"草图状态"下绘制的曲线称为草图曲线,也称草图或轮廓。

在CAXA三维实体造型中，生成三维实体所依赖的草图曲线必须是封闭的，但肋板除外。

3. 将二维图形生成三维实体特征

CAXA制造工程师软件灵活的三维造型功能，可以将二维的草图轮廓通过丰富的造型手段生成三维实体。CAXA制造工程师软件提供的造型方式主要有拉伸、旋转、导动、放样等生成实体的方式，以及过渡、倒角、打孔、抽壳、拔模、肋板等特征处理方式。

5.1 划线手柄实体造型

5.1.1 任务导入

创建图 5.1 所示的划线手柄实体模型。通过该实体造型的练习，初步学习创建草图、构建基准平面及放样增料的方法，掌握实体造型的操作技能。

图 5.1

5.1.2 任务分析

从图 5.1 可以看出，该模型为椭圆外形且各截面大小不同，先建立各截面的基准平面，然后在各基准平面上绘草图，最后通过"放样增料"、"放样除料"完成实体造型。本任务所选练习图形比较简单，关键是要内外分层作图，基准平面建的多容易混淆。

5.1.3 任务知识点

通过学习，使读者掌握创建草图和构建基准平面的方法，树立创建实体的空间思维概念，学会"拉伸增料"、"拉伸除料"、"放样增料"和"放样除料"等实体造型方法。

1．草图知识

草图是指在"草图状态"下绘制的、用于实体造型的二维平面图形。

1) 草图生成步骤

(1) 选择【基准面】命令。

(2) 按 F2 键或者单击【绘制草图】图标 进入"草图状态"。

(3) 绘制草图(使用各种曲线绘制功能和曲线编辑功能)。

(4) 按 F2 键或单击【绘制草图】图标 ✏，退出"草图状态"。

2) 草图坐标系与系统默认坐标系的关系

进入"草图状态"后，发现草图里也有一个具备 X 轴、Y 轴、Z 轴和原点的坐标系，但无论通过什么方法，却只能输入 X 坐标和 Y 坐标，这也从侧面证明了"草图"是二维平面的结论。

草图坐标系与系统默认坐标系间的关系就像"新创建的坐标系"与"系统默认坐标系"间的关系一样。草图坐标系的原点是默认坐标系的原点向绘制"草图"前选用的"基准面"作垂直连线时的相交点。

3) 实体造型用的草图要求

(1) "草图状态"下绘制的封闭图形，如图 5.2 所示。

(2) 轮廓上不存在"毛刺"，如图 5.3 所示。

(3) 不存在两个"共边界"或"相切"的封闭区域，如图 5.4 所示。

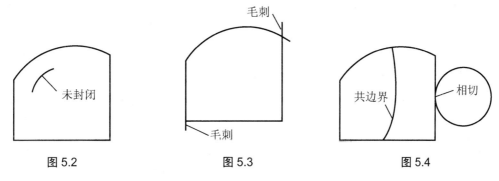

图 5.2　　　　　　　　　图 5.3　　　　　　　　　图 5.4

4) "基准面"来源

(1) 系统提供"平面 XY"、"平面 YZ"和"平面 XZ"(在特征树中)3 个基本基准面。

(2) 在现有实体上选取任一内表平面、外表平面或侧表平面。

(3) 构造新的"基准面"。

5) 基准面与平面曲面的主要区别

(1) 基准面可用来"创建草图"，平面和曲面则不能。

(2) 基准面没有具体的边界和大小，平面和曲面有。

(3) 基准面不能用来生成"刀具轨迹"，平面和曲面则可以。

6) 基准面与作图平面的主要区别

(1) 基准面可以有多个，作图平面只有 XOY 平面、YOZ 平面和 XOZ 平面这 3 个。

(2) 基准面可建立在三维空间的任意位置(平面 XOY、平面 YOZ 和平面 XOZ 除外)，作图平面位置则固定不变。

(3) 基准面可用来"创建草图"，作图平面则不能。

 特别提示

千万不要把【特征树】上的"平面 XY"、"平面 YZ"、"平面 XZ"基准面与绘图坐标系中的"XOY"、"YOZ"、"XOZ"作图平面混淆，想通过按 F5 键、F6 键、F7 键和 F9 键切换"平面 XY"、"平面 YZ"、"平面 XZ"的作法显然是错误的，因为上述功能键只能用来切换作图平面。

2．编辑草图与修改特征

1) 编辑草图

怎样才能快速地把圆柱体变为长方体呢?又怎样才能快速地"删除"草图及其对应的实体呢?

快速"改变"实体形状的步骤：在【特征树】上拾取需要编辑的草图，如图5.5(a)所示→右击→在弹出的快捷菜单(图5.5(b))中选取【编辑草图】命令→进入"草图状态"→编辑草图形状(比如把整圆删除，新绘一个矩形)→退出"草图状态"。

快速"删除"草图及其对应的实体的步骤在【特征树】上拾取所要编辑的草图→右击→在弹出的快捷菜单中选取【删除】命令。

2) 修改特征

如果草图作拉伸后发觉"深度"值错了或是"拉伸方向"反了、作"过渡"时棱边选错了等错误情况发生后，该如何更正呢?

修改实体特征参数的步骤：在【特征树】上拾取图5.6(a)所示中"拉伸增料0"、"倒角2"、"阵列1"、"平面"等标识项→右击→在弹出的快捷菜单(图5.6(b))中选取【修改特征】命令→修改特征参数→单击【确定】按钮。

用错实体造型或编辑功能时的更正步骤：在【特征树】上拾取"拉伸增料0"、"倒角2"、"阵列1"等标识项→右击→在弹出的图5.6(b)所示的快捷菜单中选取【删除】命令→单击【确定】按钮。

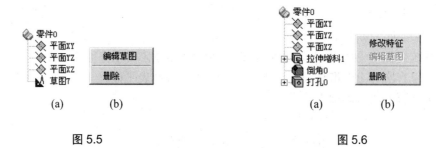

图5.5   图5.6

3．草图的创建与尺寸驱动

1) 三维图形元素向草图的投影

操作实例5-1

用圆心坐标为(0，0，20)、半径为15且与XOY平面平行的三维圆[图5.7(a)]向草图投影。

操作步骤如下。

(1) 在【特征树】上拾取"平面XY"。

(2) 按F2键。

(3) 单击【曲线投影】图标。

(4) 拾取空间圆→右击，结果如图5.7(b)所示。

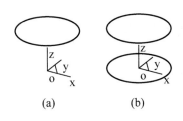

图 5.7

(5) 按 F2 键结束。

特别提示

三维图素可位于空间任意位置。

2) 三维图形元素移到草图

操作步骤：单击【剪切】图标 →拾取三维图素→选择【基准面】命令→进入"草图状态"→单击【粘贴】图标 →退出"草图状态"。

特别提示

拾取的三维图素所在平面必须与草图面平行或重合。

3) 草图的尺寸标注与尺寸驱动

草图的尺寸标注步骤：在"草图状态"下→单击【尺寸标注】图标 →拾取需要标注的图素→右击结束。

草图的尺寸驱动步骤：在"草图状态"下→单击【尺寸驱动】图标 →拾取尺寸线→在"数值输入框"中输入新的尺寸值→按回车键确定。

特别提示

未标注尺寸的图素是不能"尺寸驱动"的。

4) 草图环封闭检查

这是"草图状态"下使用的功能，其作用是检查草图是否有开口存在，可通过单击【检查草图环是否闭合】图标 激活该功能。

当草图环不封闭时，系统提示"草图在标记处为开口状态"，同时在草图上用红色的点标记出不封闭的位置。

4．构造基准面

基准平面是草图和实体赖以存在的平面，CAXA 制造工程师软件提供了 7 种构造基准面的方法，以满足不同表面形状的实体造型需要。

可通过单击【基准面】图标 激活该功能，如图 5.8 所示。

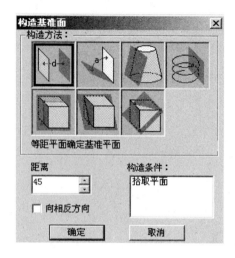

图 5.8

特别提示

成功构造基准面结束后,在【特征树】上将出现"平面 X"的标识项。此处,"X"指平面数量。

1) 等距

 操作实例 5-2

构造一个与"平面 XY"平行且距离等于 45 的基准面。

操作步骤如下。

(1) 单击【基准面】图标→在【构造基准面】对话框中选择【等距平面确定基准面】命令→输入距离"45"。

(2) 在【特征树】上拾取"平面 XY"→单击【确定】按钮,结果如图 5.9 所示。

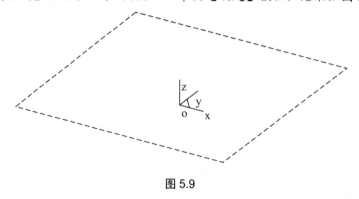

图 5.9

特别提示

(1) 被参照平面的坐标原点向新构造的基准面作垂线的交点就是新构造的基准面的坐标原点。

(2) 图 5.9 所示的虚方框只是用来表示基准面的空间位置,并不意味基准面只有那么大。

2) 过直线与平面成夹角

 操作实例 5-3

构造一个过起点坐标(0,-30)、终点坐标(20,25)的直线且与"平面 XY"成 50°夹角的基准面。

操作步骤如下。

(1) 按已知条件绘制直线。

(2) 单击【基准面】图标◇→在【构造基准面】对话框中选择【过直线与平面夹角确定基准面】命令→输入角度"50"。

(3) 在【特征树】上拾取"平面 XY"→拾取直线→单击【确定】按钮,结果如图 5.10 所示。

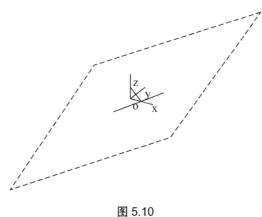

图 5.10

(1) 直线必须是三维线。
(2) 直线的起点向新构造的基准面作垂线的交点就是新构造的基准面的坐标原点。

3) 过曲面上一点的切平面

 操作实例 5-4

构造一个过圆锥体(半径等于 20、拔模斜度为 15°)、侧表面上任一条母线中点且与圆柱体侧表面相切的基准面。

操作步骤如下。

(1) 在【特征树】上拾取"平面 XY"作基准面。

(2) 按 F2 键→按 F5 键→绘制一个半径为 20 的圆→按 F2 键,【特征树】上生成"草

图 0"。

(3) 按 F8 键→单击【拉伸增料】图标→选择【固定深度】命令→输入深度"30"、拔模斜度为"15°"。

(4) 在【特征树】上拾取"草图 0"→单击【确定】按钮,生成一个圆锥体。

(5) 单击【相贯线】图标→选择【实体边界】命令。

(6) 拾取一个实体上表面圆→拾取圆锥体下表面圆→右击结束。

(7) 单击【直线】图标→选择【两点线】、【连续】、【非正交】、【点方式】命令。

(8) 捕捉上表面圆的特征点→捕捉下表面圆的特征点→回车结束。

(9) 选择主菜单【应用】命令,指向【曲线编辑】,然后选择【曲线打断】命令,或者直接单击【曲线打断】按钮。

(10) 拾取被打断的曲线,拾取打断中点,曲线打断完成。

(11) 单击【构造基准面】图标→在【构造基准面】对话框中选择【生成曲面上某点的切平面】命令,如图 5.11 所示。

(12) 拾取圆柱实体侧表面→拾取中点单击【确定】按钮,结果如图 5.12 所示。

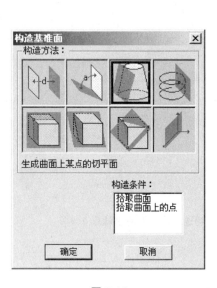

图 5.11

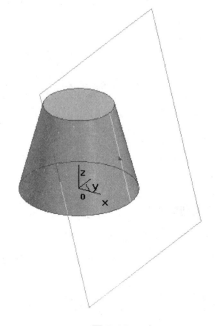

图 5.12

特别提示

构造基准面时用的空间点就是新构造的基准面的坐标原点。

4) 过点且垂直于曲线

 操作实例 5-5

构造一个过三维曲线端点且与三维曲线端点垂直的基准面。

操作步骤如下。

(1) 在 YOZ 平面上绘三维曲线。

(2) 单击【构造基准面】图标→在【构造基准面】对话框中选择【过点且垂直于曲线确定基准面】命令。

(3) 拾取三维曲线→拾取三维曲线端点 A→单击【确定】按钮,结果如图 5.13 所示。如果按 F7 键,结果如图 5.14 所示。

特别提示

构造基准面时用的空间点就是新构造的基准面的坐标原点。

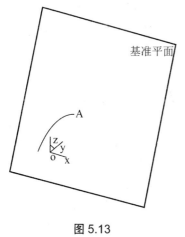

图 5.13

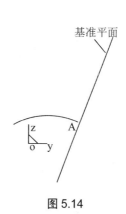

图 5.14

5) 过点且平行平面

 操作实例 5-6

构造一个过点(20,20,20)且与"平面 YZ"平行的基准面。

操作步骤如下。

(1) 绘坐标为(20,20,20)的空间点 A。

(2) 单击【构造基准面】图标→在【构造基准面】对话框中选择【过点且平行于平面确定基准平面】命令。

(3) 拾取空间点 A→在【特征树】上拾取"平面 YZ"→单击【确定】按钮,结果如图 5.15 所示。

特别提示

被参照平面的坐标原点向新构造的基准面作垂线的交点就是新构造的基准面的坐标原点。

6) 过点和直线

 操作实例 5-7

构造一个过三维点(20,20,20)和起点坐标(0,0,0)、终点坐标(40,0,0)的三维直线的基准面。操作步骤如下。

(1) 按已知条件绘制点 A、直线 BC。

(2) 单击【构造基准面】图标→在【构造基准面】对话框中选择【过点和直线确定基准平面】命令。

(3) 拾取空间点 A→拾取三维直线 BC→单击【确定】按钮,结果如图 5.16 所示。

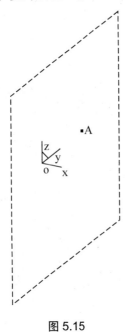

图 5.15

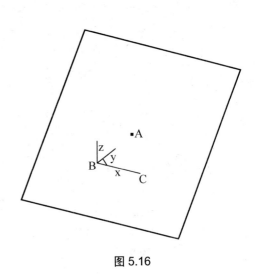

图 5.16

 特别提示

构造基准面时用的空间点就是新构造的基准面的坐标原点。

7) 过三点

 操作实例 5-8

构造一个过空间点 1(20,20,20)、空间点 2(-30,-30,-30)和空间点 3(40,40,0)的基准面。操作步骤如下。

(1) 绘制 3 个点。

(2) 单击【构造基准面】图标→在【构造基准面】对话框中选择【过 3 点确定基准平面】命令。

(3) 拾取空间点 1→拾取空间点 2→拾取空间点 3→单击【确定】按钮,结果如图 5.17 所示。

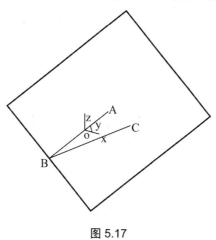

图 5.17

第一个被拾取的空间点就是新构造的基准面的坐标原点。

5．拉伸增料与除料

拉伸增料或除料是指对草图用给定的距离、沿某个指定的直线方向,生成实体或去除已有实体某些部分的操作。

(1) 一次只能对一个草图进行操作。
(2) 适用于各截面形状和尺寸相同,且连接各截面中心的直线与初始截面垂直的零件造型。
(3) 拉伸操作结束后,在【特征树】上将出现"拉伸增料 X"或"拉伸除料 X"的标识项。
(4) 拔模斜度是指实体生成后,其边线与轴线的夹角。拔模角不要超过合理值。"深度"是指实体特征的总深度。

选中"向外拔模"时,实体是以草图为准向外扩张。反向或不反向,是以 X、Y、Z 的正方向为准,负方向称为"反向"。绘制草图时,按 F9 键,不能切换作图面。可以按 F5 键、F6 键、F7 键选择平面。F8 键作轴测显示。草图绘制时,按这几个键显示的是草图基准面上的当前坐标系下的当前平面。

拉伸到曲面时,曲面必须在拉伸投影方向上覆盖草图,即曲面应当比草图包络面大。拉伸到曲面后,实体与曲面相接触的表面的形状和曲面部分的相同。

1) 拉伸增料

图 5.18(a)所示是半径为 20 与 10 的圆图形,作深度等于 30 的拉伸增料操作。

操作步骤如下。

(1) 在【特征树】上拾取"平面 XY"作为基准面。

(2) 按 F2 键→按 F5 键→绘制两个圆→按 F2 键,【特征树】上生成"草图 0"。

(3) 按 F8 键→单击【拉伸增料】图标→选择【固定深度】命令→输入深度"30"。

(4) 在【特征树】上拾取"草图 0"→单击【确定】按钮,生成一个圆柱体→按 F8 键→结果如图 5.18(b)所示。

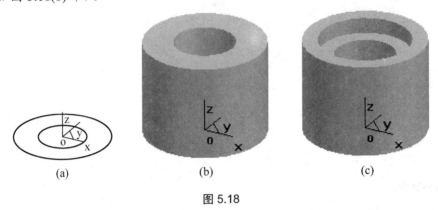

图 5.18

前面指出过"相切的草图是不能进行实体造型的",因此再对相切实体造型时,可把实体间相切处的草图尺寸增大 0.1 且用相切实体分别造型的方法加以解决。

2) 拉伸除料

 操作实例 5-10

用"拉伸除料"方法在操作实例 5-9 中生成的圆柱中间打个深度为 5、半径为 15 的沉孔。

操作步骤如下。

(1) 拾取圆柱体的上表面作为基准面。

(2) 按 F2 键→按 F5 键→绘制一个半径为 15 的圆→按 F2 键,【特征树】上生成"草图 1"。

(3) 按 F8 键→单击【拉伸除料】图标→选择【固定深度】→【反向拉伸】命令→输入深度"5"。

(4) 在【特征树】上拾取"草图 1"→单击【确定】按钮,结果如图 5.18(c)所示。

6. 旋转增料与除料

旋转增料或除料是指草图通过围绕一条空间直线(即"回转轴线")沿指定的方向进行旋转,生成实体或去除已有实体某些部分的操作。

特别提示

(1) 一次只能对一个草图进行操作。

(2)"回转轴线"不能与"草图"直接相交,但"回转轴线"的延长线可与"草图"相交。
(3)"回转轴线"必须与"草图"在空间共面。
(4)适用于回转类零件的造型,如轴、盘、端盖、手柄等。

1)旋转增料

操作实例 5-11

用"旋转增料"方法生成图 5.19(b)所示的实体。
操作步骤如下。
(1)在【特征树】上拾取"平面 YZ"。
(2)按 F2 键→按 F5 键→绘制图 5.19(a)所示的草图→按 F2 键,【特征树】上生成"草图 0"。
(3)绘制图 5.19(a)所示的与 Z 轴重合的回转轴线。
(4)按 F8 键→单击【旋转增料】图标 →选择【单向旋转】命令→输入旋转角度"360"。
(5)在【特征树】上拾取"草图 0"→拾取回转轴线→单击【确定】按钮,结果如图 5.19(b)所示。

2)旋转除料

操作实例 5-12

用"旋转除料"方法在"旋转增料"中生成实体的上端面去掉半径为 15 的半球体。
操作步骤如下。
(1)在【特征树】上拾取实体的上端面为基准平面。
(2)按 F2 键→按 F5 键→绘制图 5.19(c)所示的草图→按 F2 键,【特征树】上生成"草图 1"。
(3)图 5.19(c)所示的是过 R15 圆心与 Y 轴平行的回转轴线。
(4)按 F8 键→单击【旋转除料】图标 →选择【单向旋转】命令→输入旋转角度"360"。
(5)在【特征树】上拾取"草图"→拾取回转轴线→单击【确定】按钮,结果如图 5.19(d)所示。

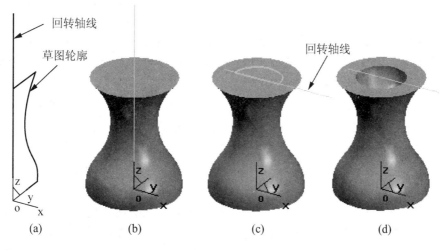

图 5.19

特别提示

轴线不能和草图有相交。旋转轴线，必须是已知在非"草图绘制"模式下绘制的直线，不能是在"草图绘制"模式下绘制的直线。如果想利用草图边界或实体棱边做旋转轴，必须将该棱边用"直线"功能的线架方式(非"草图绘制"模式下)重新生成。旋转方向遵守右手法则。"反向旋转"选中或不选中，可以控制特征的旋转方向。

7．放样增料与除料

放样增料或除料是指用多个草图生成一个实体或去掉已有实体某些部分的操作。

 特别提示

(1) 需要两个不直接相交、不垂直、不共面的草图。
(2) 两个草图形状基本接近，否则不能生成放样实体。
(3) 拾取草图时一定要在大致相同的位置(最好在线稍微往上的位置拾取)，否则实体会发生扭曲现象。
(4) 如果草图是样条线，要保证两个草图样条线的起点位置相同，否则实体会发生扭曲现象。
(5) 适合于两个或者两个以上截面形状相近，尺寸却不同的零件造型。
(6) 放样操作结束后，在【特征树】上将出现"放样增料"或"除料"的标识项。

5.1.4 造型步骤

 操作实例 5-13

1．用"放样增料"方法生成划线手柄的实体

操作步骤如下：

(1) 单击【基准面】图标 →在【构造基准面】对话框中选择【等距平面确定基准面】命令→输入距离"30"。

(2) 在【特征树】上拾取"平面 XZ"→单击【确定】按钮，结果如图 5.20 所示。

(3) 重复上述操作，构造其余几个相似的基准平面，各个平面之间的距离参数见表 5-1。

(4) 在【特征树】上拾取"平面 XZ"。

(5) 按 F2 键→按 F5 键→绘制长半轴值为 13、短半轴值为 7、中心为坐标原点的椭圆草图→右键结束→按 F2 键，【特征树】上生成"草图 0"。

(6) 右击【特征树】中的"平面 3"→选择【创建草图】命令。

(7) 按 F5 键→绘制长半轴值为 17、短半轴值为 7、中心为坐标原点的椭圆草图→按右键结束→按 F2 键，【特征树】上生成"草图 1"。

(8) 重复上两步操作，绘制划线锤手柄其他断面草图轮廓。各个断面草图参数见表 5-1。

(9) 按 F8 键→单击【放样增料】图标 →依次拾取手柄的各截断面草图→单击【确定】按钮，结果如图 5.21 所示。

项目 5 实体造型

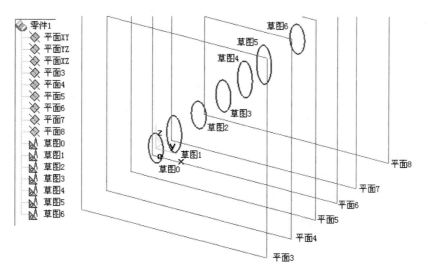

图 5.20

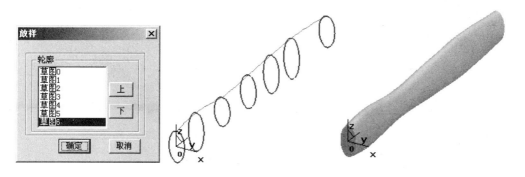

图 5.21

表 5-1 手柄放样数据表

草图特征	平面 XOZ	平面 3	平面 4	平面 5	平面 6	平面 7	平面 8
平面距离	0	30	70	110	145	177	230
长半轴	13	17	12	14	17	17	13
短半轴	7	7	7	7	7	7	7

注：表中"平面间距离"均以平面 XZ 为基准。

2．用"放样除料"方法生成划线手柄的内孔实体

 操作实例 5-14

操作步骤如下。

(1) 在【特征树】上拾取"平面 XZ"。

(2) 按 F2 键→按 F5 键→绘图长半轴值为 7.5、短半轴值为 3.5、中心为坐标原点的椭圆草图→按右键结束→按 F2 键，【特征树】上生成"草图 7"。

(3) 右击【特征树】中的"平面 3"→选择【创建草图】命令。

(4) 按 F5 键→绘长半轴值为 8、短半轴值为 3.5、中心为坐标原点的椭圆草图→按右键结束→按 F2 键，【特征树】上生成"草图 8"。

(5) 重复上两步操作,在其他平面上绘制划线锤手柄内孔的其他断面草图轮廓。各个截断面椭圆草图参数为上例的一半。

(6) 按 F8 键→单击【放样除料】图标 →依次拾取手柄内孔的各截断面草图,如图 5.22 所示→单击【确定】按钮,结果如图 5.23 所示。

图 5.24 所示为剖开后的内部结构图。

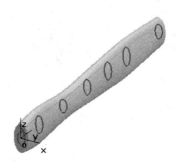

图 5.22

图 5.23　　　　　　　　　　　　　　图 5.24

任 务 小 结

本任务主要学习实体造型的方法,重点掌握基准面的建立、创建草图、拉伸增料、拉伸除料、旋转增料、旋转除料、放样增料和放样除料等实体造型的方法,树立实体造型的基本作图思路。为避免造型后修改困难的尴尬局面,应当做到事前确定基准,每个草图都有基准、草图标注尺寸。在创建"放样增料"时,要注意在同侧拾取放样截面线,否则就会形成交叉曲面,同时必须考虑草图的曲线段数、样条的点数,否则很可能无法生成或生成的质量差。

练习与拓展

1. 填空题

(1) 草图是为特征造型准备的,与实体模型相关联的(　　　　),是特征生成赖以存在的

( )。

(2) 草图必须依赖于一个( )，可以是特征树中已有的( )，也可以是实体表面的( )，还可以是( )。

(3) 在筋板特征操作中，草图形状可以是不封闭的，草图线具有( )功能。

(4) 基准平面是( )和( )赖以生存的平面，CAXA 制造工程师软件提供了( )种构造基准面的方法。

(5) 拉伸增料或除料是指对草图按给定的( )、沿某个给定的( )方向，( )实体或( )已有实体某些部分的操作。

2. 选择题

(1) 只有在( )状态下才能进行尺寸标注。
    A．线架造型   B．曲面造型   C．草图   D．特征造型

(2) 放样特征造型是根据( )草图轮廓生成或去除一个实体。
    A．1 个   B．多个

(3) 放样特征造型中，在拾取草图轮廓时，拾取不同的边、不同的位置，草图的对位结果( )。
    A．会产生不同   B．一样

(4) 在( )状态下，才有曲线投影功能。
    A．草图   B．非草图   C．与草图无关

(5) 只有在( )状态下才能进行尺寸标注。
    A．线架造型   B．曲面造型   C．草图   D．特征造型

3. 作图题

(1) 根据三视图(图 5.25)绘制其实体模型。

(2) 按照图 5.26 所示给定的尺寸进行实体造型。

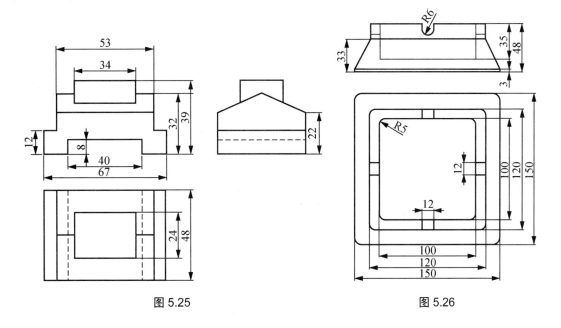

图 5.25   图 5.26

5.2 弹簧实体造型

5.2.1 任务导入

创建图 5.27 所示的弹簧实体模型。通过该实体造型的练习，学习创建草图、构建基准平面及导动增料或除料的方法，掌握实体造型的操作方法。

图 5.27

5.2.2 任务分析

从图 5.27 可以看出，该模型为弹簧，先用公式曲线建立弹簧导动线，建立基准平面，然后在基准平面上绘草图，最后通过"导动增料"、"导动除料"完成实体造型。本任务要求正确理解和设置公式曲线中的有关参数。

5.2.3 任务知识点

通过学习，掌握创建草图和构建基准平面的方法，树立创建实体的空间思维概念，学会"导动增料"、"导动除料"等实体造型方法。

1．曲面加厚增料与除料

曲面加厚增料或除料是对指定的曲面按照给定的厚度和方向生成实体或去除已有实体某些部分的操作。

特别提示

(1) 曲面加厚增料或除料需要有曲面。
(2) 作曲面加厚除料的曲面不能是封闭的环状面或球状面。
(3) 作曲面加厚除料的曲面必须与实体有相交的部分。
(4) 作曲面加厚除料的曲面可以被实体完全包围。
(5) 曲面的曲率变化如果大，加厚的厚度应当小，最好厚度小于最小曲率半径。

1) 曲面加厚增料

 操作实例 5-15

对 XOZ 平面上样条曲线所生成的曲面进行曲面加厚增料。

操作步骤如下。

(1) 按 F7 键，选 XOZ 平面为视图平面和作图平面。

(2) 单击【样条曲线】图标 →选择【插值】→【缺省切矢】→【开曲线】命令→拾取一系列点，作样条曲线，如图 5.28 所示。

(3) 按 F8 键→单击【扫描面】图标 →输入起始距离 "-20"、扫描距离 "40" →按空格键→选取【Y 轴正方向】命令→右击→再右击，如图 5.29 所示。

(4) 按 F8 键→单击【曲面加厚增料】图标 →输入厚度 "10" →选择【加厚方向 1】命令。

(5) 拾取曲面→单击【确定】按钮，结果如图 5.30 所示。

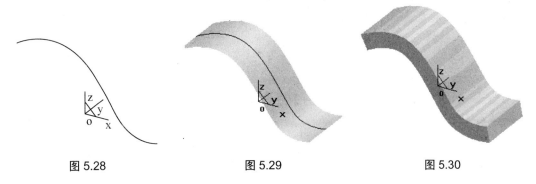

图 5.28　　　　　　　图 5.29　　　　　　　图 5.30

2) 曲面加厚除料

 操作实例 5-16

先在 XOY 平面上生成半径为 30、高度为 40 的圆柱实体，然后在圆柱体上表面生成长度为 100、宽度为 20 的长方形曲面，对此曲面作"厚度 1"等于 10 的曲面加厚除料。

操作步骤如下。

(1) 生成圆柱体和长方形曲面，如图 5.31 与图 5.32 所示。

(2) 按 F8 键→单击【曲面加厚除料】图标 →输入厚度 1 "10" →选择【加厚方向 2】命令。

(3) 拾取长方形曲面→单击【确定】按钮，结果如图 5.33 所示。

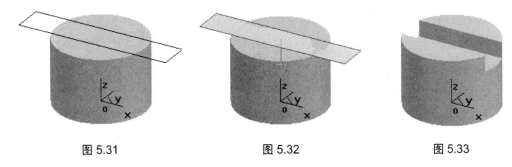

图 5.31　　　　　　　图 5.32　　　　　　　图 5.33

2. 曲面裁剪实体

曲面裁剪实体是指用曲面对实体进行修剪，去掉不需要的部分。

特别提示

(1) 用来裁剪实体的曲面全部边界必须露在被裁实体的外面。
(2) 可用"曲面延伸"方法加大曲面，使曲面边界露在实体外面。

操作实例 5-17

对长 50、宽 35、高 40 的长方体作曲面裁剪除料。
操作步骤如下。

(1) 按题目要求生成长方体，如图 5.34(a)所示。
(2) 按 F7 键，选 XOZ 平面为视图平面和作图平面。
(3) 单击【样条曲线】图标 → 选择【插值】→【缺省切矢】→【开曲线】命令→拾取一系列点，作样条曲线，如图 5.34(b)所示。
(4) 按 F8 键→单击【扫描面】图标 →输入起始距离"-30"、扫描距离"70"→按空格键→选取"Y 轴正方向"→右击→再右击，如图 5.34(c)所示。
(5) 按 F8 键→单击【曲面裁剪除料】图标 →拾取曲面，并使箭头方向指向上→单击【确定】按钮，结果如图 5.34(d)所示。

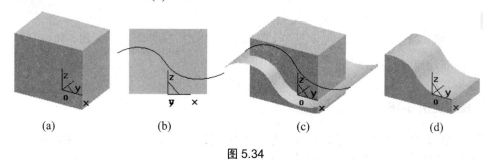

(a)   (b)   (c)   (d)

图 5.34

3. 实体过渡

像曲线、曲面都有相应的编辑功能一样，CAXA 制造工程师软件也为实体提供了包括过渡、倒角、筋板、抽壳、拔模、打孔、线性阵列和环形阵列的编辑功能，以进一步提高实体特征造型的速度。

过渡是指用给定的半径或半径变化规律在实体表面间作光滑过渡，可通过单击【过渡】图标 激活该功能。

特别提示

拾取实体的表面时，将对该面上所有棱边作过渡。

1) 过渡方式

线性变化是指在变半径过渡时过渡边界为直线。

光滑变化是指在变半径过渡时过渡边界为光滑的曲线。

特别提示

推荐使用"光滑变化"方式过渡。

2) 结束方式

默认方式是指以系统默认的保边或保面方式进行过渡。保边方式是指线面过渡，保面方式是指面面过渡。

 操作实例 5-18

对长度为 80、宽度为 70、高度为 40 的长方体的 4 条侧棱边作等半径为 8 的边过渡。操作步骤如下。

(1) 用"拉伸增料"方法生成 80×70×40 的长方立体，如图 5.35(a)所示。

(2) 按 F8 键→单击【过渡】图标→输入半径"8"→选择【等半径】→【缺省方式】→【沿相切面延伸】命令。

(3) 拾取上表面 4 条棱边→单击【确定】按钮，结果如图 5.35(b)所示。

特别提示

"沿切面延伸"是指在相切几个表面的边界上拾取一条边界线时就可将边界全部过渡。

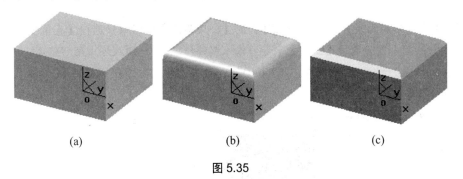

图 5.35

4．倒角

倒角是指对实体的棱边进行光滑过渡，可通过单击【倒角】图标激活该功能。

 操作实例 5-19

对长度为 80、宽度为 70、高度为 40 的长方体上表面的为 4 条棱边作距离为 4、角度为 45°的倒角。

操作步骤如下。

按 F8 键→单击【倒角】图标→输入距离"4"→输入角度"45"。

依次拾取上表面上 4 条棱边→单击【确定】按钮，结果如图 5.35(c)所示。

5. 导动增料与除料

导动增料或除料是指对草图沿着一条三维曲线(即导动线)在指定的方向上运动、生成实体或去除实体某些部分的操作。

特别提示

(1) 需要一个草图和一条导动轨迹线(三维曲线)。"轮廓截面线"是"草图",是在"草图绘制"模式下绘制的。"轨迹线"是在非"绘制草图"模式(非草绘模式)下绘制的普通曲线。

(2) 草图与导动线不能共面或平行。

(3) 适用于各截面形状和尺寸相同,但截面中心却不在一条直线上的零件造型。

(4) 导动操作结束后,在【特征树】上将出现"导动增料"或"导动除料"的标识项。

(5) 轨迹线(导动线)的绘制方向就是导动特征的方向。轨迹线的产生是从上往下作,还是从下往上作,最后生成的特征实体是不一样的。前后、左右或其他任意方向作轨迹线时,道理是一样的,都要关心它的作图方向。

5.2.4 造型步骤

操作实例 5-20

在 XOY 平面上生成回转 4 圈、半径为 15、螺距为 10、截面半径为 2 的弹簧。

操作步骤如下。

(1) 按 F5 键,按 F8 键。

(2) 单击【公式曲线】图标f(x)→在弹出的【公式曲线】对话框中选择【直角坐标系】命令→输入参变量名"t"→选择【弧度】命令→输入起终值"0"→输入终止值"31.4"→输入 X(t) 公式"20*cos(t)"→输入 Y(t) 公式"20*sin(t)"→输入 Z(t) 公式"10*t/6.28",如图 5.36 所示。

(3) 拾取坐标原点,生成图 5.37 所示的三维螺旋曲线。

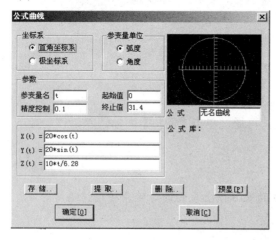

图 5.36

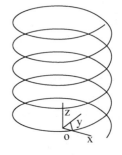

图 5.37

(4) 在【特征树】上拾取"平面 XY"。

(5) 单击【基准面】图标→在【构造基准面】对话框中选择【过点且垂直于曲线确定基准面】命令。

(6) 拾取螺旋曲线→拾取螺旋曲线的一个端点→单击【确定】按钮,【特征树】上出现"平面3",如图5.38所示。

(7) 在【特征树】上拾取"平面3"。

(8) 按F2键→按F5键→绘制半径为"2"的圆→按F2键,【特征树】上出现"草图0"→按F8键,如图5.39所示。

(9) 按F8键→单击【导动增料】图标 →选择【固接导动】命令。

(10) 在【特征树】上拾取"草图0"→拾取螺旋曲线→单击【确定】按钮,结果如图5.40所示。

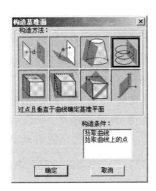

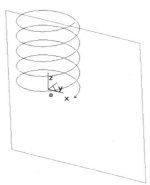

图5.38

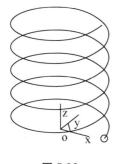

图5.39

图5.40

 操作实例5-21

用"导动除料"方法在[操作实例5-20]生成的弹簧截面中间打一个半径为1的通孔。

操作步骤如下。

(1) 在【特征树】上拾取"平面3"。

(2) 按F2键→按F5键→绘"半径"为1的圆→按F2键,【特征树】上出现"草图1"→按F8键,如图5.41所示。

(3) 按F8键→单击【导动除料】图标 →选择【固接导动】命令。

(4) 在【特征树】上拾取"草图1"→拾取螺旋曲线→单击【确定】按钮,结果如图5.42所示。

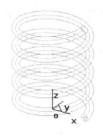

图 5.41

图 5.42

任 务 小 结

本任务主要学习实体造型的方法，重点掌握导动增料、导动除料、曲面加厚增料、倒圆、倒角等实体造型与编辑方法，树立作图的空间思维概念。从算法上讲，任何除点以外的图素都具有方向，如直线、圆弧、样条、曲面。在很多无法实现的操作中，很多是由于编程人员的遗漏，没有考虑方向引起的问题。如在导动时，导动线的方向、变 R 过渡中棱边的顺序，实体放样拉伸时每个截面的顺序等。所以如果造型人员在绘制基础线架时考虑了方向，即使是编程人员疏忽了，也能够很好地将造型完成。

练习与拓展

1. 按图 5.43 所示给定的尺寸，用实体造型方法生成三维图。

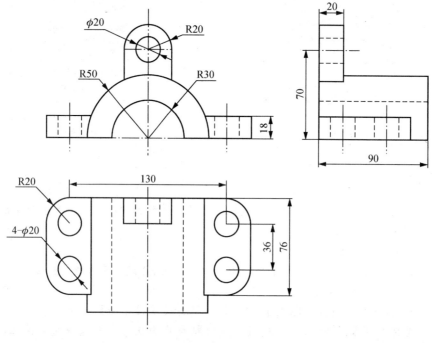

图 5.43

2. 按照图 5.44 所示给定的尺寸，作压盖实体造型，高为 15mm。

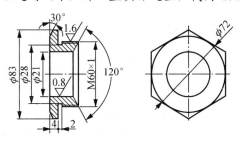

图 5.44

3. 按照图 5.45 所示给定的尺寸，作轮盘实体造型，高为 15mm。

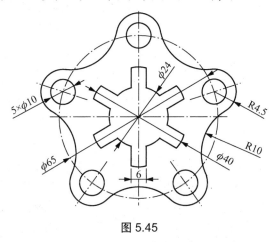

图 5.45

5.3 筋板实体造型

5.3.1 任务导入

创建图 5.46 所示的筋板实体模型。通过该实体造型的练习，初步学习筋板类零件实体造型的方法，掌握实体造型的操作技能。

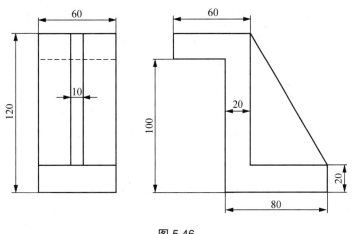

图 5.46

5.3.2 任务分析

从图 5.46 可以看出，该模型为筋板实体模型，完成基本造型后，建立筋板截面的基准平面，然后在基准平面上绘筋板草图，草图不封闭，最后通过"筋板"完成实体造型。

5.3.3 任务知识点

通过学习，掌握创建草图和构建基准平面的方法，树立创建实体的空间思维概念，学会"抽壳"、"拔模"、"打孔"、"阵列"和"筋板"等实体特征造型方法。

1．抽壳

抽壳是指用给定的厚度将实心体抽成厚度均匀内空的薄壳体，可通过单击【抽壳】图标激活该功能。

操作实例 5-22

对长度为 80、宽度为 70、高度为 40 的长方体前表面作厚度等于 10 的抽壳操作。
操作步骤如下。
(1) 按 F8 键→单击【抽壳】图标→输入厚度"10"。
(2) 拾取前表面→单击【确定】按钮，结果如图 5.47 所示。

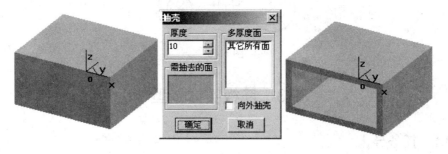

图 5.47

2．拔模

拔模是指保持中立面与拔模面的交线位置不变，实体的形状随拔模面位置的变化而变化，可通过单击【拔模】图标激活该功能。

"中立面"必须是平的。

操作实例 5-23

对长度为 80、宽度为 70、高度为 40 的长方体上表面作角度等于 20°的"向外"拔模操作。"中立面"为长方体的前表面。
操作步骤如下。

(1) 按F8键→单击【拔模】图标→选择【向外】命令→输入角度"20"。

(2) 在【中立面】栏中拾取"0张面"→拾取前表面→在【拔模面】栏中拾取"0张面"→拾取上表面→单击【确定】按钮,结果如图5.48所示。

3. 打孔

打孔是指在实体表面上用"设定参数"的方法生成各种类型孔,可通过单击【打孔】图标激活该功能。

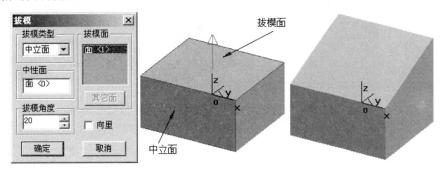

图 5.48

特别提示

需要"打孔"的实体表面必须是平的。

操作实例 5-24

在长度为80、宽度为70、高度为40的长方体上表面,用图5.50(a)所示的参数打一个中心坐标为(0,0,40)的孔。

操作步骤如下。

(1) 绘制长度为80、宽度为70、高度为40的长方体,在XOY平面上绘坐标(0,0,40)的点。

(2) 按F8键→单击【打孔】图标。

(3) 拾取长方体上表面→在【孔的类型】对话框(图5.49)中拾取右下角的孔型→拾取坐标(0,0,40)的点,单击【下一步】按钮,弹出【孔的参数】对话框(图5.50(a))→输入"孔的参数"→单击【完成】按钮,结果如图5.50(b)所示。图5.50(c)所示为孔剖开后的内部结构图。

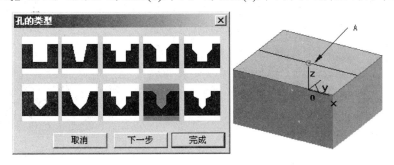

图 5.49

4．阵列

1）环形阵列

环形阵列是指对指定的特征实体围绕轴线作圆形阵列复制，可通过单击【环形阵列】图标激活该功能。

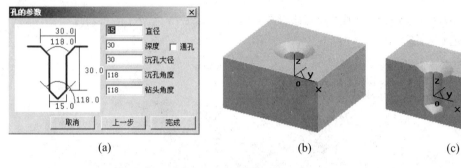

图 5.50

 特别提示

轴线为三维直线，并与指定的阵列实体的回转面垂直。作为图形阵列中心轴线，必须有旋转轴，它可以借助实体直边、直线、曲面直线等，但是如果没有现存的，必须先作出一条。

操作实例 5-25

在半径为 50、高度为 10 的圆柱体上，有一轴线坐标为(35,0)、半径为 5、高度为 10 的圆柱孔[图 5.51(c)]，对此圆柱孔作围绕坐标原点、角度为 60°、数目等于 6 的环形阵列。

操作步骤如下：

(1) 分别完成大圆柱体和小圆柱孔实体造型，在平面 YOZ 或平面 XOZ 上绘制一条过坐标原点且与平面 XOY 垂直的直线，如图 5.51(b)所示。

(2) 按 F8 键→单击【环形阵列】图标，弹出【环形阵列】对话框→输入角度"60"→输入数目"6"→选择【自身旋转】命令，如图 5.51(a)所示。

(3) 在【阵列对象】栏中选择【选择阵列对象】命令→在【特征树】上拾取生成圆柱体的标识项，如【拉伸除料 1】。

(4) 在【边/基准轴】栏中选择【选择基准轴】命令→拾取三维直线→单击【完成】按钮，结果如图 5.51(c)所示。

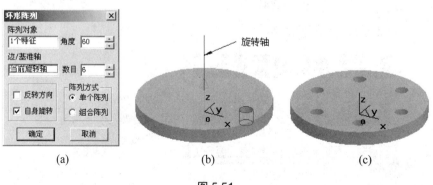

图 5.51

2) 线性阵列

线性阵列是指沿两个方向对指定的实体作复制，可通过单击【线性阵列】图标激活该功能。

线性阵列操作只能对实体进行，如孔、槽、凸台等，不能对基准特征(面、线、点、轴)、倒角、圆角等其他特征进行阵列操作。"边/基准轴"可以是实体直边、直线、曲面直线、草图直线。如果特征上还有特征，阵列底层的特征要小心。

在拾取要阵列的图形(特别是孔)时，有时不易选中，这时要单击【旋转显示】图标，使实体旋转；或单击【显示放大】按钮后再拾取。

"第一方向"、"第二方向"表示"行"方向或"列"方向，即要阵列的特征向哪个方向阵列，可以与"反转方向"配合进行选择，需要输入该方向上的参数(方向参数、间距、个数等)。在输入"第一方向"参数(方向参数、距离、数目等)后，再选择"第二方向"参数，进行参数的输入，之后在两个方向上将特征阵列。如果在某方向上输入数目为"1"，则在这个方向上不进行阵列。两个方向不能相互平行。

 操作实例 5-26

在长度为 80、宽度为 70、高度为 10 的长方体上，有一轴线坐标为(-30,-20)、半径为 5、高度为 10 的圆柱孔，对此圆柱孔作"第一方向"X 轴正向、距离为 20、数目等于 4，"第二方向"Y 轴正向、距离为 40、数目为 2 的线性阵列。

操作步骤如下。

(1) 按 F8 键→单击【相关线】图标→选择【实体边界】命令。

(2) 拾取长方体上表面长、宽棱边各一条。

(3) 按 F8 键→单击【线性阵列】图标，弹出【线性阵列】对话框，如图 5.52(a)所示。

(4) 选择【第一方向】命令→输入距离"20"→输入数目"4"→在【边/基准轴】栏中选择【当前方向】命令→拾取长棱边，如果箭头不指向"X 轴正向"，则选取【反转方向】复选框，如图 5.52(b)所示。

(5) 选择【第二方向】命令→输入距离"40"→输入数目"2"→在【边/基准轴】栏中选择【当前方向 2】命令→拾取宽棱边。如果箭头不指向"Y 轴正向"，则选取【反转方向】复选框，如图 5.53 所示。

(6) 在【阵列对象】栏中选择【选择阵列对象】命令→在【特征树】上选择【拉伸除料 1】命令(生成圆柱孔的操作)→单击【完成】按钮，结果如图 5.54 所示。

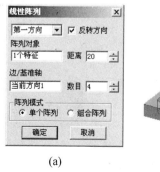 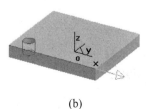

(a) (b)

图 5.52

  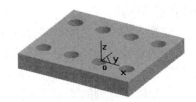

图 5.53   图 5.54

5．模具生成

1) 缩放

给定基准点对零件进行放大或缩小。

基点包括 3 种："零件质心"、"拾取基准点"和"给定数据点"。

"零件质心"是指以零件的质心为基点进行缩放。

"拾取基准点"是指根据拾取的工具点为基点进行缩放。

"给定数据点"是指以输入的具体数值为基点进行缩放。

"收缩率"是指放大或缩小的比率。此时零件的缩放基点为零件模型的质心。

 操作实例 5-27

对图 5.55 所示的实体以零件的质心为基点、收缩率为 5%进行缩放。

(1) 单击【缩放】按钮→弹出【缩放】对话框，如图 5.56 所示。

(2) 选择【零件质心】命令，如图 5.57 所示。

(3) 以原点为基准点→填入收缩率→单击【确定】按钮完成操作，如图 5.58 所示。

 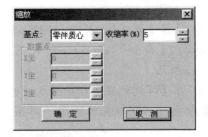

图 5.55   图 5.56

图 5.57   图 5.58

2）型腔

以零件为型腔生成包围此零件的模具。

"收缩率"是指放大或缩小的比率。

"毛坯放大尺寸"是指可以直接输入所需数值，也可以单击按钮来调节。

 操作实例 5-28

对图 5.59 所示的物体作收缩率为 0%的零件模具。

(1) 直接单击【型腔】按钮 → 弹出【型腔】对话框，如图 5.60 所示。

(2) 分别填入收缩率和毛坯放大尺寸 → 单击【确定】按钮完成该操作，如图 5.61 所示。

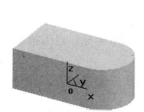
图 5.59

图 5.60

图 5.61

 特别提示

收缩率介于-20%至20%之间。

3）分模

型腔生成后，通过分模，使模具按照给定的方式分成几个部分。

 操作实例 5-29

对图 5.63 所示的相贯体进行曲面分模。

(1) 单击【分模】按钮 → 弹出【分模】对话框，如图 5.62 所示。

(2) 选择曲面分模形式和除料方向，如图 5.63 所示 → 拾取曲面 → 单击【确定】按钮，然后删除分模曲面，完成该操作，如图 5.64 所示。

分模形式包括两种："草图分模"和"曲面分模"。

"草图分模"是指通过所绘制的草图进行分模。

"曲面分模"是指通过曲面进行分模，参与分模的曲面可以是多张边界相连的曲面。

"除料方向选择"是指除去哪一部分实体的选择，分别按照不同方向生成实体。

6．实体布尔运算

实体布尔运算是将另一个实体并入，与当前零件实现交、并、差的运算。

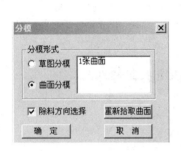 

　　图 5.62　　　　　　　　图 5.63　　　　　　　图 5.64

"文件类型"是指输入的文件种类，如图 5.66 所示。

布尔运算方式是指当前零件与输入零件的交、并、差，包括如下 3 种。

"当前零件∪输入零件"是指当前零件与输入零件的并集。

"当前零件∩输入零件"是指当前零件与输入零件的交集。

"当前零件-输入零件"是指当前零件与输入零件的差。

"定位方式"是用来确定输入零件的具体位置，包括以下两种方式。

"拾取定位的 X 轴"是指以空间直线作为输入零件自身坐标架的 X 轴(坐标原点为拾取的定位点)，旋转角度是用来对 X 轴进行旋转以确定 X 轴的具体位置。

"给定旋转角度"是指以拾取的定位点为坐标原点，用给定的两角度来确定输入零件的自身坐标架的 X 轴，包括角度一和角度二。

"角度一"：其值为 X 轴与当前世界坐标系的 X 轴的夹角。

"角度二"：其值为 X 轴与当前世界坐标系的 Z 轴的夹角。

"反向"是指将输入零件自身坐标架的 X 轴的方向反向，然后重新构造坐标架进行布尔运算。

 操作实例 5-30

对当前零件进行差的运算。

(1) 单击【实体布尔运算】按钮，弹出【打开】对话框，如图 5.65 所示。

(2) 选取文件如图 5.66 所示，单击【打开】按钮，弹出选择布尔运算方式的对话框，如图 5.67 所示。

(3) 选择布尔运算方式，给出定位点。

(4) 选取定位方式。若为拾取定位的 X 轴，则选择轴线，输入旋转角度，单击【确定】按钮，完成操作，如图 5.68 所示。若为给定旋转角度，则输入"角度一"和"角度二"，单击【确定】按钮完成操作。

 特别提示

(1) 采用"拾取定位的 X 轴"方式时，轴线为空间直线。

(2) 选择文件时，提示文件的类型，如图 5.65 所示，不能直接输入*.epb 文件，先将零件存成*.x_t 文件，然后进行布尔运算。

(3) 进行布尔运算时，基体尺寸应比输入的零件稍大。

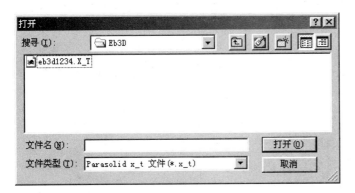

图 5.65

图 5.66

图 5.67

图 5.68

7．筋板

筋板是指在实体的指定位置增加加强筋，可通过单击【筋板】图标激活该功能。

特别提示

筋板是实体造型中唯一一个草图可以不封闭的功能，但草图轮廓线的两个端点必须位于实体中。

5.3.4 造型步骤

在图 5.69(c)所示的实体中间增加一个厚度等于 10 的加强筋。

操作步骤如下。

(1) 在【特征树】上拾取"平面 XOZ"。

(2) 按 F2 键→按 F5 键→按图 5.69(a)所示绘制草图→按 F2 键，生成"草图 2"→按 F8 键，结果如图 5.69(b)所示。

(3) 单击【拉伸增料】图标 →选择【双向拉伸】命令→输入深度"60"。

(4) 在【特征树】上拾取"草图 2"→单击【确定】按钮,生成一个实体→按 F8 键→结果如图 5.69(c)所示。

(5) 单击【相贯线】图标 →选择【实体边界】命令→拾取实体边界,作边界线。

(6) 单击【直线】图标 →依次选择【两点线】、【连续】、【非正交】、【点方式】命令。

(7) 拾取边界线中点,作一条斜线→右击结束,结果如图 5.69(c)所示。

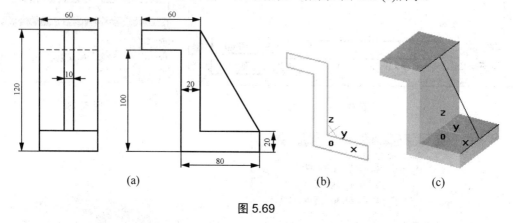

图 5.69

(8) 单击【筋板】图标 →选择【双向加厚】命令→输入厚度"10",如图 5.70(a)所示。

(9) 在【特征树】上拾取"草图 5"→单击【确定】按钮,结果如图 5.70(b)所示。

(10) 单击【删除】图标 ,删除不必要的线,结果如图 5.70(c)所示。

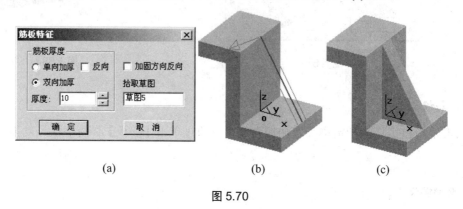

图 5.70

任 务 小 结

本任务主要学习实体造型的方法,重点掌握抽壳、拔模、实体布尔运算、筋板、缩放等实体造型与编辑方法,树立作图的空间思维概念。对壳体类零件,一般可使用旋转特征或拉伸特征来完成特征造型,使用分模功能将实体分成几个部分,生成剖视的效果。在 CAXA 制造工程师软件中,分模形式有草图分模和曲面分模两种。

练习与拓展

1. 按图 5.71 所示给定的尺寸，创建轴承座实体造型。

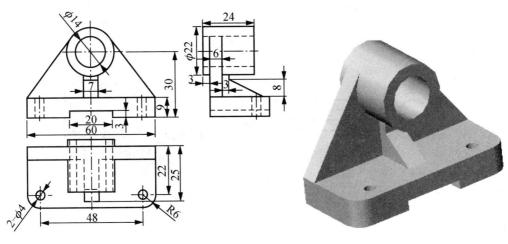

图 5.71

2. 按图 5.72 所示给定的尺寸，用实体造型方法生成三维图。

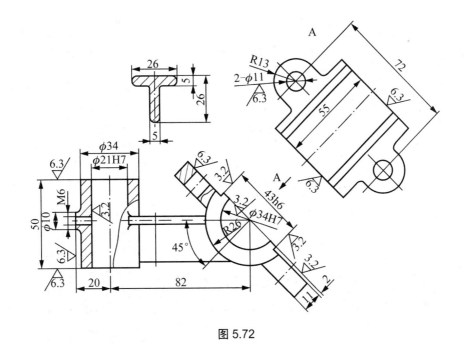

图 5.72

3. 按图 5.73 所示给定的尺寸，创建实体造型。

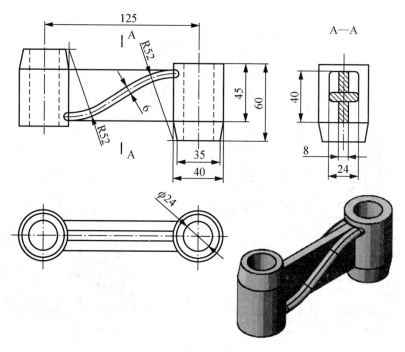

图 5.73

4. 按图 5.74 所示给定的尺寸，创建端盖实体造型。

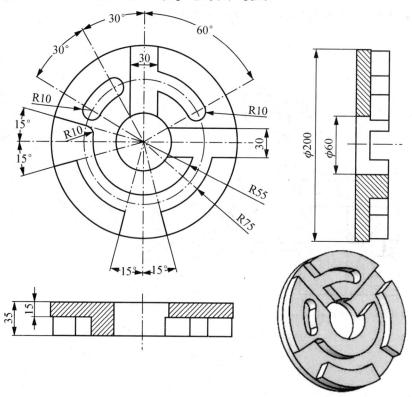

图 5.74

5. 按图 5.75 所示给定的尺寸，创建端盖实体造型。

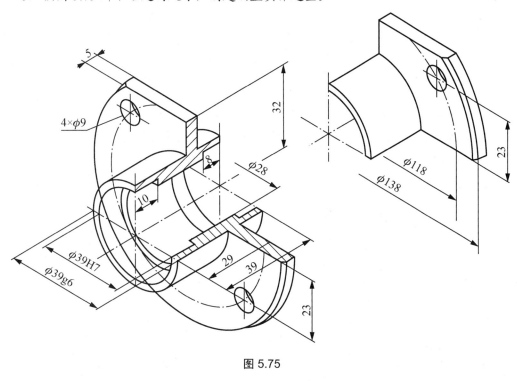

图 5.75

5.4 实体造型综合实例

5.4.1 任务导入

根据图 5.76 所示的尺寸建立其三维实体造型。通过该图的练习，掌握实体造型方法，培养综合实体造型的能力。

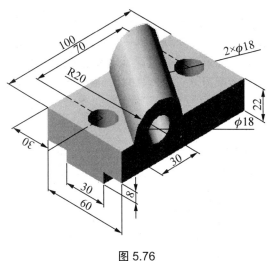

图 5.76

5.4.2 任务分析

从图 5.76 可以看出，该模型为长方体造型，先用拉伸增料创建底部长方体，然后根据尺寸创建前后正面草图，采用放样增料生成上部半圆柱体。

5.4.3 任务知识点

通过对一些典型零件造型过程的识读，掌握拉伸增料、放样增料、导动增料等实体造型技能，提高综合应用所学知识的能力，达到理解、灵活运用软件各项功能的目的，为以后数控编程所需造型设计打下良好的基础。

1．圆柱套筒造型

 操作实例 5-31

分别用拉伸、旋转、放样和导动的实体造型方法，生成重心在坐标原点、内半径为 20、外半径为 30、高度为 40 的圆柱套筒。

1)"拉伸造型"方法

操作步骤如下。

(1) 在【特征树】上拾取"平面 XY"作基准面。

(2) 按 F2 键→按 F5 键→绘制圆心坐标(0,0)、半径分别为 20 和 30 的同心圆，如图 5.77(a)所示→按 F2 键，在【特征树】上生成"草图 0"。

(3) 按 F8 键→单击【拉伸增料】图标 →选择【双向拉伸】命令→输入深度"40"。

(4) 在【特征树】上拾取"草图 0"→单击【确定】按钮，结果如图 5.77(b)所示。

2)"旋转造型"方法

操作步骤如下。

(1) 在【特征树】上拾取"平面 XZ"或者"平面 YZ"。

(2) 按 F2 键→按 F5 键→绘制中心坐标为(0,-25)、长度为 40、宽为 10 的矩形，如图 5.78(a)所示→按 F2 键，【特征树】上生成"草图 0"。

(3) 按 F9 键。

(4) 按 F8 键→单击【直线】图标 →依次选择【两点线】、【单根】、【正交】命令。

(5) 以坐标原点为起点沿 Z 轴正方向绘制一条直线(即回转轴线)，结果如图 5.78(b)所示。

(6) 单击【旋转增料】图标 →选择【单向旋转】命令→输入旋转角度"360"。

(7) 在【特征树】上拾取"草图 0"→拾取回转轴线→单击【确定】按钮，结果如图 5.77(b)所示。

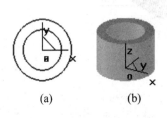

图 5.77

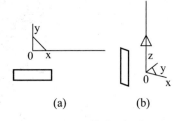

图 5.78

3) "放样造型"方法

由于放样造型不支持"轮廓套轮廓"形式的草图，因此先用增料方法作一个实心圆柱体，然后用减料方法作空心部分。

操作步骤如下。

(1) 单击【基准面】图标 →在【构造基准面】对话框中选择【等距平面确定基准面】命令→输入距离"-20"。

(2) 在【特征树】上拾取"平面 XY"→单击【确定】按钮，在【特征树】上出现"平面 3"。

(3) 单击【基准面】图标 →在【构造基准面】对话框中选择【等距平面确定基准面】命令→输入距离"40"。

(4) 在【特征树】上拾取"平面 3"→单击【确定】按钮，在【特征树】上出现"平面 4"。

(5) 在【特征树】上拾取"平面 3"。

(6) 按 F2 键→按 F5 键→绘制圆心坐标为(0,0)、半径为 30 的圆→按 F2 键，在【特征树】上出现"草图 0"。

(7) 在【特征树】上拾取"平面 4"。

(8) 按 F2 键→按 F8 键→绘制圆心坐标为(0,0)、半径为 30 的圆→按 F2 键，在【特征树】上出现"草图 1"。

(9) 按 F8 键→单击【放样增料】图标 →在【特征树】上拾取"草图 0"，如图 5.79(a)所示→单击【确定】按钮，结果如图 5.79(b)所示。

(10) 在【特征树】上拾取"平面 3"。

(11) 按 F2 键→按 F5 键→绘制圆心为(0,0)、半径为 20 的圆→按 F2 键，【特征树】上出现"草图 2"。

(12) 在【特征树】上拾取"平面 4"。

(13) 按 F2 键→按 F5 键→绘制圆心坐标为(0,0)、半径为 20 的圆→按 F2 键，在【特征树】上出现"草图 3"。

(14) 按 F8 键→单击【放样除料】图标 →在【特征树】上拾取"草图 2"→在【特征树】上拾取"草图 3"，如图 5.80(a)所示→单击【确定】按钮，结果如图 5.80(b)所示。

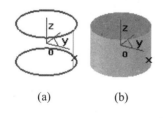

(a)　　　　(b)

图 5.79

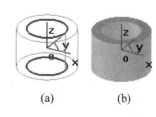

(a)　　　　(b)

图 5.80

4) "导动造型"方法

操作步骤如下。

(1) 单击【基准面】图标 →在【构造基准面】对话框中选择【等距平面确定基准面】命令→输入距离"-20"。

(2) 在【特征树】上拾取"平面 XY"→单击【确定】按钮,【特征树】上出现"平面 3"。

(3) 在【特征树】上拾取"平面3"。

(4) 按 F2 键→按 F5 键→绘制圆心为(0,0)、半径分别为 20 和 30 的同心圆→按【F2】键，在【特征树】上生成"草图 0"。

(5) 按 F9 键。

(6) 按 F8 键→单击【直线】图标 →依次选择【两点线】、【单根】、【正交】命令。

(7) 以坐标原点为起点沿 Z 轴正向绘制一条长为 40 的直线(即导动线)，结果如图 5.81(a)所示。

(8) 单击【导动增料】图标→选择【固接导动】命令。

(9) 在【特征树】上拾取"草图 0"→拾取导动线→单击【确定】按钮，结果如图 5.81(b)所示。

2．三通管造型

操作实例 5-32

按照图 5.82 所示给定的尺寸，对三通管进行实体造型。

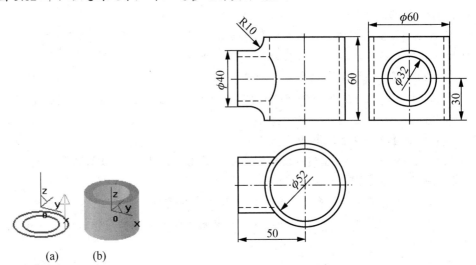

图 5.81　　　　　　　　　　　图 5.82

本实例的主要技术要点包括以下几点。

(1) 用"拉伸增料"功能中的"拉伸到面"来造型。

(2) 用"构造基准面"的方法构造草图基准面。

(3) 用"过渡"功能生成过渡线。

操作步骤如下。

(1) 在【特征树】上拾取"平面 XY"。

(2) 按 F2 键→按 F5 键→按照图 5.83(a)所示绘制草图→按 F2 键,【特征树】上生成"草图 0"。

(3) 按 F8 键→单击【拉伸增料】图标 →选择【双向拉伸】命令→输入深度"70"。

(4) 在【特征树】上拾取"草图 0"→单击【确定】按钮,结果如图 5.83(b)所示。

(5) 单击【基准面】图标 →在【构造基准面】对话框中选择【等距平面确定基准面】命令→输入距离"-50"(端面到中心的距离,见俯视图)。

(6) 在【特征树】上拾取"平面 XZ"→单击【确定】按钮,【特征树】上出现"平面 3"。

(7) 在【特征树】上拾取"平面 3"。

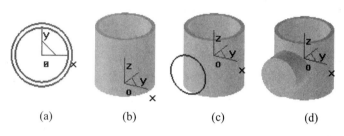

(a)　　　　　(b)　　　　　(c)　　　　　(d)

图 5.83

(8) 按 F2 键→按照图 5.83(c)所示绘制草图→按 F2 键,【特征树】上出现"草图 1"。

(9) 按 F8 键→单击【拉伸增料】图标 →选择【拉伸到面】命令。

(10) 在【特征树】上拾取"草图 1"→拾取空心圆柱的外侧表面→单击【确定】按钮,结果如图 5.83(d)所示。

(11) 拾取实心圆柱的端面。

(12) 按 F2 键→按照图 5.84(a)所示绘制草图→按 F2 键,【特征树】上出现"草图 2"。

(13) 按 F8 键→单击【拉伸除料】图标 →选择【拉伸到面】命令。

(14) 在【特征树】上拾取"草图 2"→拾取空心圆柱体的内侧表面→单击【确定】按钮,结果如图 5.84(b)所示。

(15) 单击【过渡】图标 →选择【等半径】命令→输入半径"10"。

(16) 拾取圆柱体外表面的相贯线→单击【确定】按钮,结果如图 5.84(c)所示(真实感显示)或者如图 5.84(d)所示(消隐显示)。

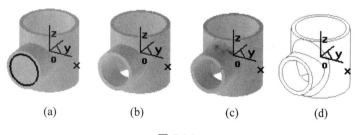

(a)　　　　　(b)　　　　　(c)　　　　　(d)

图 5.84

3. 带轮实体造型

 操作实例 5-33

按照图 5.85 所示给定的尺寸,对带轮进行实体造型。

本实例的主要技术要点包括以下几点。

(1) 用"旋转增料"功能来造型。

(2) 用"拉伸除料"功能中的"贯穿"方法构造带轮键槽。

(3) 用"过渡"、"倒角"功能生成圆角和倒角。

操作步骤如下。

(1) 在【特征树】上拾取"平面 XY"(或用"平面 YZ"、"平面 XZ")。

(2) 按 F2 键→按 F5 键→按照图 5.86(a)所示绘制草图→按 F2 键,【特征树】上生成"草图 0"。

(3) 在 XOY 平面上,用依次选择【两点线】、【单根】、【正交】的方式,绘制与 X 轴重合的回转轴线,如图 5.86(a)所示。

(4) 按 F8 键→单击【旋转增料】图标→选择【单向旋转】命令→输入旋转角度"360"。

(5) 在【特征树】上拾取"草图 0"→拾取回转轴线→单击【确定】按钮,结果如图 5.86(b)所示。

(6) 拾取带轮轮毂测表面。

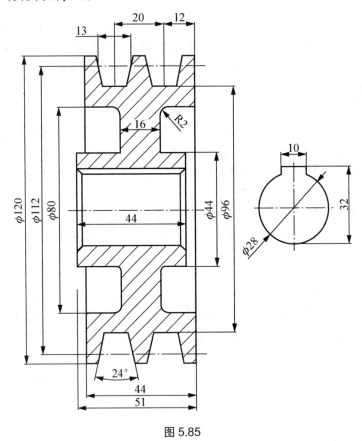

图 5.85

(7) 按 F2 键→按 F5 键→按照图 5.87(a)所示绘制草图→按 F2 键,【特征树】上生成"草图 1"。

(8) 按 F8 键→单击【拉伸除料】图标→选择【贯穿】命令。

(9) 在【特征树】上拾取"草图 1"→单击【确定】按钮,结果如图 5.87(b)所示。

(10) 按照图 5.85 所示给定的尺寸要求,对指定位置进行"倒角"和"过渡",结果如图 5.87(b)所示。

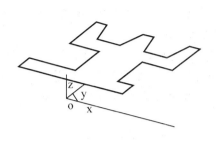

(a)   (b)

图 5.86

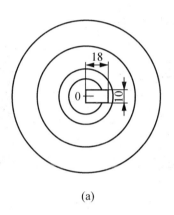

(a)   (b)

图 5.87

4．螺旋输送机实体造型

 操作实例 5-34

绘制螺旋输送机(俗称绞龙)的轴测图，如图 5.88 所示。
本实例的主要技术要点包括以下几点。
(1) 拉伸增料生成实体特征的方法。
(2) 公式曲线的使用方法。
(3) 导动面生成曲面造型的方法。
操作步骤如下。

图 5.88

(1) 选择【特征树】中的【平面 XY】命令→单击【绘制草图】按钮 ，进入草图编辑状态。

特别提示

选择特征树中已有的坐标平面，作为草图的基准平面。

(2) 单击【整圆】按钮 ⊕ →选择【圆心_半径】方式→捕捉坐标原点为圆心点→按回车

键→输入半径值"20"→按回车键确认,完成截面线的绘制,如图 5.89(a)所示。

(3) 单击【绘制草图】按钮→退出草图编辑状态。

(4) 按 F8 键→单击【拉伸增料】按钮 →选择【双向拉深】命令→输入深度值为"180",如图 5.89(b)与图 5.89(c)所示→单击【确定】按钮,生成实体,如图 5.89(d)所示。

(5) 确认当前坐标平面为"平面 XY"→单击【公式曲线】按钮 f(x) →输入螺旋线函数及设置(图 5.90)→单击【确定】按钮结束。

(6) 按回车键→输入螺旋线的基点,即曲线定位点为(0,0,-70)。

(7) 按 F7 键→单击【直线】按钮 →依次选择【两点线】、【连续】、【正交】及【长度方式】命令→输入长度值"20",如图 5.91(a)所示→捕捉螺旋线的下端点为起点→向左移动鼠标,确认方向正确后→单击鼠标结束操作,如图 5.91(b)所示。

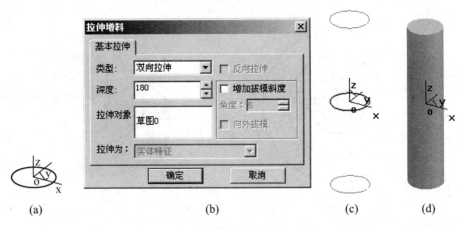

图 5.89

图 5.90

(8) 单击【导动面】按钮 →选择【导动线&平面】、【单截面线】方式,如图 5.91(c)

所示→按空格键→选择"Z 轴正方向"为平面法矢方向→拾取导动线及导动方向，然后拾取截面曲线，即可生成导动面，如图 5.91(d)所示。

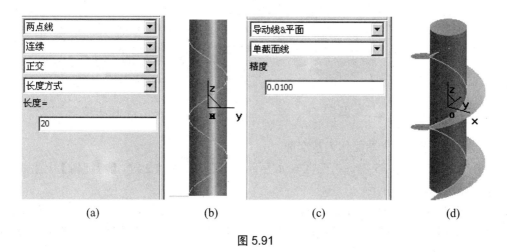

(a)　　　　　(b)　　　　　(c)　　　　　(d)

图 5.91

(9) 按 F8 键→按 F3 键→单击【删除】按钮 →删除螺旋线和截面线→显示完整的轴测图，如图 5.88(d)所示。

至此，完成了绞龙的绘制。

5.4.4 造型步骤

在作图过程中，领会作图方面的技巧。
(1) 充分利用缩放命令，将复杂的局部图形放大后，能更方便地进行绘制、编辑操作。
(2) 对于轴类零件，宜用"直线_连续"方式、相对坐标输入法进行作图。
(3) 对于有对称结构的零件，要提示使用"镜像"、"阵列"等命令进行作图。
(4) 在作图过程中，提示随时切换"正交"、"对象捕捉"、F8、F9、F5、F6、F7 功能键等辅助工具，以达到提高作图速度和作图质量的目的。

在绘制二维图的操作过程中，要提示绘图命令与编辑修改命令的灵活运用，因为任何简单的或复杂的图形均是通过这两类命令的交替与重复操作来完成的。

按照图 5.76 所示给定的尺寸进行实体造型。

操作步骤如下。

(1) 在【特征树】上拾取"平面 XY"。
(2) 按 F2 键→按 F5 键，按照图 5.92 所示绘制草图→按 F2 键,【特征树】上生成"草图 0"。
(3) 按 F8 键→单击【拉伸增料】图标 →依次选择【固定深度】、【反向拉伸】命令→输入深度"25"。
(4) 在【特征树】上拾取"草图 0"→单击【确定】按钮，结果如图 5.93 所示。
(5) 拾取座体小端面作基准面。
(6) 按 F2 键→按 F5 键→按照图 5.94 所示绘制草图→按 F2 键,【特征树】上生成"草图 1"。
(7) 按 F8 键→单击【拉伸除料】图标 →选择【贯穿】命令。
(8) 在特征树上拾取"草图"→单击【确定】按钮，结果如图 5.95 所示。

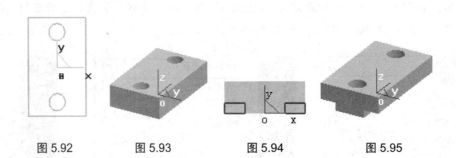

图 5.92　　　　图 5.93　　　　图 5.94　　　　图 5.95

(9) 拾取座体一个大端面作为基准面。

(10) 按 F2 键→按 F5 键→按照图 5.96 所示绘制草图→按 F2 键,【特征树】上生成"草图 2",结果如图 5.97 所示。

(11) 拾取座体另一个大端面作基准面。

(12) 按 F2 键→按 F5 键→按照图 5.98 所示绘制草图→按 F2 键,【特征树】上生成"草图 3",结果如图 5.99 所示。

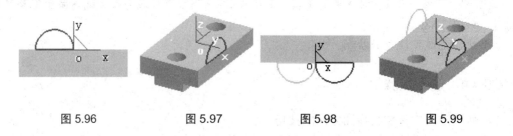

图 5.96　　　　图 5.97　　　　图 5.98　　　　图 5.99

(13) 按 F8 键→单击【放样增料】图标 →在【特征树】上拾取"草图 2"→在【特征树】上拾取"草图 3"→单击【确定】按钮,结果如图 5.100 所示。

(14) 拾取座体一个大端面作基准面。

(15) 按 F2 键→按 F5 键→按照图 5.101 所示绘制草图→按 F2 键,【特征树】上生成"草图 4"。

(16) 拾取座体另一个大端面作基准面。

(17) 按 F2 键→按 F5 键→按照图 5.102 所示绘制草图→按 F2 键,【特征树】上生成"草图 5",结果如图 5.103 所示。

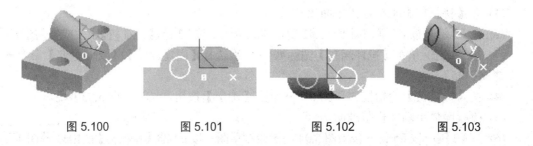

图 5.100　　　　图 5.101　　　　图 5.102　　　　图 5.103

(18) 按 F8 键→单击【放样除料】图标 →在【特征树】上拾取"草图 4"→在【特征树】上拾取"草图 5"→单击【确定】按钮,结果如图 5.104 所示。

项目 5　实体造型

图 5.104

任 务 小 结

  本任务主要通过 5 个实体造型的典型实例，帮助读者开拓思维，提高学习实体造型的兴趣，培养综合运用知识的能力。
  在三维造型过程中，CAXA 制造工程师软件的曲面与实体能够相互结合，实现一体化操作。曲面可以直接参与到实体造型中，通过曲面加厚、曲面剪切实体等手段，直接参与实体造型。在零件上生成具有曲面形状的特征，在原有实体基础上生成复杂的形状，实现任意复杂实体模型的生成。实体曲面一体化操作，是 CAXA 制造工程师软件造型不同于其他软件的最大特点。掌握不同曲面的生成方法与编辑方法，不仅局限在单一的曲面上，还要学会对零件上已有曲面进行抽象，从而将单一曲面落实到零件的表面上，以便构造出既有实体又有曲面的复杂零件。

练习与拓展

1. 按照图 5.105 所示给定的尺寸，作阀体的轴测剖视图，如图 5.106 所示。

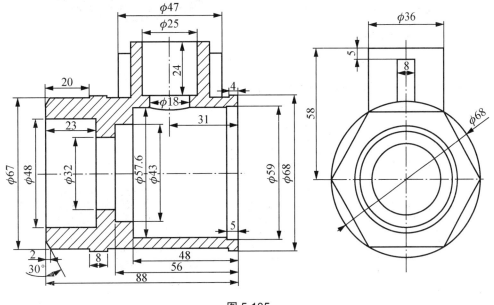

图 5.105

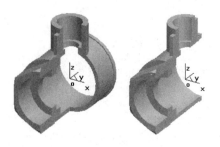

图 5.106

2. 按照图 5.107 所示三视图给定的尺寸，创建实体造型。

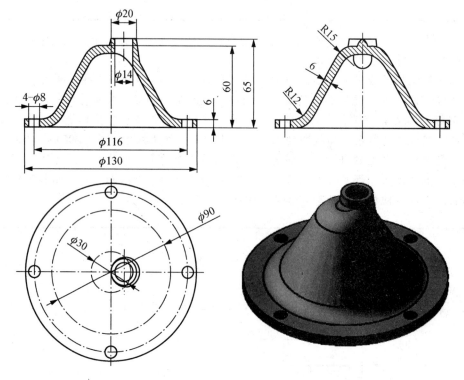

图 5.107

3. 按照图 5.108 所示三视图给定的尺寸，创建实体造型。

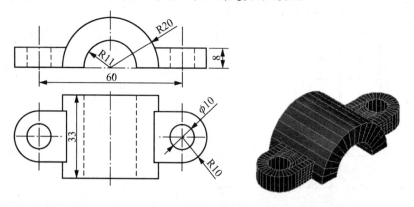

图 5.108

4. 按照图 5.109 所示三视图给定的尺寸，创建实体造型。

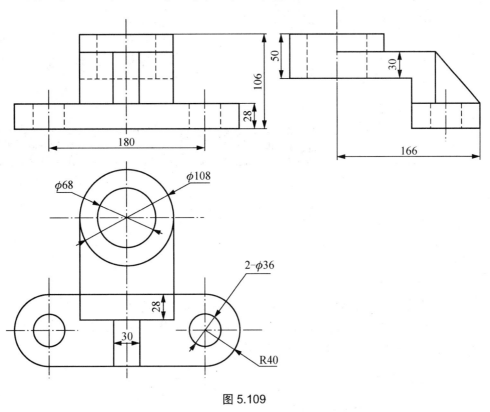

图 5.109

5. 按照图 5.110 所示三视图给定的尺寸，创建实体造型。

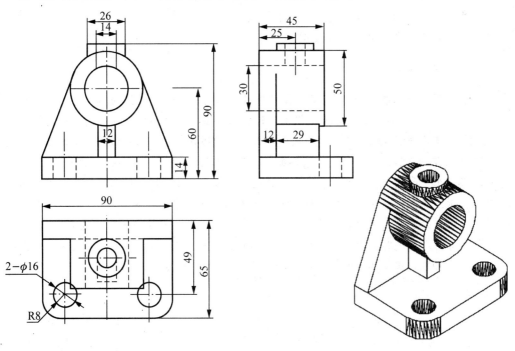

图 5.110

项目 6

数控铣加工与编程

▶ 学习目标

本项目主要学习 CAXA 制造工程师软件中粗加工、精加工、槽加工、多轴加工、孔加工等数控加工轨迹生成和编辑功能。通过典型工作任务的学习,使读者快速掌握并熟练运用数控加工程序编制的操作方法。

▶ 学习要求

(1) 了解数控铣加工的基础知识。
(2) 正确进行以自动加工为目的的 CAD 设计理念。
(3) 掌握 CAXA 制造工程师 2011 提供的多种加工轨迹生成方法。
(4) 掌握轨迹编辑及后置处理方法。

▶ 项目导读

当拿到一个工件和图纸后,要根据零件的形状特点和软件提供的加工功能来制定加工方案。CAXA 制造工程师 2011 提供了多种加工方法,如平面区域加工、等高线加工、扫描线粗加工、摆线式粗加工、插铣式粗加工、导动线粗加工、限制线精加工、三维偏置精加工、深腔侧壁加工、槽加工、多轴加工、孔加工等 52 种加工方式。每一种加工方式,针对不同工件的情况,又可以有不同的特色,基本上满足了数控铣床、加工中心的编程和加工需求。在进行以上加工方式操作时,正确地填写各种加工参数,如刀次、铣刀每层下降高度、行距、拔模基准、切削量、截距、补偿等,是非常重要的。通过前面 CAD 造型知识的学习及教材相关内容的讲解,已为 CAM 作了相当充分的准备,但要熟练运用 CAXA 制造工程师软件提供的自动编程功能,仍有必要学习和掌握本项目内容。

6.1 光滑双曲线台体粗加工

6.1.1 任务导入

生成图 6.1 所示的光滑双曲线台体粗加工轨迹。通过该台体粗加工轨迹生成的练习，初步学习数控编程粗加工轨迹生成方法，掌握数控编程加工的操作技能。

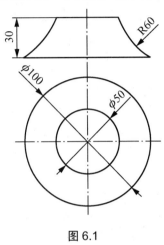

图 6.1

6.1.2 任务分析

从图 6.1 可以看出，该模型为光滑双曲线台体，先建立线框模型，然后通过"导动线粗加工"生成粗加工轨迹。

6.1.3 任务知识点

数控铣加工的编程概念及 CAXA 制造工程师软件提供的平面区域加工、等高线加工、扫描线粗加工、摆线式粗加工、插铣式粗加工、导动线粗加工等粗加工轨迹生成方法，是自动编程的基础，是正确输出代码的关键。

1．数控编程加工概述

(1) 什么是数控加工。数控加工即 NC(Numerical Control)加工，是以数值与符号构成的信息，来控制机床实现自动运转。

被加工零件采用线架、曲面和实体等几何体来表示，CAM 系统在零件几何体基础上生成刀具轨迹，经过后置处理生成加工代码，将加工代码通过传输介质传给数控机床，使数控机床按数字量控制刀具运动，完成零件加工。

所以，数控加工的关键是加工数据和工艺参数的获取，即数控编程。数控加工一般包括以下几个内容。

① 对图纸进行分析，确定粗加工、半精加工和精加工方案。
② 利用 CAM 软件对需要数控加工的部分造型。
③ 根据加工条件，选择合适加工参数，生成加工轨迹(包括粗加工、半精加工、精加

工轨迹)。
④ 刀具轨迹的仿真检验。
⑤ 后置输出加工代码。
⑥ 输出数控加工工艺技术文件。
⑦ 传给机床实现加工。

(2) 数控机床的基本生产过程。数控机床的基本生产过程如图 6.2 所示。

图 6.2

(3) CAXA 制造工程师软件可实现的铣加工。CAXA 制造工程师 2011 将 CAD 模型与 CAM 加工技术无缝集成，可直接对曲面、实体模型进行一致的加工操作。它支持先进实用的轨迹参数化和批处理功能，明显提高了工作效率；支持高速切削，大幅度提高了加工效率和加工质量；通用的后置处理可向任何数控系统输出加工代码。

CAXA 制造工程师软件提供了粗加工、精加工、补加工、槽加工、多轴加工、孔加工等 8 种加工方式。

用 CAXA 制造工程师实现加工的过程如下。
① 配置好机床，确定加工工艺，这是正确输出代码的关键。
② 看懂图纸，用曲线、曲面和实体表达工件。
③ 根据工件形状，选择合适的加工方式，生成刀位轨迹。
④ 加工仿真。
⑤ 生成 G 代码，传给数控机床。

特别提示

如果要生成加工真实零件的刀具轨迹，一般是先用"粗加工"去除大量余料后才能使用精加工，否则会出现打刀等不良后果。

(4) 数控程序编制的方法。编程方法有手工编程与自动编程两种。
① 手工编程。直接在数控机床上进行编程的方法为手工编程，一般加工简单零件用这种方法编程。
② 自动编程。对于复杂的零件，其轮廓线不是在简单的平面上，而是由复杂的空间曲线和空间曲面组成，用手工编程方法编程很困难，则需要使用自动编程方法编程。即使用专用软件进行编程，过去用 APT 软件描述加工过程，称为自动编程，现代自动编程是指通过 CAD/CAM 软件处理后自动生成 NC 程序的编程方法。

(5) 数控铣床加工路线。立铣刀侧刃铣削平面零件外轮廓时避免沿零件外轮廓的法向切入和切出，如图 6.3 所示，应该沿着外轮廓曲线的切向延长线切入或切出，这样可避免刀具在切入或切出时产生刀刃切痕，保证零件曲面的平滑过渡。当铣削封闭内轮廓表面时，刀具也要沿轮廓线的切线方向进刀与退刀，如图 6.4 所示，A-B-C 为刀具切向切入轮廓轨迹路线，C-D-C 为刀具切削工件封闭内轮廓轨迹路线，C-E-A 为刀具切向切出轮廓轨迹路线。

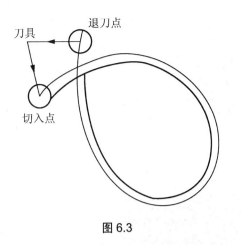

图 6.3

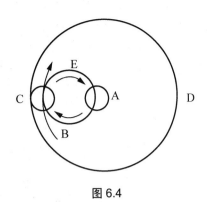

图 6.4

(6) 进、退刀参数说明。数控机床加工工件时,刀具直接担负着对工件的切削加工。刀具材料的耐用度和使用寿命直接影响着工件的加工精度、表面质量和加工成本。合理选用刀具材料不仅可以提高刀具切削加工的精度和效率,而且也是对难加工材料进行切削加工的关键措施。

对话框如图 6.5 所示,进、退刀参数说明见表 6-1。

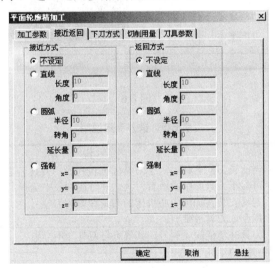

图 6.5

表 6-1 进、退刀参数说明

参数项	所属项	说明
进刀方式	垂直	刀具在工件的第一个切削点处(此点为系统根据图形形状自动予以判断)直接开始切削
	强制	刀具从给定点向工件的第一个切削点前进
	圆弧	刀具按给定半径,以 1/4 圆弧向工件的第一个切削点前进
	直线	刀具按给定长度,以相切方式向工件的第一个切削点前进
退刀方式	垂直	刀具从工件的最后一个切削点直接退刀
	强制	刀具从工件的最后一个切削点向给定点退刀
	圆弧	刀具从工件的最后一个切削点按给定半径,以 1/4 圆弧退刀
	直线	刀具按给定长度,以相切方式从工件的最后一个切削点退刀

(7) 铣刀参数说明。对话框如图 6.6 所示，铣刀参数说明见表 6-2。

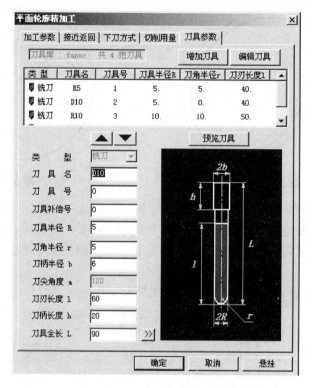

图 6.6

表 6-2　铣刀参数说明

参数项	所属项	说　　明
铣刀	当前铣刀名	当前铣刀的名称，用于刀具标识和列表，刀具名是唯一的。通过下拉列表，可显示刀具库中的所有刀具，并可在列表中选择当前刀具
	刀具号	刀具安装在加工中心机床的刀具库中的刀位号。它用于后置处理的自动换刀指令。刀具号唯一
	刀具补偿号	刀具补偿值的序列号，其值可与刀具号不一致
	刀具半径	刀具的半径值
	刀角半径	刀具的刀角半径，应不大于刀具半径
	刀刃长度	刀具的刀杆可用于切削部分的长度
	刀杆长度	刀尖到刀柄之间的距离。刀杆长度应大于刀刃有效长度。一般刀杆长度要大于工件总切深。如果不大于总切深，一定要检查刀柄是否会与工件相接触
	增加刀具	用于增加刀具到软件系统的刀具库中，并非加工中心机床的刀具库
	删除当前刀具	删除本系统中刀具库中不需要的刀具。选择需要删除的刀具→单击【删除当前铣刀】按钮→单击【确定】按钮后，该刀具即被删除

(8) 预显刀具参数：修改刀具参数后，单击【预显刀具参数】按钮后显示参数修改后刀具的形状。

数控铣削加工，一般提供 3 种铣刀：球头刀(R=r)、端铣刀(r=0)和 R 刀(r<R)(有的称为"牛鼻刀")，其中 R 为刀具的半径、r 为刀角半径。

(9) 加工刀具的选择。数控铣床，特别是加工中心，其主轴转速比普通机床的主轴转速一般至少要高1~2倍。因此，在数控铣床或加工中心上铣加工时，选择刀具要注意以下几点。

平面铣削应选用可转位式硬质合金刀片铣刀。一般采用二次走刀，第一次走刀最好用端铣刀粗铣，沿工件表面连续走刀。选好每次走刀的宽度和铣刀的直径，使接痕不影响精铣精度。因此，加工余量大又不均匀时，铣刀直径要选小些。精加工时，铣刀直径要选大些，最好能够包容加工面的整个宽度。

镶硬质合金立铣刀，主要用于加工凸台、凹槽和箱口面。为了提高槽宽的加工精度，减少铣刀的种类，加工时采用直径比槽宽小的铣刀，先铣槽的中间部分，然后利用刀具半径补偿功能，铣槽的两边。

铣削平面零件的周边轮廓，一般采用立铣刀。刀具半径应小于零件内轮廓的最小曲率半径，一般取最小曲率半径的0.8~0.9倍。零件的加工高度(Z方向的吃刀深度)，不要超过刀具半径。

加工曲面和变斜角轮廓外形时，常用球头刀和R刀(带圆角的立铣刀)。

在数控加工中，平头立铣刀和球头刀的加工效果是明显不同的。当曲面形状复杂时，为了避免干涉，建议使用球头刀，调整好加工参数可以达到较好的加工效果。而在两轴及两轴半加工中，为提高加工效率，建议使用端铣刀，因为相同的参数，球头刀会留下较大的残留高度。在选择刀刃长度和刀杆长度时，应考虑机床的情况及零件的尺寸是否会干涉。在可能的情况下，应尽量选短一些，以提高刀具的刚度。

数控加工中，在选用刀具进行编程时，应区分刀尖和刀心，两者均是刀具的对称轴上的点，其距离差一个刀角半径，如图6.7所示。

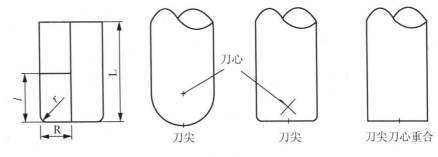

图6.7

2．特征树基本操作

CAXA制造工程师软件提供了相当丰富的操作功能，特征树就是为了方便用户操作而设计的。该功能是位于屏幕视窗左边的一个独立的窗口；以一种树形格式——特征树来显示零件中的特征与特征之间的关系，以及加工中各要素之间的关系；并可对各特征和要素进行编辑操作，使简明的零件特征和加工步骤得以直观体现；标准的编辑命令使处理和重新编排加工步骤变得简单容易。特征树工具是对模型特征和加工进行选择和编辑的工具，使用方便且功能强大。特征树分为两个部分，分别是零件特征和加工管理。

(1) 零件特征的特征树操作。零件特征是一些诸如拉伸实体、切口、凸台、圆倒角及孔等几何实体。特征的参数及对特征的操作均保存在特征树中。任何时候都可对这些特征进行编辑，以修改模型的几何形状，如图6.8所示。

(2) 加工管理的特征树操作。加工管理的特征树功能是显示加工模型、加工参数及加工步骤的特征，并且能够直接在特征树中进行修改。在父特征加工中一共包含 6 个子特征，如图 6.9 所示。

图 6.8

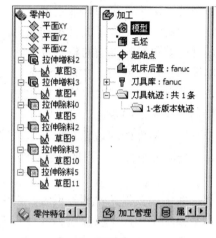

图 6.9

① 模型。模型一般表达为系统存在的实体和所有曲面的总和。

目前，在 CAXA 制造工程师软件中，模型与刀路计算无关，也就是模型中所包含的实体和曲面并不参与刀路的计算。模型主要用于刀路的仿真过程。在轨迹仿真器中，模型可以用于仿真环境下的干涉检查。

"模型"功能提供"视图模型显示"和"模型参数显示"功能，特征树中模型图标为 。单击该图标，在绘图区以红色线条显示零件模型；双击该图标显示零件模型参数。在该界面上显示模型预览和几何精度，用户可以对几何精度进行重新定义。

② 毛坯。当完成实体造型进行加工时，首先需要构造零件毛坯，这步工作更加贴合加工实际，用户可以根据实际情况对毛坯进行定义。一般地，系统的毛坯为方块形状。

锁定使用户不能设定毛坯的基准点、大小、毛坯类型等，这是为了防止设定好的毛坯数据不小心被改变了。毛坯定义系统提供了 3 种毛坯定义的方式。

a. "两点方式"通过拾取毛坯的两个角点(与顺序、位置无关)来定义毛坯，如图 6.10 所示。

b. "三点方式"通过拾取基准点，拾取定义毛坯大小的两个角点(与顺序、位置无关) 来定义毛坯。

c. "参照模型"系统自动计算模型的包围盒，以此作为毛坯，如图 6.11 所示。

d. "基准点"毛坯在世界坐标系(.sys.)中的左下角点。

e. "大小"长度、宽度、高度是毛坯在 X 方向、Y 方向、Z 方向的尺寸。

操作实例 6-1

用两点方式，在尺寸为 100×100×20 的长方体上定义毛坯。

操作步骤如下。

(1) 在尺寸为 100×100 的长方体底面周围，绘制尺寸为 105×105 的长方形。

(2) 在长方体右角，作高 25mm 的竖线。

(3) 双击特征树里的【毛坯】图标，弹出【定义毛坯】对话框，如图 6.11 所示。

图 6.10

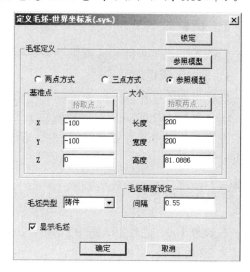

图 6.11

(4) 选中【拾取两点】单选按钮，先拾取 A 点，然后拾取 B 点，返回【定义毛坯】对话框。

(5) 单击【确定】按钮，结果如图 6.12 所示。

(6) 图 6.13 所示为采用"参照模型"方式定义的毛坯。

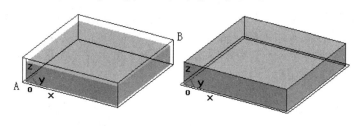

图 6.12　　　　　　图 6.13

③ 起始点。"起始点"功能是设定全局刀具起始点的位置，特征树图标为起始点。双击该图标弹出【刀具起始点】对话框，如图 6.14 所示。

在该对话框上部的提示框文字是提示起始点所在的加工坐标系，用户可以通过输入或者单击【拾取点】按钮来设定刀具起始点。计算轨迹时默认以全局刀具起始点作为刀具起始点，计算完毕后，用户可以对该轨迹的刀具起始点进行修改。

图 6.14

(1) 根据不同的加工功能有的按钮可能灰显，表明该项操作不对该功能开放。

(2) 在特征树上,选项左上方的暗红色的小点表明这步操作未完成,需要完成后才能够进行下一步的操作。

3. 粗加工

CAXA 制造工程师软件提供了 8 种不同的粗加工方式,适合不同特性零件的加工。

1) 平面区域粗加工

设定平面区域粗加工的加工参数,生成平面区域粗加工轨迹。该加工方法属于两轴加工,适合 2/2.5 轴粗加工,与区域式粗加工类似,所不同的是该功能支持轮廓和岛屿的分别清根设置,可以单独设置各自的余量、补偿及上下刀信息。最明显的就是该功能轨迹生成速度较快。

操作实例 6-2

在长为 100、宽为 80、高为 30 的料上加工图 6.15 所示轮廓为 70×50、圆角半径为 15、深度为 20 的型腔。

操作步骤如下。

(1) 进行尺寸为 100×80×30 的长方体造型,结果如图 6.16 所示。

(2) 单击长方体上表面,单击【草图】图标,绘制环形槽中心轨迹草图,然后拉伸除料,结果如图 6.16 所示。

(3) 单击【相贯线】图标→选择【实体边界】命令→拾取型腔侧面与上表面的相交线(即区域轮廓线),结果如图 6.16 所示。

(4) 选择主菜单中的【加工】命令→选择【毛坯】命令→弹出【定义毛坯】对话框,采用"参照模型"方式定义的毛坯,结果如图 6.16 所示。

(5) 选择主菜单中的【加工】命令→选择【粗加工】→【平面区域粗加工】命令→弹出【平面区域粗加工】对话框。

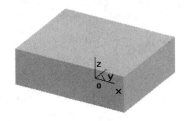

图 6.15

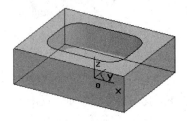

图 6.16

(6) 打开【加工参数】选项卡,按照图 6.17 所示设置"加工参数"。
(7) 打开【切削用量】选项卡,按照图 6.18 所示设置"切削用量"。
(8) 打开【接近返回】选项卡,设置"进退刀参数"。
(9) 打开【下刀方式】选项卡,设置"下刀方式"。
(10) 打开【清根参数】选项卡,设置"清根参数"。
(11) 打开【刀具参数】选项卡,设置"铣刀参数"。

(12) 单击【确定】按钮→拾取区域轮廓线→拾取走刀方向箭头→右击(表示没有岛存在),生成的刀具轨迹如图 6.19 所示,轨迹仿真结果如图 6.20 所示。

项目6 数控铣加工与编程

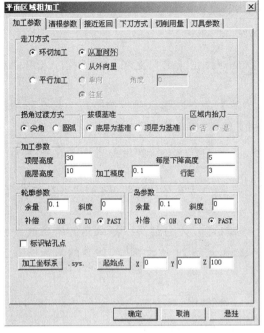

图 6.17

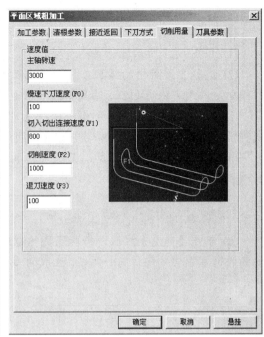

图 6.18

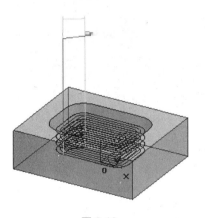

图 6.19

图 6.20

特别提示

如果感到仿真加工后的结果不对或不满意,可以选择主菜单中的【应用】→【轨迹编辑】→【参数修改】命令→拾取已生成的刀具轨迹→逐项修改先前设定的参数值→选择【轨迹仿真】→【参数修改】→【轨迹仿真】命令,直至结果满意为止。

操作实例 6-3

在长为 100、宽为 80、高为 30 的长方体料上加工图 6.21 所示的轮廓为 80×60、圆角半径为 10、深度为 20 且中间有一个长方体,轮廓为 40×30、圆角半径为 5、深度为 20 的内型腔槽。

操作步骤如下。

(1) 按图 6.21 所示进行实体造型。

(2) 选择主菜单中的【加工】→【毛坯】命令→弹出【定义毛坯】对话框，采用"参照模型"方式定义的毛坯，结果如图 6.21 所示。

(3) 单击【相贯线】图标 →选择【实体边界】命令→拾取型腔侧面与上表面的相交线(即区域轮廓线)→拾取圆柱与型腔底面间的相交线(即岛轮廓线)。

(4) 选择主菜单中的【加工】→【粗加工】→【平面区域粗加工】命令→弹出【平面区域粗加工】对话框。

(5) 设置"加工参数"；设置"切削用量"；设置"进退刀参数"；设置"下刀方式"；设置"清根参数"；设置"刀具参数"。

(6) 单击【确定】按钮→拾取区域轮廓线→拾取走刀方向箭头→拾取岛的轮廓线→拾取岛的轮廓搜索方向箭头→右击，生成的刀具轨迹如图 6.21 所示，轨迹仿真结果如图 6.22 所示。

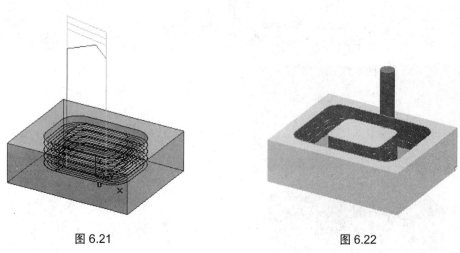

图 6.21　　　　　　　　　　　图 6.22

不必有三维模型，只要给出零件外轮廓和岛屿，就可以生成加工轨迹，主要应用于铣平面和铣槽，可进行斜度的设定，自动标记钻孔点。

2) 区域式粗加工

区域式粗加工用来生成区域式粗加工轨迹。该加工方法属于两轴加工，其优点是不必有三维模型，只要给出零件的外轮廓和岛屿，就可以生成加工轨迹，并且可以在轨迹尖角处自动增加圆弧，保证轨迹光滑，以符合高速加工的要求。该加工方法实质上是一种特殊的等高线加工方法，只是在造型中需要将零件平面进行造型即可完成加工，且具有较高的效率。

 操作实例 6-4

在长为 100、宽为 100 的长方形上生成区域式粗加工轨迹。

操作步骤如下。

(1) 绘制长为 100、宽为 100 的长方形。

(2) 选择主菜单中的【加工】→【毛坯】命令→弹出【定义毛坯】对话框，采用"两点"方式定义毛坯，填写坐标参数，如图 6.23 所示。

(3) 选择主菜单中的【加工】→【粗加工】→【区域式粗加工】命令→弹出【区域式粗加工】对话框。

(4) 设置"加工参数"；设置"切削用量"；设置"进退刀参数"；设置"下刀方式"；设置"铣刀参数"；设置"加工边界"，如图 6.24 所示。

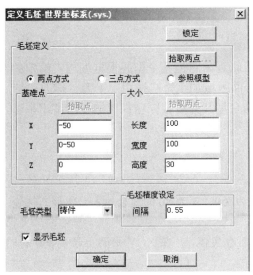

图 6.23

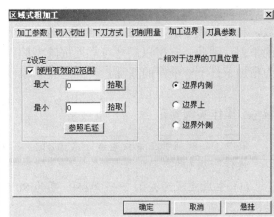

图 6.24

(5) 单击【确定】按钮→拾取轮廓线→拾取走刀方向箭头→拾取岛的轮廓线→拾取岛的轮廓搜索方向箭头→右击，生成的刀具轨迹如图 6.25 所示。

(6) 如果在设置"加工参数"中选择了"执行轮廓加工"，则生成的刀具轨迹如图 6.26 所示。

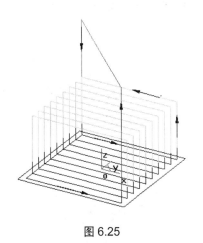

图 6.25

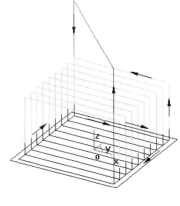

图 6.26

特别提示

区域式加工方式是针对二维轮廓的铣削,无论是外轮廓或者内轮廓,都要安排刀具从切向进入轮廓进行加工;当轮廓加工完毕,要安排一段沿切线方向继续运动的距离退刀,从而避免刀具在工件上的切入点和退出点处留下接刀痕。要选择合理的进、退刀位置,尽可能选在不太重要的位置。

区域式加工方式主要用于铣平面和铣槽,可选择多轮廓、多岛屿进行加工。

"执行轮廓加工"是指轨迹生成后,再进行轮廓加工,即先进行初始粗加工,行切或者环切结束后,再根据加工后的形状计算下道粗加工(即二次粗加工)的新加工余量,刀具再沿加工轮廓做一次类似于清根的加工操作,更有效地保持刀具进行连续切削,减少空走刀,并提高精加工的加工效率。

3) 等高线粗加工

等高线粗加工方式是用来生成等高线粗加工轨迹。它把整个型腔根据编程者给定的参数,自动分成多层,而每一层中又相当于一个平面区域加工。它适用于平刀、球刀和带 R 的平刀。因此,它可以高效可靠地去除型腔内的余量,并可根据精加工的要求留出余量,为精加工打下一个好的基础。

 操作实例 6-5

采用等高线粗加工方式生成上底为 $\phi 30$、下底为 $\phi 50$、高为 80 的圆台外表面粗加工轨迹。
操作步骤如下。

(1) 生成上底为 $\phi 30$、下底为 $\phi 50$、高为 80 的圆台实体,并在 XOY 平面上绘制 $\phi 60$ 的圆,如图 6.27 所示。

(2) 选择主菜单中的【加工】→【毛坯】命令→弹出【定义毛坯】对话框,采用"参照模型"方式定义的毛坯。

(3) 选择主菜单中的【加工】→【粗加工】→【等高线粗加工】命令→弹出【等高线粗加工】对话框。

(4) 设置"等高线粗加工参数";设置"切削用量";设置"进退刀参数";设置"下刀方式",安全高度设为 100;设置"铣刀参数";设置"加工边界",Z 设定最大为 80。

(5) 单击【确定】按钮→拾取圆台体→轮廓线→拾取轮廓搜索方向箭头→右击,生成的刀具轨迹如图 6.27 所示。

(6) 单层刀具轨迹仿真如图 6.28 所示。

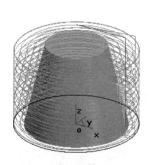

图 6.27

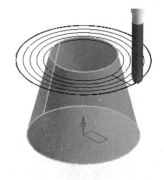

图 6.28

特别提示

等高线粗加工的方法是在数控加工中应用最多的粗加工方法，它是利用一系列假想水平面与零件面和毛坯边界截交，得到一系列二维切削层，然后再进行分层加工。对于型腔等边界受约束的情况，还需考虑垂直进刀问题及相邻切削层的走刀轨迹过渡问题，需要根据具体加工条件考虑。例如，可以采用预先钻工艺孔作为各切削层起刀位置的方法来解决该问题。

4）扫描线粗加工

扫描线粗加工方式用来生成扫描线粗加工轨迹。用平行层切的方法进行粗加工，保证在未切削区域不向下走刀。对于那些毛坯形状与零件形状相似的情况，铸造与锻造毛坯比较适合，适合使用端铣刀进行对称凸模粗加工。

操作实例 6-6

采用扫描线粗加工方式生成图 6.29 所示的形体上表面粗加工轨迹。

操作步骤如下。

(1) 生成图 6.29 所示的实体造型。

(2) 选择主菜单中的【加工】→【毛坯】命令→弹出【定义毛坯】对话框，采用"参照模型"方式定义毛坯。

(3) 选择主菜单中的【加工】→【粗加工】→【扫描线粗加工】命令→弹出【扫描线粗加工】对话框。

(4) 设置"扫描线粗加工参数"，如图 6.30 所示。设置"切削用量"。设置"进退刀参数"。设置"下刀方式"，安全高度设为 80，如图 6.31 所示。设置"铣刀参数"。

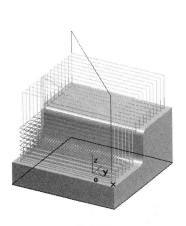

图 6.29

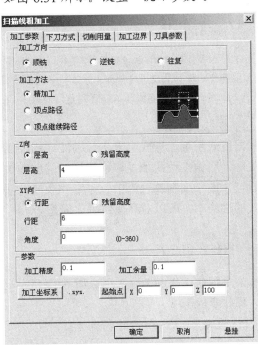

图 6.30

(5) 单击【确定】按钮→拾取加工实体→右击→拾取加工边界→拾取轮廓搜索方向箭头→右击，生成的刀具轨迹如图 6.29 所示。

(6) 单层刀具轨迹仿真如图 6.32 所示。

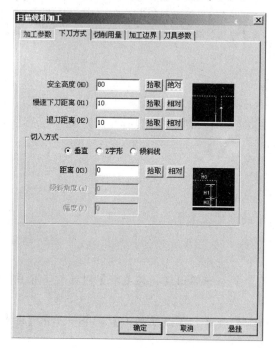

图 6.31

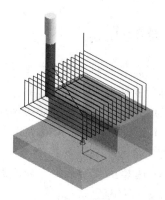

图 6.32

 特别提示

(1) 用于平行层切的方法进行粗加工。保证在未切削区域不向下走刀。适合使用端刀进行对成凸模粗加工。

(2) 部分零件如果使用这种加工方法将产生较多的空行程而影响加工效率，比如在整块方形毛坯上加工圆形的工件，使用等高线加工能得到更高的效率。

5) 摆线式粗加工

摆线式粗加工方式用来生成摆线式粗加工轨迹。这是一种专门针对高速加工的刀位轨迹策略。所谓摆线式加工描述了这样的曲线加工：圆上一固定点随着圆沿曲线滚动时生成的轨迹，由于切削的过程中总是沿一条具有固定曲率的曲线运动，使得刀具运动总能保持一致的进给率，所以对高速铣削比较适合。

 操作实例 6-7

采用摆线式粗加工方式生成图 6.33 所示的形体上表面粗加工轨迹。
操作步骤如下。

(1) 生成图 6.33 所示的实体造型。

(2) 选择主菜单中的【加工】→【毛坯】命令→弹出【定义毛坯】对话框，采用"参照模型"方式定义毛坯。

(3) 选择主菜单中的【加工】→【粗加工】→【摆线式粗加工】命令→弹出【摆线式粗加工】对话框。

(4) 设置"摆线式粗加工参数";设置"切削用量";设置"进退刀参数";设置"下刀方式",安全高度设为80;设置"铣刀参数"。

(5) 单击【确定】按钮→拾取加工实体→右击→拾取加工边界→拾取轮廓搜索方向箭头→右击,生成的刀具轨迹如图 6.33 所示。

(6) 单层刀具轨迹仿真如图 6.34 所示。

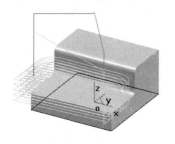
图 6.33

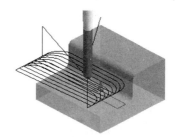
图 6.34

摆线式粗加工是在负荷一定的情况下进行区域加工的加工方式;加工中刀具始终沿着具有连续半径的曲线运动,采用圆弧运动方式逐次去除材料,对零件表面进行高速小切深加工,有效地避免了刀具以全宽度切入工件生成刀具路径;可提高模具型腔部粗加工效率和延长刀具使用寿命,适用于高速加工。

6) 插铣式粗加工

插铣式粗加工方式用来生成插铣式粗加工轨迹。采用端铣刀的直捣式加工,即钻削式刀具路径沿加工中心的 Z 轴方向从深腔去除材料。

 操作实例 6-8

在长 100、宽 100、高 30 的长方体上表面加工长 60、宽 60、深 10 的长方体型腔。
操作步骤如下。

(1) 完成长 100、宽 100、高 30 的长方体造型,生成长 60、宽 60 的实体相贯线边界,如图 6.35 所示。

(2) 选择主菜单中的【加工】→【毛坯】命令→弹出【定义毛坯】对话框,采用"参照模型"方式定义毛坯。

(3) 选择主菜单中的【加工】→【粗加工】→【插铣式粗加工】命令→弹出【插铣式粗加工】对话框。

(4) 设置"加工参数",如图 6.36 所示;设置"切削用量";设置"下刀方式";设置"刀具参数";设置"加工边界",如图 6.37 所示。

(5) 单击【确定】按钮→拾取加工实体→右击→拾取型腔加工边界→拾取轮廓搜索方向箭头→右击,生成的刀具轨迹如图 6.35 所示。

(6) 单层刀具轨迹仿真如图 6.38 所示。

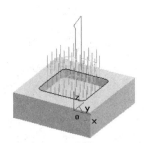
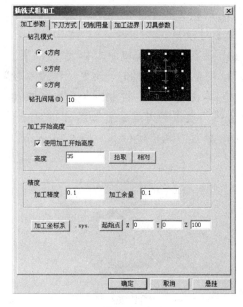

图 6.35　　　　　　　　　　　图 6.36

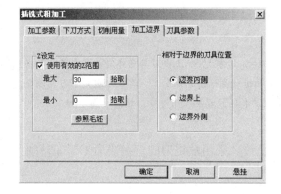
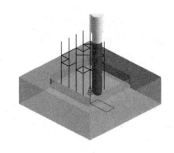

图 6.37　　　　　　　　　　　图 6.38

 特别提示

　　这种方法不只是能保证更多的切削刃同时切削，而且同时能极好地发挥高刚性机床高效率加工的优点。在切削速度受到限制时，选用插铣是粗加工深型腔件和用大直径刀具加工相对较浅腔体，从而显著提高金属去除率的一种有效方法，可生成高效的粗加工路径。适合于大中型模具的深腔加工。

　　7) 导动线粗加工

　　导动线粗加工方式用来生成导动线粗加工轨迹。导动加工是二维加工的扩展，也可以理解为平面轮廓的等截面加工，是用轮廓线沿导动线平行运动生成轨迹的方法。它相当于平行导动曲面的算法，只不过生成的不是曲面而是轨迹。其截面轮廓可以是开放的也可以是封闭的，导动线必须是开放的。

6.1.4　加工步骤

　　用导动线粗加工方式作模具外表面加工轨迹。

操作步骤如下。

(1) 完成图 6.39 所示的线框造型。

(2) 选择主菜单中的【加工】→【毛坯】命令→弹出【定义毛坯】对话框,采用"参照模型"方式定义毛坯。

(3) 选择主菜单中的【加工】→【粗加工】→【导动线粗加工】命令→弹出【导动线粗加工】对话框。

(4) 设置"加工参数";设置"切削用量";设置"进退刀参数";设置"下刀方式";设置"铣刀参数";设置"加工边界"。

(5) 单击【确定】按钮→先后拾取轮廓线和加工方向→确定轮廓线链搜索方向→拾取截面线和加工方向→确定截面线链搜索方向→右击结束拾取→拾取确定加工外侧→右击,生成的刀具轨迹如图 6.40 所示。

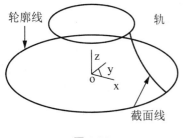
图 6.39

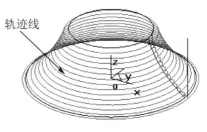
图 6.40

(1) 导动线加工做造型时,只作平面轮廓线和截面线,不用做曲面或实体造型,简化了造型,而且比加工三维造型的加工时间要短,精度更高。

(2) 导动线加工与参数线加工和等高线加工相比,生成轨迹的速度最快,生成的代码最短,而且加工效果最好。

(3) 导动线加工能够自动消除加工的刀具干涉现象,无论是自身干涉还是面干涉,都可以自动消除。

任 务 小 结

本任务主要学习数控铣加工的编程及工艺基本知识、7 种粗加工轨迹生成方法。在设计、自动编程过程中,应熟练、正确地选择这些加工方式,才能快速、高效地完成生产任务,满足用户需求。

练习与拓展

1. 填空题

(1) 将设定好的毛坯参数锁住,则用户不能设定毛坯的(　　　)、(　　　)、(　　　)

等,其目的是(　　)。

(2) 轨迹树记录了加工轨迹生成过程的所有参数,包括(　　)、(　　)和(　　)等,如需对加工轨迹进行编辑,只需(　　)即可。

(3) 刀具轨迹是由一系列有序的刀位点和连接这些刀位点的(　　)或(　　)组成的。

(4) 铣削速度是指铣刀(　　)处切削刃的线速度;铣削深度是指(　　)与铣刀轴线方向所测得的切削层尺寸;铣削宽度是指(　　)于铣刀轴线方向所测得的切削层尺寸。

2. 选择题

(1) 铣削的主运动是(　　)。
A. 铣刀的旋转运动　　B. 铣刀的轴向运动　　C. 工件的移动

(2) 在加工曲面较平坦的部位时,如不会发生过切,应优先选用(　　)。
A. 盘形铣刀　　B. 球头铣刀　　C. 平头铣刀

(3) 铣削速度指的是铣刀(　　)处切削刃的线速度。
A. 最大直径　　B. 中心　　C. 切削刃中间

(4) 在立式数控铣床中,在切出或切削结束后,刀具退刀的方向是(　　)进给。
A. 水平 x 方向　　B. 水平 y 方向　　C. 垂直向上

(5) 在进行数控编程时、交互指定待加工图形时,如加工的是由轮廓界定的加工区域,则轮廓是(　　)的。
A. 封闭　　B. 不封闭　　C. 可封闭,也可不封闭

(6) 不需加工的部分是(　　)。
A. 岛　　B. 区域　　C. 轮廓

3. 操作题

(1) 按图 6.41 所示给定的尺寸进行实体造型,花形凸模厚 15mm,底板厚 5mm,用直径为 1.5mm 的端面铣刀做花形凸模的外轮廓和花形凸模的花形槽加工轨迹,最后在指定位置生成 6 个 $\phi5$ 小孔的加工轨迹。

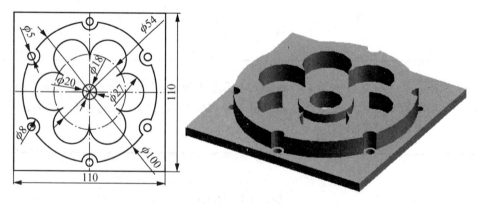

图 6.41

(2) 按图 6.42 给定的尺寸进行实体造型,凸轮厚 15 mm,用直径为 10 mm 的端面铣刀做渐开凸轮外轮廓的加工轨迹。

项目 6　数控铣加工与编程

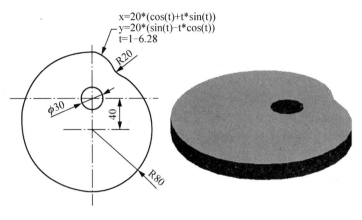

图 6.42

6.2　椭圆深腔内壁精加工

6.2.1　任务导入

生成图 6.43 所示的 100×100×40 长方体上的椭圆内壁精加工轨迹。通过该形体精加工轨迹生成的练习，初步学习数控编程精加工轨迹生成方法，掌握数控编程加工的操作技能。

图 6.43

6.2.2　任务分析

从图 6.43 可以看出，该模型为椭圆深腔内壁形体，先建立实体模型，然后通过"深腔侧壁加工"生成精加工轨迹。

6.2.3　任务知识点

数控铣加工的编程概念及 CAXA 制造工程师软件提供的限制线精加工、三维偏置精加工、深腔侧壁加工、等高线加工、参数线精加工等精加工轨迹生成方法，是自动编程的基础，是正确输出代码的关键。

1．精加工

CAXA 制造工程师 2011 提供了 15 种不同的精加工方式，适合不同特性零件的加工。

183

1) 平面轮廓精加工

生成平面轮廓精加工轨迹。平面轮廓加工是生成沿轮廓线切削的两轴刀具轨迹,主要用于加工外形和铣槽,属于两轴或两轴半加工方式。

 操作实例 6-10

加工高度为 30、轮廓半径为 50 的圆柱形零件。

操作步骤如下。

(1) 在 XOY 作图平面上绘制半径为 50 的整圆。

 特别提示

不要进入"草图状态"。

(2) 选择主菜单中的【加工】→【毛坯】命令→弹出【定义毛坯】对话框,采用"参照模型"方式定义毛坯。

(3) 选择主菜单中的【应用】→【轨迹生成】→【平面轮廓精加工】命令,弹出图 6.44 所示的【平面轮廓精加工】对话框。

(4) 打开【加工参数】选项卡,按照图 6.44 所示设置"加工参数"。

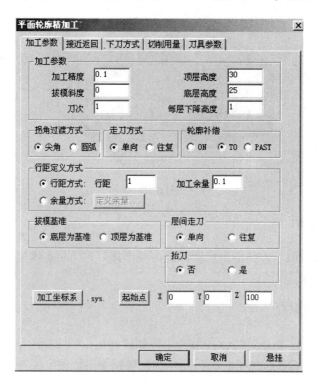

图 6.44

(5) 打开【切削用量】选项卡,设置"切削用量"。

特别提示

起止高度要比安全高度高，安全高度要比工件高。

(6) 打开【接近返回】选项卡，设置"进退刀参数"。

(7) 打开【下刀方式】选项卡，设置"下刀方式"，如图 6.45 所示。

(8) 打开【刀具参数】选项卡，设置"铣刀参数"。

 特别提示

刀具参数设置完不要按回车键，直接单击【预览铣刀参数】按钮即可观看铣刀形状。

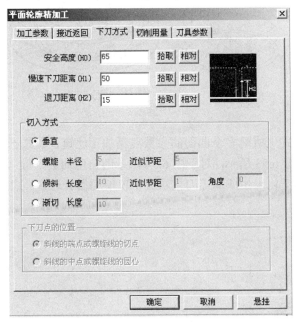

图 6.45

(9) 单击【确定】按钮→拾取整圆→拾取走刀方向箭头(图 6.46)→拾取指向圆外的箭头(确定刀尖方向)，结果如图 6.46 所示。

 特别提示

(1) "轮廓补偿"方式为"ON"，其他参数不变时的刀具轨迹如图 6.47 所示。

(2) "轮廓补偿"方式为"PAST"，其他参数不变时的刀具轨迹如图 6.48 所示。

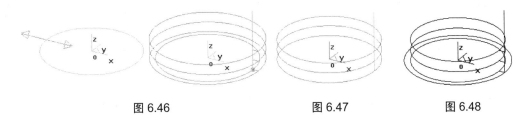

图 6.46　　　　　　图 6.47　　　　　　图 6.48

(3) 如果将【平面轮廓精加工参数表】对话框中的"顶层高度"设为 60、"轮廓补偿"方式设为"TO",其他参数不变时的刀具轨迹如图 6.49 所示。

(4) 如果将【平面轮廓精加工】对话框中的"顶层高度"设为 60、"每层下降高度"设为 20,其他参数不变时的刀具轨迹如图 6.50 所示,可见利用该功能可以完成分层的轮廓加工。

(5) 如果"刀次"设为 2、"行距"设为 30,其他参数不变时的刀具轨迹如图 6.51 所示。

(6) 如果将"拔模斜度"设为 20、"刀次"设为 1、"顶层高度"设为 60、"底层高度"设为 0、"每层下降高度"设为 10、"拔模基准"设为"底层为基准",其他参数不变时的刀具轨迹如图 6.52 所示。

(7) 2/2.5 轴精加工不必有三维模型,只要给出零件的外轮廓和岛屿,就可以生成加工轨迹。支持具有一定拔模斜度的轮廓轨迹生成,可以为每次的轨迹定义不同的余量,生成轨迹速度较快。

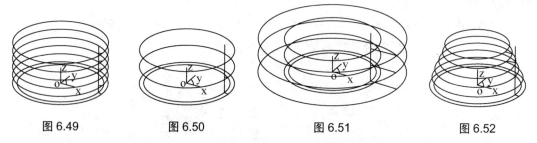

图 6.49　　　　　图 6.50　　　　　图 6.51　　　　　图 6.52

2) 参数线精加工

参数线精加工方式生成沿多个曲面的参数线精加工轨迹,是按曲面的参数线走刀行进的三轴加工方式,如图 6.53 所示。对于图 6.54 所示的自由曲面一般采用参数曲面方式来表达,因此按参数分别变化来生成加工刀位轨迹不仅便利而且适合。

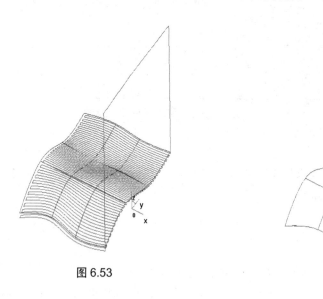

图 6.53　　　　　　　　　　　　　　　图 6.54

 操作实例 6-11

加工尺寸为 50×40×30 长方体,上过渡半径为 20 的过渡曲面。

操作步骤如下。

(1) 按实例要求进行实体造型,如图 6.55 所示。

(2) 选择主菜单中的【加工】→【毛坯】命令→弹出【定义毛坯】对话框,采用"参照模型"方式定义毛坯。

(3) 选择主菜单中的【加工】→【精加工】→【参数线精加工】命令→弹出【参数线精加工】对话框。

(4) 设置"加工参数";设置"切削用量";设置"进退刀参数";设置"下刀方式";设置"铣刀参数"。

(5) 单击【确定】按钮→拾取过渡曲面→右击→拾取长方体上表面的一个角点作为进刀点,结果如图 6.56 所示(箭头指向代表加工中刀具的走刀方向)→右击(走刀方向正确)→右击(加工曲面的方向正确),结果如图 6.57 所示→右击(没有干涉曲面),生成的刀具轨迹如图 6.58 所示。

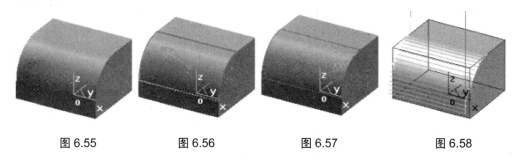

图 6.55　　　　　图 6.56　　　　　图 6.57　　　　　图 6.58

在数控铣削加工中,应引起高度重视的就是进刀点和加工方向的选择问题。进刀点尽量不要选取在曲面的下方,否则刀具是从下向上走刀,导致刀具在工件的下部分曲面进行加工时,切削量太大,使刀具、机床很不安全。进行参数线加工时,对第一系列限制面、第二系列限制面和干涉检查要充分认识,如图 6.59 所示。CAM 系统对限制面与干涉面的处理不一样,碰到干涉面,刀具轨迹让刀;碰到限制面,刀具轨迹的该行就停止。在不同的场合,要灵活应用。同时,对进刀点和加工方向及切削用量的选择也应有足够重视,以保证工件的质量。

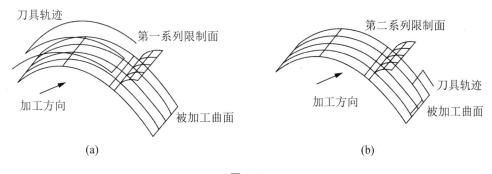

图 6.59

用球头刀加工的方法,适合于精加工,只是行距要取得小些。矢量进刀、矢量退刀的目的是为了刀具和工件的安全,不至于发生刀具与工件的碰撞。

3) 等高线精加工

等高线精加工功能是生成等高线精加工轨迹。等高线精加工可以完成对曲面和实体的加工,轨迹类型为 2.5 轴。其特点是按等高距离下降,一层层地加工,适用于较陡面的加工。

操作实例 6-12

用等高线精加工 $S\phi 80$ 球体上表面。

操作步骤如下。

(1) 按实例要求进行实体造型，如图 6.60 所示。

(2) 选择主菜单中的【加工】→【毛坯】命令→弹出【定义毛坯】对话框，采用"参照模型"方式定义毛坯。

(3) 选择主菜单中的【加工】→【精加工】→【等高线精加工】命令→弹出【等高线精加工】对话框。

(4) 设置"加工参数"；设置"切削用量"；设置"进退刀参数"；设置"下刀方式"；设置"铣刀参数"；设置"加工边界"。

(5) 单击【确定】按钮→拾取加工曲面→拾取加工边界→右击，生成的刀具轨迹如图 6.61 所示。

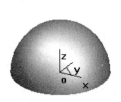
图 6.60

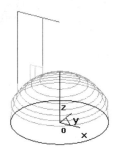
图 6.61

 特别提示

等高线加工方法可以用加工范围和高度限定进行局部等高加工；可以自动在轨迹尖角拐角处增加圆弧过渡，保证轨迹的光滑，使生成的加工轨迹适用于高速加工；还可以通过输入角度控制对平坦区域的识别，并可以控制平坦区域的加工先后次序。基于等高线加工的诸多优点，使用者在使用时，应该优先考虑这种加工方式。

平坦面是个相对概念，因此，应给定一角度值来区分平坦面或陡峭面，即给定平坦面的"最小倾斜角度"。在指定值以下的面被认为是平坦面，不生成等高线路径，而生成扫描线路径。

4) 扫描线精加工

扫描线精加工方式生成扫描线精加工轨迹，能自动识别竖直面并进行补加工的功能，提高了该功能的加工效果和效率；同时，可以在轨迹尖角处增加圆弧过渡，保证生成的轨迹光滑，适用于高速加工机床。

 操作实例 6-13

在尺寸为 80×80×10 长方体上表面有 50×50×6 和 30×30×6 的两个凸台，过渡半径均为 5，如图 6.62 所示，试用扫描线精加工上表面。

图 6.62

操作步骤如下。

(1) 按实例要求进行实体造型，如图 6.62 所示。

(2) 选择主菜单中的【加工】→【毛坯】命令→弹出【定义毛坯】对话框，采用"参照模型"方式定义毛坯。

(3) 选择主菜单中的【加工】→【精加工】→【扫描线精加工】命令→弹出【扫描线精加工】对话框。

(4) 设置"加工参数"，如图 6.63 所示；设置"切削用量"；设置"进退刀参数"；设置"下刀方式"；设置"铣刀参数"；设置"加工边界"。

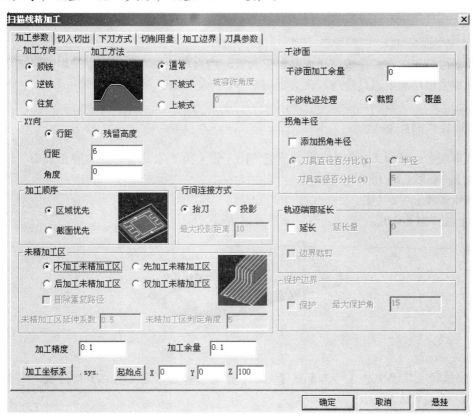

图 6.63

(5) 单击【确定】按钮→拾取加工曲面→右击→拾取加工边界→右击，生成的刀具轨迹如图 6.64 所示。

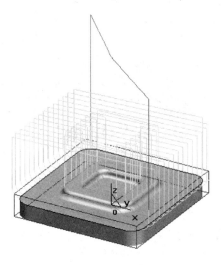

图 6.64

扫描线精加工在加工表面比较平坦的零件能取得较好的加工效果。

5) 浅平面精加工

浅平面精加工方式生成浅平面精加工轨迹,能自动识别零件模型中平坦的区域,针对这些区域生成精加工刀具轨迹,大大提高了零件平坦部分的精加工效率。

 操作实例 6-14

试用浅平面精加工的方法加工尺寸为 110×50×10 的长方体手机模型上表面,过渡半径均为 2,如图 6.65 所示。

操作步骤如下。

(1) 按实例要求进行实体造型,如图 6.65 所示。

图 6.65

(2) 选择主菜单中的【加工】→【毛坯】命令→弹出【定义毛坯】对话框,采用"参照模型"方式定义毛坯。

(3) 选择主菜单中的【加工】→【精加工】→【浅平面精加工】命令→弹出【浅平面精加工】对话框。

(4) 设置"加工参数",如图 6.66 所示;设置"切削用量";设置"下刀方式";设置"铣刀参数";设置"加工边界"。

(5) 单击【确定】按钮→拾取加工曲面→右击→拾取加工边界→右击,生成的刀具轨迹如图 6.67 所示。

6) 限制线精加工

限制线精加工方式生成限制线精加工轨迹,能生成多个曲面的三轴刀具轨迹,刀具轨迹限制在两系列限制线内,适用于多曲面的整体加工和局部加工。若大刀完成加工后,则要用小刀加工局部区域残留量过多的部分,用限制线精加工就很方便。

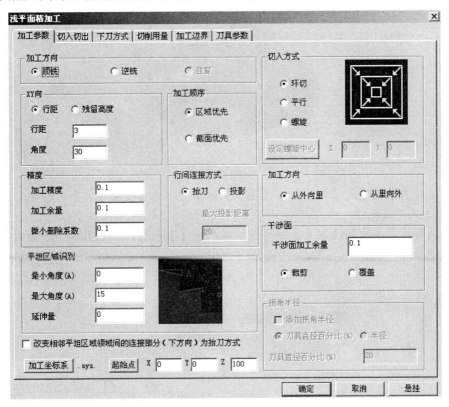

图 6.66

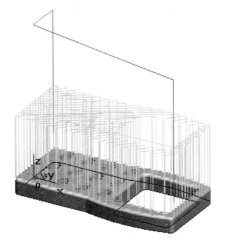

图 6.67

操作实例 6-15

试用限制线精加工的方法加工尺寸为 100×100×30 的长方体上表面凹槽,如图 6.68 所示。操作步骤如下。

(1) 按实例要求进行实体造型,如图 6.68 所示。

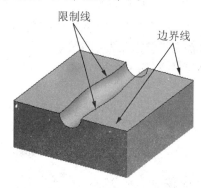

图 6.68

(2) 选择主菜单中的【加工】→【毛坯】命令→弹出【定义毛坯】对话框,采用"参照模型"方式定义毛坯。

(3) 选择主菜单中的【加工】→【精加工】→【限制线精加工】命令→弹出【限制线精加工】对话框。

(4) 设置"加工参数",如图 6.69 所示;设置"切削用量";设置"下刀方式";设置"铣刀参数";设置"加工边界"。

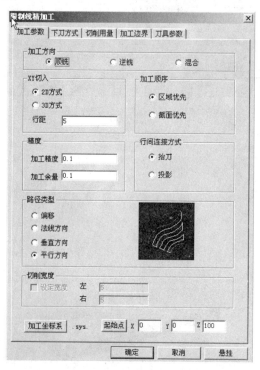

图 6.69

(5) 单击【确定】按钮→拾取加工对象→右击→拾取第一限制线→拾取第二限制线→拾取加工边界→右击，生成的刀具轨迹如图 6.70 所示。

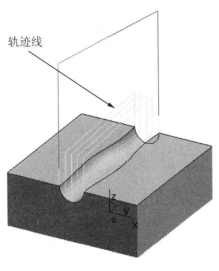

图 6.70

加工参数说明："路径类型"有以下 4 种方式，使用者可根据具体情况选用。这 4 种方式的刀具轨迹如图 6.71(b)、图 6.71(c)、图 6.71(e)、图 6.71(f)所示，造型如图 6.71(a)、图 6.71(d)所示。

(1) "偏移"使用一条限制线，作成平行于限制线的刀具轨迹如图 6.71 (b)所示。

(2) "法线方向"使用一条限制线，作成垂直于限制线方向的刀具轨迹如图 6.71(c)所示。

(3) "垂直方向"使用两条限制线，作成垂直于限制线方向的刀具轨迹，加工区域由两条限制线确定，如图 6.71(e)所示。

(4) "平行方向"使用两条限制线，作成平行于限制线方向的刀具轨迹，加工区域由两条限制线确定如图 6.71(f)所示。

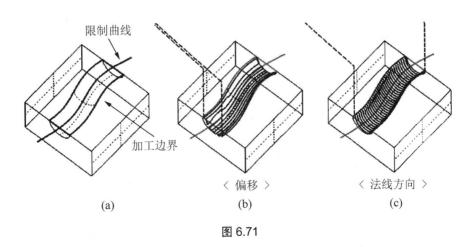

图 6.71

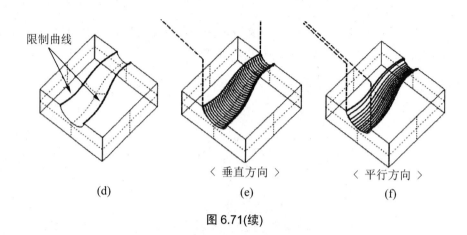

图 6.71(续)

(1) 使用一条限制线时,请设定加工边界。
(2) 使用两条限制线时,限制线不要互相封闭,且方向要保持一致。
(3) 限制曲线不能为封闭曲线。
(4) 当加工边界比较大时,可能不能在全部加工边界内做成刀具轨迹。
(5) 当限制曲线曲率较大时,可能不能生成相应的刀具轨迹,所以限制线曲率最好不要过大。
(6) 可以通过设定两根限制线来控制零件加工的区域(仅加工限制线限定的区域),或提高一根限制线控制刀具走刀轨迹,以提高零件局部加工精度和符合工艺要求。

7) 轮廓线精加工

轮廓线精加工方式生成轮廓线精加工轨迹。要注意的是,这种加工方式在毛坯和零件形状几乎一致时最能体现优势;当毛坯形状和零件形状不一致时,使用这种加工方式将出现很多空行程,反而影响加工效率,因此需要使用别的加工方法。

为了达到更好的加工效果,可以先用等高线或其他加工方法加工出轮廓,然后用该加工方法继续加工,达到高效高速的效果。这也表明,在使用 CAXA 制造工程师 2011 时,很多时候不能仅仅拘泥于一种加工方法,要充分利用该软件提供的强大加工功能来提高加工质量。

 操作实例 6-16

试用轮廓线精加工的方法加工 100×100×50 的长方体,过渡半径为 20。
操作步骤如下。
(1) 按实例要求进行线框造型,如图 6.72 所示。

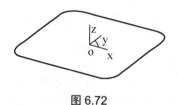

图 6.72

(2) 选择主菜单中的【加工】→【毛坯】命令→弹出【定义毛坯】对话框，采用"二点方式"定义毛坯。

(3) 选择主菜单中的【加工】→【精加工】→【轮廓线精加工】命令→弹出【轮廓线精加工】对话框。

(4) 设置"加工参数"，如图 6.73 所示；设置"切削用量"；设置"下刀方式"；设置"铣刀参数"；设置"加工边界"。

(5) 单击【确定】按钮→拾取加工轮廓边界→右击，生成的刀具轨迹如图 6.74 所示。

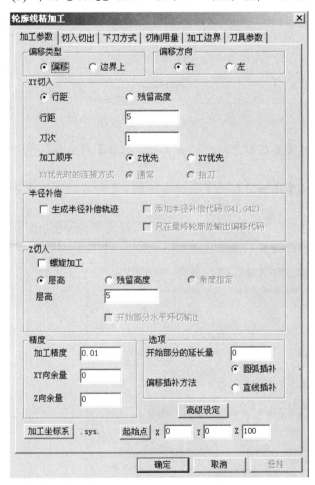

图 6.73

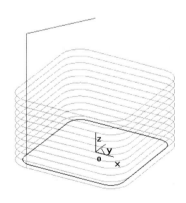

图 6.74

特别提示

主要用于加工内、外轮廓或加工槽类。不需要三维模型，只要根据给出的二维轮廓线即可对单个或多个轮廓进行加工；可进行轨迹偏移，进、退刀方式设定(圆弧、直线等)；自定义进行半径补偿和生成补偿代码等。

8) 导动线精加工

导动线精加工方式生成导动线精加工轨迹，如图 6.75 所示。

操作实例 6-17

试用导动线精加工的方法加工尺寸为 100×100×20 的方盘上表面,如图 6.75 所示。操作步骤如下。

(1) 按实例要求进行线框造型,如图 6.76 所示。

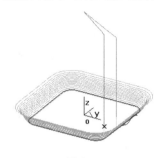
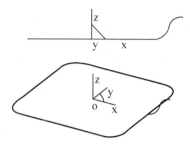

图 6.75　　　　　　　　　　　　　　图 6.76

(2) 选择主菜单中的【加工】→【毛坯】命令→弹出【定义毛坯】对话框,采用 "二点方式" 定义毛坯。

(3) 选择主菜单中的【加工】→【精加工】→【导动线精加工】命令→弹出【导动线精加工】对话框。

(4) 设置 "加工参数",如图 6.77 所示;设置 "切削用量";设置 "切入切出" 参数;设置 "下刀方式";设置 "铣刀参数";设置 "加工边界"。

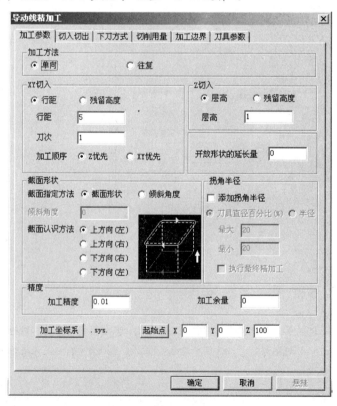

图 6.77

(5) 单击【确定】按钮→拾取轮廓及加工方向→右击→拾取截面线→右击，生成的刀具轨迹如图 6.75 所示。

 特别提示

不用三维造型，通过二维的导动线和截面线就能做出三维加工轨迹。

9) 轮廓导动精加工

生成轮廓导动精加工轨迹，其设置对话框如图 6.78 所示。

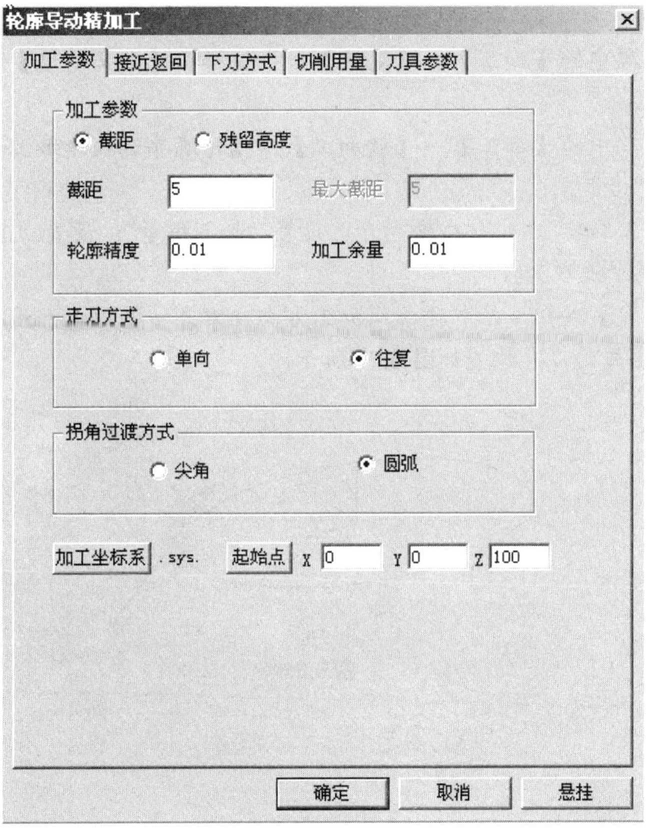

图 6.78

 操作实例 6-18

试用轮廓导动线精加工长轴为 50、短轴为 30 的椭圆盘上表面，如图 6.79 所示。

操作步骤如下。

(1) 按题要求进行线框造型，如图 6.80 所示。

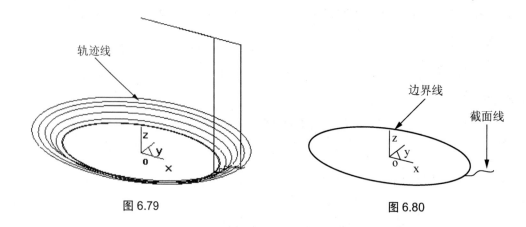

图 6.79　　　　　　　　　　　图 6.80

(2) 选择主菜单中的【加工】→【毛坯】命令→弹出【定义毛坯】对话框，采用"二点方式"定义毛坯。

(3) 选择主菜单中的【加工】→【精加工】→【轮廓导动线精加工】命令→弹出【轮廓导动精加工】对话框。

(4) 设置"加工参数"，如图 6.78 所示；设置"切削用量"；设置"进退刀参数"；设置"下刀方式"；设置"铣刀参数"。

(5) 单击【确定】按钮→拾取轮廓及加工方向→右击→拾取截面线→拾取加工侧边，如图 6.81 所示，生成的刀具轨迹如图 6.79 所示。

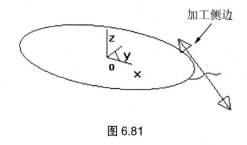

图 6.81

利用二维轮廓线和截面线即可生成轨迹，生成轨迹方式简单快捷，加工代码较短，加工时间短、精度高，支持残留高度模式。可用于加工规则的圆弧、倒角或凹球类零件，生成速度快，代码短，加工时间短，精度较高。

10) 三维偏置精加工

三维偏置精加工方式生成三维偏置精加工轨迹，能够由里向外或由外向里生成三维等间距加工轨迹，可以保证加工结果有相同的残留高度，提高加工质量和效果；同时，也使刀具在切削过程中保持载荷恒定，特别适用于高速机床精加工。其设置对话框如图 6.82 所示。

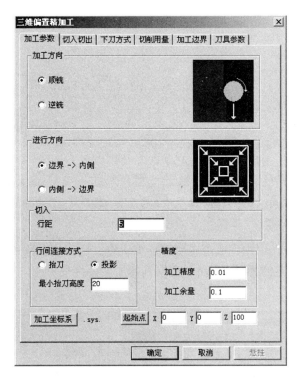

图 6.82

 操作实例 6-19

试用三维偏置精加工图 6.83 所示的曲面。

操作步骤如下。

(1) 按题要求进行曲面造型,如图 6.83 所示。

(2) 选择主菜单中【加工】→【毛坯】命令→弹出【定义毛坯】对话框,采用"二点方式"定义的毛坯。

(3) 选择主菜单中【加工】→【精加工】→【三维偏置加工】命令→弹出【三维偏置精加工】对话框。

(4) 设置"加工参数",如图 6.82 所示;设置"切削用量";设置"下刀方式";设置"铣刀参数"。

(5) 单击【确定】按钮→拾取加工对象→右击→拾取轮廓边界→右击,生成的刀具轨迹如图 6.84 所示。

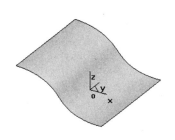

图 6.83

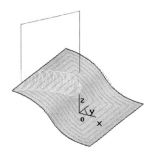

图 6.84

特别提示

在下列条件下进行模型加工时,会发生轨迹计算中途退出或生成混乱的轨迹的情况。
(1) 模型全部或一部分在加工范围之内。
(2) 模型有垂直的立壁。
(3) 模型内有贯穿模型的孔(形状不限于圆形)。
(4) 模型内有与刀具直径相近宽度的沟形状。
(5) 三维偏置加工适合于比较平缓的曲面加工,在编辑刀路的时候可以加入参考线使刀路更趋近曲面形状,这样跑出来的工件表面质量要更高。三维偏置的刀路一般都是从外向内偏置的。

11) 深腔侧壁精加工

深腔侧壁精加工方式用来生成深腔侧壁加工轨迹。这种加工方式在模具中有一定的用武之地,它需要使用特定的刀具,因而需根据具体加工条件来考虑。其设置对话框如图 6.85 所示。

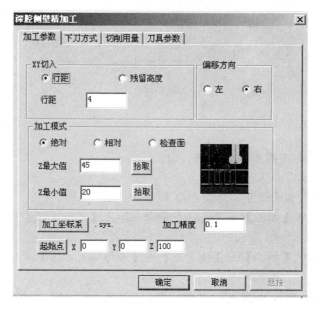

图 6.85

6.2.4 加工步骤

用深腔侧壁加工方法来加工尺寸为 100×100×40 的长方体上的椭圆内壁,生成图 6.86 所示的轨迹。

操作步骤如下。
(1) 按实例要求进行实体造型,椭圆凹坑:长轴 40、短轴 25、深为 20,如图 6.87 所示。
(2) 选择主菜单中的【加工】→【毛坯】命令→弹出【定义毛坯】对话框,采用"参考模型"方式定义毛坯。
(3) 选择主菜单中的【加工】→【精加工】→【深腔侧壁加工】命令→弹出【深腔侧壁精加工】对话框。

(4) 设置"加工参数",如图 6.85 所示;设置"切削用量";设置"下刀方式";设置"铣刀参数"。

(5) 单击【确定】按钮→拾取加工对象→右击→拾取轮廓边界(内椭圆线) →右击,生成的刀具轨迹如图 6.87 所示。

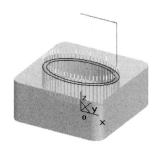

图 6.86

图 6.87

(1) 一般选择一种特定的刀具作为深腔侧壁精加工的刀具,其刀杆的直径要小于刀刃的直径。可以用端刀来生成加工轨迹,具体加工时再改用这种特殊的刀具,并且其刀刃参数和端刀的刀刃参数相同,而且刀具的刚性一定要好,特别是在型腔具有一定深度的时候。

(2) 不需要三维模型,只要给出二维轮廓线即可加工,可灵活设定加工深度,主要用于深腔模型侧壁的精加工。

任 务 小 结

本任务主要学习数控铣加工的编程及工艺基本知识、11 种精加工轨迹生成方法。在设计、自动编程过程中,应熟练、正确地选择这些加工方式,才能快速生成加工程序。

练习与拓展

1. 填空题

(1) 一个完整的程序由(　　　)、(　　　)和(　　　)3 部分组成。

(2) 铣削速度是指铣刀(　　　)处切削刃的线速度;铣削深度是指(　　　)与铣刀轴线方向所测得的切削层尺寸;铣削宽度是指(　　　)于铣刀轴线方向所测得的切削层尺寸。

(3) 刀具轨迹是由一系列有序的刀位点和连接这些刀位点的(　　　)或(　　　)组成的。

(4) CAXA 制造工程师软件可实现的铣加工包括:两轴加工、(　　　)加工和(　　　)加工。

(5) 轨迹生成中主要包括平面轮廓加工、(　　)加工、(　　)加工、(　　)加工、(　　)加工、(　　)加工等。

2. 简答题

(1) 确定加工路线有哪些原则？
(2) 简要说明刀具有哪些进刀方式。
(3) 何为二轴半加工？何为三轴加工？各适用于哪些场合？
(4) 平面区域加工可以处理中间没有岛的情况吗？

3. 操作题

(1) 按图 6.88 所示给定的尺寸，用实体造型方法生成三维图，并生成等高线粗加工轨迹及弧形曲面的参数线精加工轨迹。

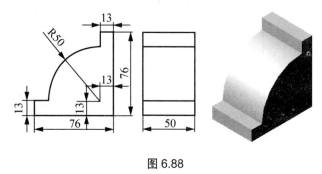

图 6.88

(2) 按图 6.89 所示给定的尺寸进行实体造型，齿轮厚 15mm，用直径为 3mm 的端面铣刀做齿轮外轮廓的加工轨迹。模数 2，齿数 12，齿形角 20°。

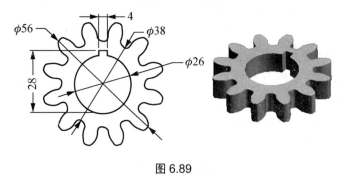

图 6.89

6.3 凸轮外轮廓的精加工

6.3.1 任务导入

按图 6.90 给定的尺寸进行实体造型，凸轮厚 15mm，用直径为 10mm 的端面铣刀做渐开凸轮外轮廓的加工轨迹。通过该形体精加工轨迹生成的练习，初步学习数控编程精加工轨迹生成方法，掌握数控编程加工的操作技能。

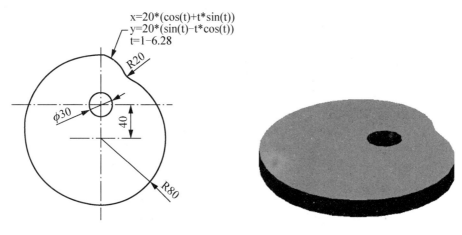

图 6.90

6.3.2 任务分析

从图 6.90 可以看出，该模型为凸轮形体，先建立实体模型，然后通过"轮廓线精加工"生成精加工轨迹。

6.3.3 任务知识点

CAXA 制造工程师软件提供补加工、孔加工、槽铣加工等加工轨迹生成方法，同时还提供了加工轨迹编辑、轨迹仿真、后置处理等功能，是自动编程的基础。

1．补加工

CAXA 制造工程师软件提供了两种补加工方式，适合不同特性的零件加工。该加工方式在常规加工中主要用于精加工后的清根加工，在高速加工中主要用于半精加工。但要注意的是，这种加工方式容易出现刀痕，如果零件对表面质量要求较高，则需要将其应用于半精加工中，最后再用精加工来完成加工。

1）等高线补加工

等高线补加工方式生成等高线补加工轨迹，自动识别零件粗加工后的残余部分，生成针对残余部分的中间加工轨迹；可以避免已加工部分的空走刀，有效提高加工效率；是一种最常用的补加工方式，适合高速加工。其设置对话框如图 6.91 所示。

 操作实例 6-21

试用等高线补加工方式加工图 6.92 所示的上表面。

操作步骤如下。

(1) 按实例要求进行实体造型，采用曲面分模的方法，如图 6.92 所示。

(2) 选择主菜单中的【加工】→【毛坯】命令→弹出【定义毛坯】对话框，采用"参考模型"方式定义毛坯。

(3) 选择主菜单中的【加工】→【补加工】→【等高线补加工】命令→弹出【等高线补加工】对话框。

图 6.91

(4) 设置"加工参数",如图 6.91 所示;设置"切削用量";设置"切入切出"参数;设置"下刀方式";设置"铣刀参数"。

(5) 单击【确定】按钮→拾取加工对象→右击→拾取轮廓边界→右击,生成的刀具轨迹如图 6.93 所示。

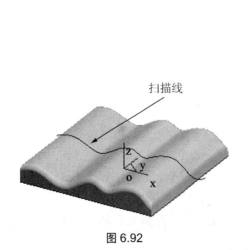

图 6.92

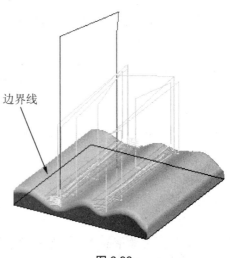

图 6.93

特别提示

等高线补加工是等高线粗加工的补充,当大刀具做完等高线粗加工之后,一般用小刀具做等高线补加工,去除残余的余量。

前刀具半径必须大于当前刀具半径,这样对当前加工策略而言才有未加工区域,从而生成轨迹;否则不能生成轨迹。

2) 笔式清根加工

笔式清根加工方式生成笔式清根加工轨迹,生成角落部分的补加工刀具轨迹。这种方式主要运用于半精加工的清根操作,通过找到前道工序大尺寸刀具加工后残留部分的所有拐角和凹槽,自动驱动刀具与两被加工曲面双切,并沿其交线方向运动来加工这些拐角。保持相对恒定的切屑去除率,减少精加工拐角时的刀具偏斜和噪声。其设置对话框如图 6.94 所示。

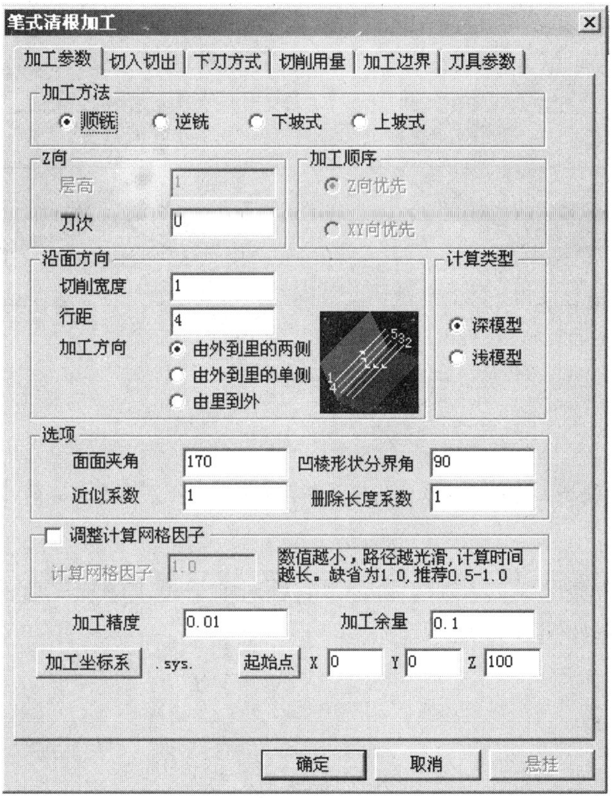

图 6.94

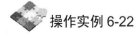 **操作实例 6-22**

试用笔式清根加工方式加工如图 6.95 所示的上表面。
操作步骤如下。

(1) 按实例要求进行实体造型，采用拉伸到面的方法，如图 6.95 所示。

(2) 选择主菜单中的【加工】→【毛坯】命令→弹出【定义毛坯】对话框，采用"参考模型"方式定义毛坯。

(3) 选择主菜单中的【加工】→【补加工】→【笔式清根加工】命令→弹出【笔式清根加工】对话框。

(4) 设置"加工参数"，如图 6.94 所示；设置"切削用量"；设置"切入切出"参数；设置"下刀方式"；设置"铣刀参数"。

(5) 单击【确定】按钮→拾取加工对象→右击→拾取轮廓边界→右击，生成的刀具轨迹如图 6.96 所示。

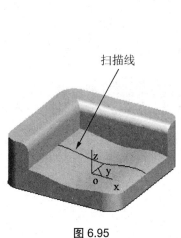

图 6.95

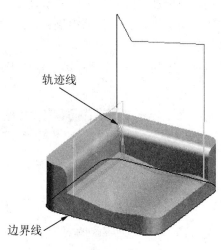

图 6.96

特别提示

笔式清根加工是在精加工结束后在零件的根角部再清一刀，生成角落部分的补加工刀路轨迹。

3) 区域式补加工

区域式补加工生成区域式补加工轨迹，它针对前一道工序加工后的残余量区域进行补加工。其设置对话框如图 6.97 所示。

操作实例 6-23

试用区域式补加工方式加工图 6.98 所示的上表面。

操作步骤如下。

(1) 按实例要求进行实体造型，采用双向拉伸除料的方法，如图 6.98 所示。

(2) 选择主菜单中的【加工】→【毛坯】命令→弹出【定义毛坯】对话框，采用"参考模型"方式定义毛坯。

(3) 选择主菜单中的【加工】→【补加工】→【区域式补加工】命令→弹出【区域式补加工】对话框。

项目 6 数控铣加工与编程

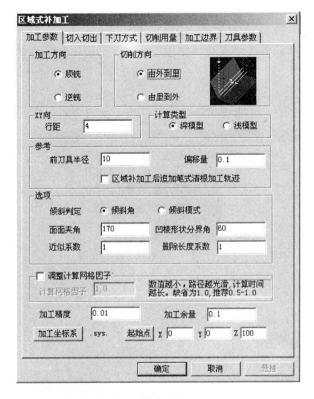

图 6.97

(4) 设置"加工参数",如图 6.97 所示;设置"切削用量";设置"切入切出"参数;设置"下刀方式";设置"铣刀参数"。

(5) 单击【确定】按钮→拾取加工对象→右击→拾取轮廓边界→右击,生成的刀具轨迹如图 6.99 所示。

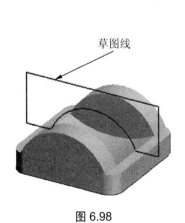

图 6.98

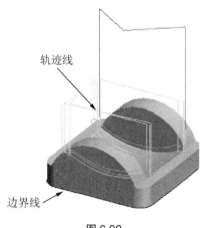

图 6.99

特别提示

前刀具半径一定要求大于当前刀具半径,这样对当前加工策略而言才有未加工区域,从而生成轨迹;否则,不能生成轨迹。

2．槽加工

CAXA 制造工程师软件提供了两种槽加工方式，适合不同特性的零件加工，可根据具体情况选用。

1) 曲线式槽铣加工

曲线式槽铣加工就是生成曲线式槽铣加工轨迹。其设置对话框如图 6.100 所示。

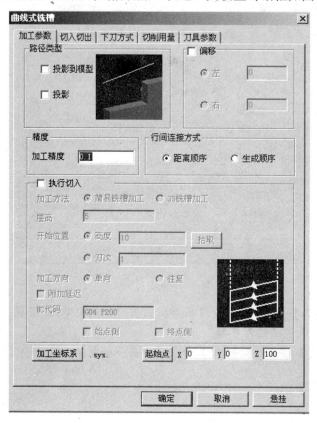

图 6.100

 操作实例 6-24

试用曲线式槽铣加工方式加工图 6.101 所示的 3 个凹槽。

操作步骤如下。

(1) 按实例要求进行实体造型，采用双向拉伸除料的方法，如图 6.101 所示。

(2) 选择主菜单中的【加工】→【毛坯】命令→弹出【定义毛坯】对话框，采用"参考模型"方式定义毛坯。

(3) 选择主菜单中的【加工】→【槽加工】→【曲线式槽铣加工】命令→弹出【曲线式槽铣】对话框。

(4) 设置"加工参数"，如图 6.100 所示；设置"切削用量"；设置"切入切出"参数；设置"下刀方式"；设置"铣刀参数"。

(5) 单击【确定】按钮→拾取曲线路径→右击→拾取加工对象→右击，生成的刀具轨迹如图 6.102 所示。

项目 6　数控铣加工与编程

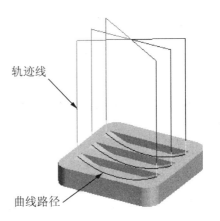

图 6.101　　　　　　　　　　图 6.102

如果设定"执行切入",那么"开始位置"中"高度"或"刀次"与"层高"的乘积必须大于所选曲线的最高点,否则不能生成刀具轨迹。

2) 扫描式槽铣加工

扫描式槽铣加工方式生成扫描式槽铣加工轨迹,与扫描线加工类似。其设置对话框如图 6.103 所示。

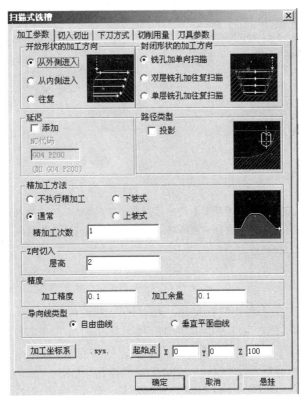

图 6.103

209

操作实例 6-25

试用曲线式槽铣加工方式加工图 6.104 所示的 3 个凹槽。

操作步骤如下。

(1) 按实例要求进行实体造型，采用双向拉伸除料的方法，如图 6.104 所示。

(2) 选择主菜单中的【加工】→【毛坯】命令→弹出【定义毛坯】对话框，采用"参考模型"方式定义毛坯。

(3) 选择主菜单中的【加工】→【槽加工】→【扫描式槽铣加工】命令→弹出"扫描式槽铣"对话框。

(4) 设置"加工参数"，如图 6.103 所示；设置"切削用量"；设置"切入切出"参数；设置"下刀方式"；设置"铣刀参数"。

(5) 单击【确定】按钮→拾取导向线→右击→拾取检查线→右击，生成的刀具轨迹如图 6.105 所示。

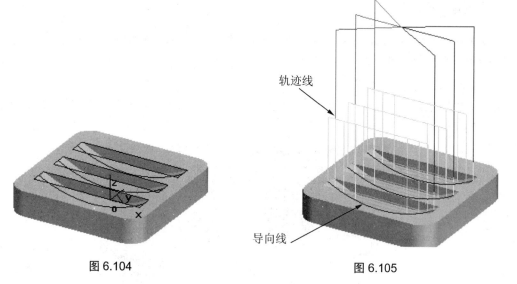

图 6.104　　　　　　　　　　　　　图 6.105

 特别提示

在"下刀方式"中没有【慢速下刀距离】这一项。在"下刀方式"的"切入方式"中，只有【垂直】选项有效，因此在"切入方式"中没有任何选择项，并且默认使用【垂直】选项。

3．孔加工

1) 工艺孔孔加工

工艺孔设置功能生成工艺孔设置文件，其对话框如图 6.106 所示。

(1) "加工方法"：工艺孔设置提供了 12 种工艺孔加工方法，分别是①"高速啄式孔钻" G73；②"左攻丝" G74；③"精镗孔" G76；④"钻孔" G81；⑤"钻孔+反镗孔" G82；⑥"啄式钻孔" G83；⑦"攻丝" G84；⑧"镗孔" G85；⑨"镗孔(主轴停)" G86；⑩"反镗孔" G87；⑪"镗孔(暂停+手动)" G88；⑫"镗孔(暂停)" G89。

(2) 【添加】按钮：将选中的孔加工方式添加到工艺孔加工设置文件中。

(3)【删除】按钮:将选中的孔加工方式从工艺孔加工设置文件中删除。
(4)【增加孔类型】按钮:设置新工艺孔加工设置文件文件名。
(5)【删除当前孔】按钮:删除当前工艺孔加工设置文件。
(6)【关闭】按钮:保存当前工艺孔加工设置文件,并退出。
工艺孔加工功能生成工艺孔加工轨迹。其生成步骤共有以下4步。
(1)"定位方式",其设置对话框如图6.107所示。

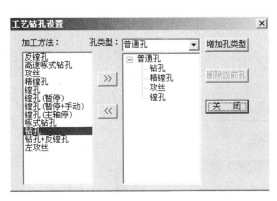
图 6.106

图 6.107

"孔定位方式"提供以下3种选项。
① 【输入点】按钮:客户可以根据需要,输入点的坐标,确定孔的位置。
② 【拾取点】按钮:客户通过拾取屏幕上的存在点,确定孔的位置。
③ 【拾取圆】按钮:客户通过拾取屏幕上的圆,确定孔的位置。
(2)"路径优化",其设置对话框如图6.108所示。
(3)"选择孔类型",其设置对话框如图6.109所示。

其中,"工艺文件位置"表示选择已经设计好的工艺加工文件。工艺加工文件在工艺孔设置功能中设置,具体方法参照工艺孔设置。
(4)"设定参数",其设置对话框如图6.110所示。

其中,"工艺流程仿真"表示展开工艺文件选择对话框内选择的工艺加工文件,用户可以设置每个钻孔子项的参数。钻孔子项参数的设置请参考孔加工。

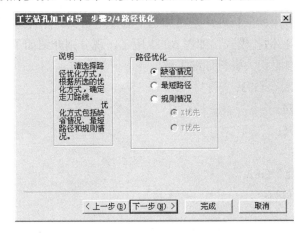
图 6.108

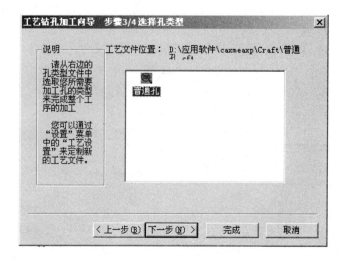

图 6.109

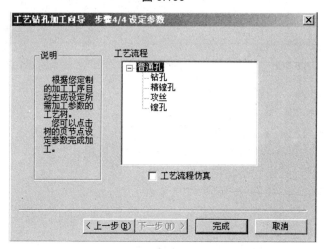

图 6.110

2) 孔加工

孔加工用来生成钻孔加工轨迹,是在加工中心使用钻头对零件进行加工的方式。

孔加工提供了 12 种钻孔模式,如图 6.111 所示,现分别介绍如下。以下方式附加了程序代码,使用者可以参照相关资料详细了解。

① "高速啄式孔钻" G73;

② "左攻丝" G74;

③ "精镗孔" G76;

④ "钻孔" G81;

⑤ "钻孔+反镗孔" G82;

⑥ "啄式钻孔" G83;

⑦ "攻丝" G84;

⑧ "镗孔" G85;

⑨ "镗孔(主轴停)" G86；
⑩ "反镗孔" G87；
⑪ "镗孔(暂停+手动)" G88；
⑫ "镗孔(暂停)" G89。

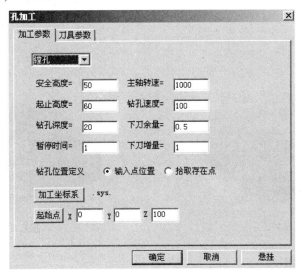

图 6.111

特别提示

(1) 本系统中输出的钻孔指令格式，适用于 FANUC 控制系统和与 FANUC 控制系统相近的系统。

(2) 各种钻孔方式的实现取决于机床的功能，而不取决于软件。软件只是让机床实现已有功能，所以，软件中列出的各种钻孔方式，在用户的机床上不一定能实现。机床有哪些钻孔方式，请详细查阅机床的使用说明书。

(3) 各种钻孔方式的具体指令格式和每一项参数的意义，请详细参阅机床说明书，这里不再详述。

操作实例 6-26

试在尺寸为 100×100×40 的长方体上加工 ϕ10 的 4 个圆孔和一个 ϕ14 的工艺孔，如图 6.112 所示。

操作步骤如下。

(1) 按实例要求进行实体造型，如图 6.112 所示。

(2) 选择主菜单中的【加工】→【毛坯】命令→弹出【定义毛坯】对话框，采用"参考模型"方式定义毛坯。

(3) 选择主菜单中的【加工】→【其他加工】→【孔加工】命令→弹出【孔加工】对话框。

(4) 设置"加工参数"，如图 6.111 所示，然后设置"刀具参数"。

(5) 单击【确定】按钮→拾取点→右击，生成的刀具轨迹如图 6.113 所示。

(6) 选择主菜单中的【加工】→【其他加工】→【工艺孔加工】命令→弹出【工艺钻

孔加工向导】对话框。

(7) 设置"孔定位方式"为"路径优化";选择"孔类型";设置"设定参数"。

(8) 单击【确定】按钮→拾取点(ϕ14 孔中心)→右击,生成的刀具轨迹如图 6.113 所示。

图 6.112

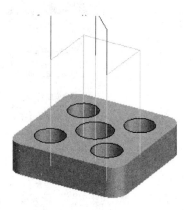

图 6.113

6.3.4 轨迹编辑

轨迹编辑是对已经生成的刀具轨迹和刀具轨迹中的刀位行或刀位点进行增加、删减等操作,其中有轨迹裁剪、轨迹反向、插入刀位点、删除刀位点、两刀位点间抬刀、清除抬刀、轨迹打断和轨迹连接共 8 项功能。

1. 刀位裁剪

刀位裁剪是用曲线对 3 轴刀具轨迹在 XOY 作图平面内裁剪。

1) "ON"方式

图 6.114 所示的曲面区域加工刀具轨迹和剪刀线,用"ON"方式裁剪的步骤如下。

(1) 选择主菜单中的【应用】→【轨迹编辑】→【刀位裁剪】→【ON】命令。

(2) 拾取刀具轨迹→拾取剪刀线→拾取剪刀线搜索箭头→右击→拾取指向需要保留刀具轨迹的方向箭头,结果如图 6.115 所示。

2) "TO"方式

采用图 6.114 所示的刀具轨迹和剪刀线,用"TO"方式裁剪的操作步骤如下。

(1) 选择主菜单中的【应用】→【轨迹编辑】→【刀位裁剪】→【TO】命令。

(2) 拾取刀具轨迹→拾取剪刀线→拾取剪刀线搜索箭头→右击→拾取指向需要保留刀具轨迹的方向箭头,结果如图 6.116 所示。

3) "PAST"方式

仍采用图 6.114 所示的刀具轨迹和剪刀线,用"PAST"方式裁剪的操作步骤如下。

(1) 选择主菜单中的【应用】→【轨迹编辑】→【刀位裁剪】→【PAST】命令。

(2) 拾取刀具轨迹→拾取剪刀线→拾取剪刀线搜索箭头→右击→拾取指向需要保留刀具轨迹的方向箭头,结果如图 6.117 所示。

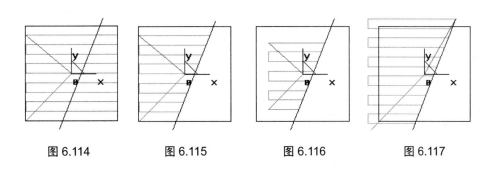

| 图 6.114 | 图 6.115 | 图 6.116 | 图 6.117 |

2．刀位反向

刀位反向是对已生成的刀具轨迹(2 轴或 3 轴)中的刀具的走向进行反向,以实现加工中顺、逆铣的互换。

刀位反向后可能导致进刀点的变化,需要注意。

1) 一行反向

由于刀位"一行反向"只是刀具相对于工件旋转方向变了,因此操作结束后从软件中看不到任何变化。为清楚起见,图 6.118 中用箭头给出了"反向前"和图 6.119 中用箭头给出了"反向后"刀具轨迹的变化情况。

2) 整体反向

采用图 6.118 所示的刀具轨迹,刀位"整体反向"的操作步骤如下。

(1) 选择主菜单中的【应用】→【轨迹编辑】→【刀位反向】→【整体反向】命令。

(2) 拾取刀具轨迹,结果如图 6.119 所示。

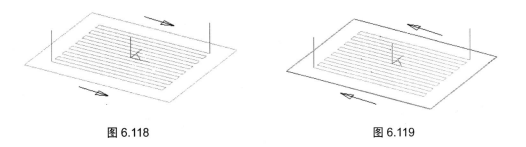

| 图 6.118 | 图 6.119 |

3．插入刀位

插入刀位是在 3 轴刀具轨迹中某刀位点处插入刀位点。图 6.120 所示为平面区域刀具轨迹和要插入的刀位点,插入"前刀位"的操作步骤如下。

(1) 选择主菜单中的【应用】→【轨迹编辑】→【插入刀位】→【前】命令。

(2) 拾取"已知刀位点"→拾取"插入刀位点",结果如图 6.120 所示。

插入"后刀位"的步骤与插入"前刀位"相同。

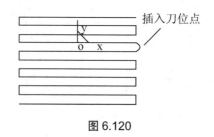

图 6.120

4．删除刀位

删除刀位与插入刀位的操作步骤相同。要注意的是不能删除只有两个刀位点的刀位行，且要保证删除刀位点或行之后不要产生过切现象，图 6.121 所示为平面区域刀具轨迹，删除刀位后的结果如图 6.122 所示。

图 6.121   图 6.122

5．两点间抬刀

两点间抬刀是使 3 轴刀具轨迹在指定点处产生抬刀轨迹。图 6.123 所示为曲面区域加工轨迹，产生"两点间抬刀"的操作步骤如下。

(1) 选择主菜单中的【应用】→【轨迹编辑】→【两点间抬刀】命令。

(2) 拾取 3 轴刀具轨迹→拾取"抬刀点"，结果如图 6.124 所示。

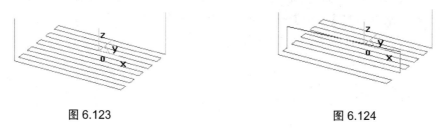

图 6.123   图 6.124

抬刀高度由"切削用量"中的"起止高度"决定。

6．清除抬刀

清除抬刀是清除 3 轴刀具轨迹中的抬刀点，即清除抬刀部分的轨迹，分为全部删除和指定删除两种。如果仍采用上面操作实例中的刀具轨迹(图 6.124)，用"全部删除"方式清除抬刀轨迹的操作步骤如下。

(1) 选择主菜单中的【应用】→【轨迹编辑】→【清除抬刀】→【全部删除】命令。

(2) 拾取两个"抬刀点"中的任一个，结果如图 6.125 所示。

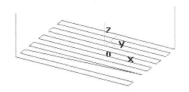

图 6.125

7. 轨迹打断

轨迹打断是打断 2 轴或 3 轴刀具轨迹，使其成为两个独立的刀具轨迹。图 6.125 所示是一个平面区域加工刀具轨迹。

轨迹打断的操作步骤如下。

(1) 选择主菜单中的【应用】→【轨迹编辑】→【轨迹打断】命令。

(2) 拾取刀具轨迹→在刀具轨迹需要打断处单击，结果如图 6.126 所示。

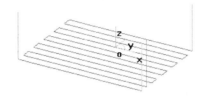

图 6.126

8. 轨迹连接

轨迹连接是将多段独立的 2 轴或 3 轴刀具轨迹连接成一个刀具轨迹。

操作步骤如下。

(1) 选择主菜单中的【应用】→【轨迹编辑】→【轨迹连接】→【抬刀连接】或【直接连接】命令。

(2) 拾取图 6.126 中所示的刀具轨迹→右击结束，多段独立刀具轨迹变成一个刀具轨迹，结果如图 6.127 所示。

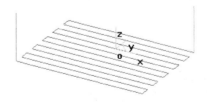

图 6.127

轨迹连接的各段刀具轨迹必须使用相同的刀具。

9. 参数修改

参数修改是对已生成的刀具轨迹的参数进行修改，并删除旧参数的刀具轨迹，重新生成新参数的刀具轨迹。

6.3.5 轨迹仿真

轨迹仿真是对 2 轴或 3 轴刀具轨迹进行真实感的仿真加工，实现对毛坯切削的动态图像显示过程。

1．轨迹仿真

数控机床通过零件程序对其加工过程进行控制。零件程序的正确与否直接决定加工质量和效率，而且不正确的加工程序还会导致生产事故。因此，在零件程序生成后，需要对其正确性进行检验，并针对其存在的问题进行修改，直到形成合格的零件程序。

CAXA 制造工程师软件模拟刀具沿轨迹走刀，对毛坯切削的动态图像显示过程可以通过轨迹仿真功能实现。通过该功能可直观、精确地对加工过程进行模拟仿真，对代码进行反读校验。仿真过程中可以随意放大、缩小和旋转，便于观察细节；可以调节仿真速度；能显示多道加工轨迹的加工结果。仿真过程中可以检查刀柄干涉、快速移动过程(G00)中的干涉、刀具无切削刃部分的干涉情况；可以将切削残余量用不同颜色区分表示，并把切削仿真结果与零件理论形状进行比较等。

通过下拉菜单：选择【加工】→【轨迹仿真】命令，然后在工作区中或加工管理窗口区中拾取需要进行仿真操作的若干轨迹，单击【确认】按钮即可调入轨迹仿真。轨迹仿真主窗口如图 6.128 所示。

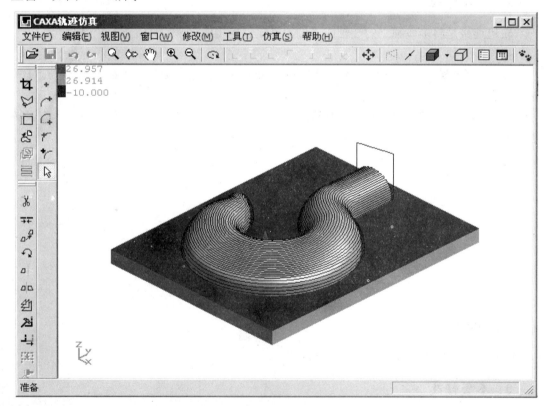

图 6.128

2．轨迹仿真过程

轨迹仿真过程是 CAXA 制造工程师 2011 轨迹仿真模块最主要的功能，在绝大多数应用中只使用此项功能。可以通过【工具】、【仿真】菜单来选择仿真刀具、毛坯和刀具的显示方式，如图 6.129 所示。

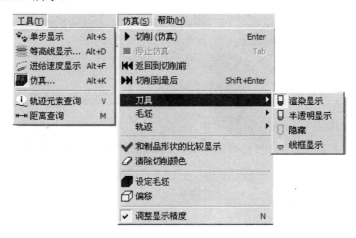

图 6.129

1) 仿真

单击【仿真】图标 ，实现从零件毛坯开始，对加工过程中选定的刀具运动轨迹和切削状态进行仿真，直观地观察是否有过切，判断所选用的刀具和走刀方式是否合理。其界面如图 6.130 所示。

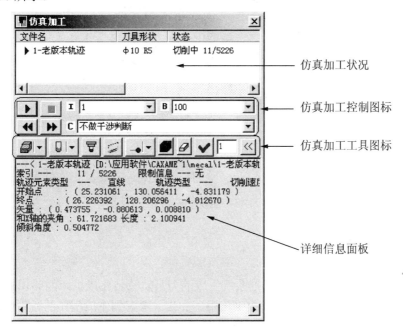

图 6.130

选择【仿真】功能后级联菜单中的所有功能亮显，如图 6.129 所示。该菜单大部分功能也可通过单击在仿真加工界面上相应的图标来实现，仅有【偏移】和【调整显示精度】两项是此菜单特有的。

2) 单步显示

单击【单步显示】图标，在主界面上直接显示零件制品形状，可根据用户要求对刀具轨迹分步显示。用户可以通过此项功能观察走刀路径。其界面如图 6.131 所示。

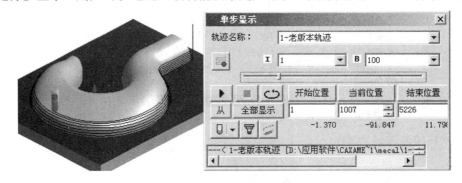

图 6.131

3) 等高线显示

单击【等高线显示】图标，显示各个截面，显示存在于指定截面上的刀具轨迹。其对话框如图 6.132 所示。

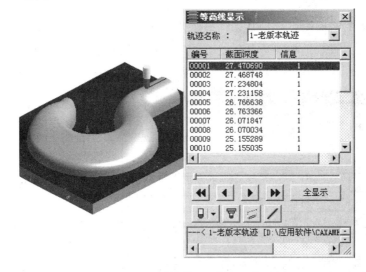

图 6.132

6.3.6 后置处理

后置处理就是结合特定的机床把系统生成的刀具轨迹转化成机床能够识别的 G 代码指令，生成的 G 指令可以直接输入数控机床用于加工。考虑到生成程序的通用性，CAXA 制造工程师软件针对不同的机床，可以设置不同的机床参数和特定的数控代码程序格式，同时还可以对生成的机床代码的正确性进行校验。最后，生成工艺清单。后置处理分成 4 部分，分别是机床信息、后置设置、生成 G 代码和校核 G 代码。

1. 机床信息

"机床信息"选项卡共分为 4 个部分,分别是机床选定、机床参数设置、程序格式设置和机床速度设置。

机床信息提供了不同机床的参数设置和速度设置,针对不同的机床、不同的数控系统,设置特定的数控代码、数控程序格式及参数,并生成配置文件。生成数控程序时,系统根据该配置文件的定义生成用户所需要的特定代码格式的加工指令。通过设置系统配置参数,后置处理所生成的数控程序可以直接输入数控机床或加工中心进行加工,而无须进行修改,如图 6.133 所示。

1) 机床选定

选择合适的机床,并且对当前机床进行操作。

2) 机床参数设置

设置相应机床的各种指令地址及数控程序代码的规格设置,还包括设置要生成的 G 代码程序格式。

(1) "行号地址"<N××××>:一个完整的数控程序由许多程序段组成,每一个程序段前有一个程序段号,即行号地址。系统可以根据行号识别程序段。

(2) "行结束符"<>:在数控程序中,一行数控代码就是一个程序段。数控程序一般是以特定的符号而不是以回车键作为程序段结束标志的,它是一段程序段不可缺少的组成部分。

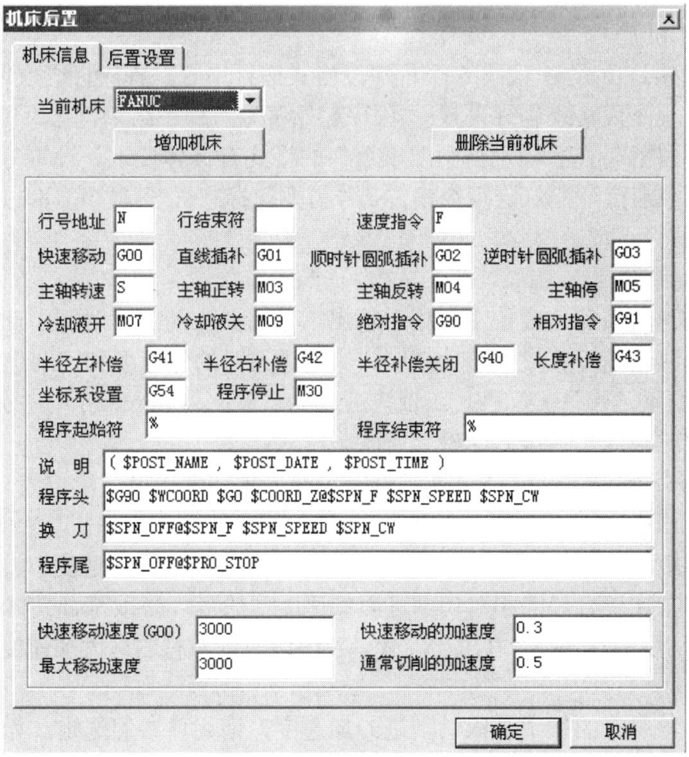

图 6.133

FANUC 系统以分号符";"作为程序段结束符。系统不同,程序段结束符一般不同,一个完整的程序段应包括行号、数控代码和程序段结束符。

例如，在FANUC系统中：N10 G90 G54 G00 Z50.000。

(3) "速度指令"<F×××>：F指令表示速度进给。例如，F200表示进给速度为200 mm/min。在数控程序中，数值一般都直接放在控制代码后，数控系统根据控制代码就能识别其后的数值意义。控制代码之间可以有空格符把代码隔开，也可以没有。

(4) "快速移动"<G00>：在数控控制中，G00是快速移动指令，快速移动的速度由系统控制参数控制。

(5) 插补方式控制：一般来说，插补就是把空间曲线分解为XYZ各个方向的很小的曲线段，然后以微元化的直线段去逼近空间曲线。数控系统都是提供直线插补G01和圆弧插补。其中圆弧插补又可分为顺圆插补G02和逆圆插补G03。

(6) 主轴控制指令：主轴控制包括主轴的起停M05、主轴转向M03、M04和主轴转速S。

(7) 冷却液开关控制指令："冷却液开"M07、"冷却液关"M09。

(8) 坐标设定：用户可以根据需要设定坐标系，系统根据用户设定的参照系确定坐标值是绝对的还是相对的。"坐标系设置"G54、"绝对指令"G90、"相对指令"G91。

(9) 刀具补偿：刀具半径和刀具长度补偿。其中，半径补偿又分为左补偿G41、右补偿G42及补偿关闭G40。有了刀具半径补偿后，编程时可以不考虑刀具的半径，直接根据曲线轮廓编程。如果没有刀具半径补偿，编程时必须沿曲线轮廓让出一个刀具半径的刀位偏移量。

(10) "程序停止"<M30>。

3) 程序格式设置

程序格式设置是指对G代码6个程序段格式进行设置。程序段含义见G代码程序示例，可以对以下程序段格式进行设置："程序起始符"、"程序结束符"、"说明"、"程序头"、"换刀"及"程序尾"。在各项空格中要求填入的格式有具体要求。设置方式如下：字符串或宏指令@，其中宏指令为$+宏指令串，@号为换行标志，若是字符串，则输出它本身，$号输出空格。

4) 机床速度设置

此项设置的速度及加速度值主要用于输出工艺清单上的加工时间。此项设置共分为4项，分别是快速移动速度、最大移动速度、快速进刀时的加速度和切削进刀加速度。

(1) "快速移动速度"。X、Y、Z轴快进速度，单位为mm/min。它必须符合具体的机床规格，不确定时参照切削进刀的最大速度。

(2) "最大移动速度"。X、Y、Z轴可指定的最大切削速度，单位为mm/min。它必须符合具体的机床规格。

(3) "快速移动的加速度"(G)。X、Y、Z轴快速进刀时的加速度。设定快速进刀的加速度一般是比一个比较合理的相对切削进刀加速度低的值，必须符合具体的机床规格。

(4) "通常切削的加速度"(G)。X、Y、Z轴切削进刀时的最大加速度。它必须符合具体的机床规格。

下面列出几种现行的加工机床切削进刀加速度，请用户参照选定。如果机床说明书上有要求，请务必按要求设定。

(1) 小型超高速机床：1G。

(2) 小型普通机床：0.3～0.4G。

(3) 大型机床：0.1～0.3G。

2．后置设置

后置设置就是针对特定的机床，结合已经设置好的机床配置，对后置输出的数控程序的格式，如程序段行号、程序大小、数据格式、编程方式、圆弧控制方式等进行设置。

"后置设置"选项卡中包括"输出文件最大长度"、"行号设置"、"坐标输出格式设置"、"圆弧控制设置"、"后置文件扩展名"和"后置程序号"6项设置，可依据具体情况进行设置，如图6.134所示。

1) 输出文件最大长度

"输出文件最大长度"可以对数控程序的大小进行控制，文件大小控制以KB为单位。当输出的代码文件长度大于规定长度时，系统会自动分割文件。

2) 行号设置

程序段"行号设置"包括"是否输出行号"、"行号是否填满"、"行号位数"、"起始行号"和"行号增量"5项。

3) 坐标输出格式设置

"坐标输出格式设置"包括"增量/绝对编程"、"坐标输出格式"、"机床分辨率"、"输出到小数点"和"优化坐标值"5项。

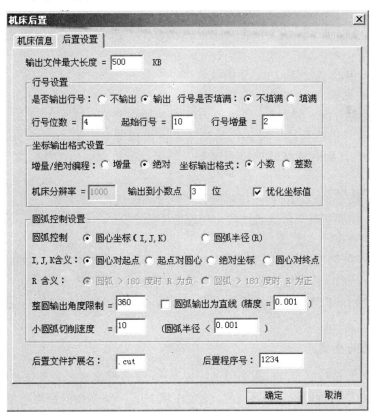

图 6.134

(1) "增量/绝对编程"：有绝对编程 G90 和相对编程 G91 两种方式。

(2) "坐标输出格式"：决定数控程序中数值的格式是小数输出还是整数输出。

(3) "机床分辨率"：即机床精度，如果机床精度为 0.001mm，则分辨率设置为 1000，依此类推。

(4) "输出到小数点"：可以控制机床精度，但是不能超过机床精度，否则没有实际意义。

(5) "优化坐标值"：指输出的 G 代码中，若坐标值的分量与上一次相同，则此分量在 G 代码中不出现。该手段可以简化程序，减小程序大小，使程序更加简洁明了。

4) 圆弧控制设置

"圆弧控制设置"主要设置控制圆弧的编程方式，即是采用圆心编程方式还是采用半径编程方式。

(1) "弧控制"：当采用圆心编程方式时，圆心坐标(I,J,K)有 4 种含义。

① "圆心对起点"：I，J，K 的含义为圆心坐标相对于圆弧起点的增量值。

② "起点对圆心"：I，J，K 的含义为圆弧起点坐标相对于圆心坐标的增量值。

③ "绝对坐标"：采用绝对编程方式时有效，圆心坐标(I,J,K)的坐标值为相对工件零点绝对坐标系的绝对值。

④ "圆心对终点"：I，J，K 的含义为圆心坐标相对于圆弧终点坐标的增量值。

按圆心坐标来编程时，圆心坐标的各种含义是针对不同的数控机床而言的。不同的机床之间，其圆心坐标编程含义是不同的，但对于特定的机床，其含义只有其中一种。

当采用半径编程时，采用半径正负区别的方法来控制圆弧是劣圆弧还是优圆弧。圆弧的半径 R 的含义如下。

① 优圆弧：圆弧大于 180°，R 为负值。

② 劣圆弧：圆弧小于 180°，R 为正值。

(2) 【整圆输出角度限制】：此选项为整圆的输出选项。有的机床对整圆不识别，此时需要将整圆打散成几段。例如，若整圆输出的角度限制为 90°，则将整圆打散成 4 段；若为 360°，则对整圆输出没有限制。绝大多数机床没有限制，所以系统默认为 360°。

(3) 【圆弧输出为直线】：此项指将圆弧按精度离散成直线段输出。这是因为有的机床不能识别圆弧，需要将其离散成直线段，精度由用户定义。

5) 后置文件扩展名和后置程序号

"后置文件扩展名"是控制所生成的数控程序文件名的扩展名。有些机床对数控程序要求有扩展名，有些机床没有这个要求，应视不同的机床而定。"后置程序号"是记录后置设置的程序号，不同的机床其后置设置也不同，所以采用程序号来记录这些设置，以便于用户日后使用。

3．G 代码的生成

生成 G 代码就是按照当前机床类型的配置要求，把已经生成的刀具轨迹转化生成 G 代码数据文件，即 CNC 数控程序，后置生成的数控程序是三维造型的最终结果。有了数控程序就可以直接输入机床进行数控加工。

通过选择菜单【加工】→【后置处理】→【生成 G 代码】命令→打开后置文件保存对话框，如图 6.135 所示。

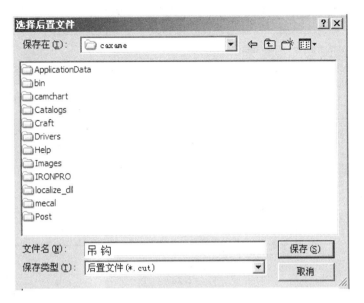

图 6.135

校核 G 代码就是把生成的 G 代码文件反读进来，生成刀具轨迹，以检查生成的 G 代码的正确性。

操作实例 6-27

将图 6.128 所示的加工轨迹转换成针对 FANUC 控制系统的 NC 程序。

操作步骤如下。

(1) 选择【加工】→【后置处理】→【生成 G 代码】命令，弹出对话框如图 6.135 所示。

(2) 选择需要生成 G 代码的刀具轨迹，可以连续选择多条刀具轨迹，单击【确定】按钮。

(3) 系统给出*.cut 格式的 G 代码的文本文档，文件保存成功，自动弹出如图 6.136 所示的记事本窗口。

(4) 当要校核 G 代码时，选择【加工】→【后置处理】→【校核 G 代码】命令，打开指定代码文本文档。

(5) 弹出对话框，选择正确的对应形式。

(6) 反读加工轨迹被调用，显示在主界面上，同时系统给出提示框。

(7) 校核调用成功，可对 G 代码进行检验。

特别提示

(1) 校核只用来进行对 G 代码的正确性进行检验，由于精度等方面的原因，用户应避免将反读出的刀位重新输出，因为系统无法保证其精度。

(2) 校对刀具轨迹时，如果存在圆弧插补，则系统要求选择圆心的坐标编程方式，其含义前面已经讲过。此选项针对采用圆心(I,J,K)编程方式。用户应正确指定相应的圆弧插补格式，否则会导致错误。

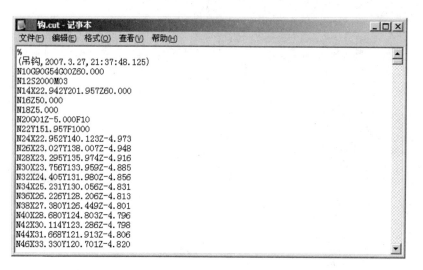

图 6.136

4．工艺清单

根据制定好的模板，以 HTML 格式输出多种风格的工艺清单。其中，模板可以自行设计，以便于使用者对 G 代码程序的使用和对 G 代码程序的管理。其对话框如图 6.137 所示。

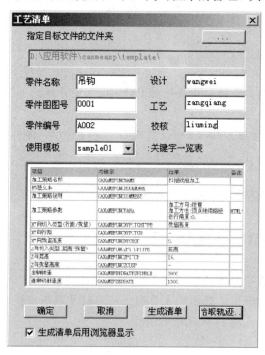

图 6.137

 操作实例 6-28

对上述吊钩 NC 程序生成工艺清单。

操作步骤如下。

(1) 选择【加工】项→【工艺清单】命令，弹出【工艺清单】对话框，如图 6.137 所示。
(2) 按照工艺要求输入具体参数。
(3) 如在进入【工艺清单】界面前没有选定轨迹，则设定好参数后需要选定刀具轨迹。
(4) 单击【拾取轨迹】按钮进入工作区选定加工轨迹，拾取后右击回到【工艺清单】对话框。
(5) 单击【生成清单】按钮，系统按照给定模板生成工艺清单。
(6) 选定【生成清单后用浏览器显示】复选框时，工艺清单将用网页格式显示在屏幕上；单击【工艺清单输出结果】中的 5 项内容，可以详细查看工艺清单。

由于后置设置的选项纯属数控机床编程部分的基础知识，故本教材只作简单介绍，只举"生成 G 代码"和"校核 G 代码"方面的操作实例。

6.3.7 加工步骤

现以图 6.90 为例说明实体造型及加工的方法与步骤。

1) 工艺选择

凸轮的材料为高温合金，使用常规加工。对于该零件的加工来说，只加工外周轮廓，对于其轴不考虑加工。由于该凸轮的整体形状就是一个轮廓，所以粗加工采用区域式粗加工方式，精加工采用轮廓线精加工方式。加工坐标原点选择渐开线公式原点，将凸轮底部设置为坐标轴零点，用 R10 的端面铣刀在轮廓方向上做一次切削，厚度方向上分 3 层加工，每层深度 5mm。为保证切削质量，在每层中使用顺时针切削，保证顺铣切在每层中的切入、切出方式改为圆弧切入和圆弧切出方式。

2) 凸轮造型

(1) 在【特征树】上拾取"平面 XY"。
(2) 按 F2 键→按 F5 键，绘制草图。
(3) 绘制渐开线公式曲线，【公式曲线】设置对话框如图 6.138 所示。

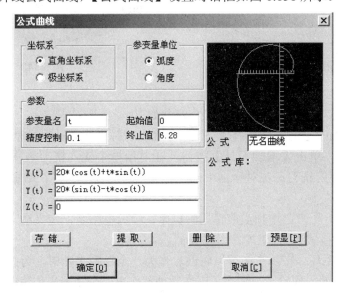

图 6.138

(4) 绘制与该公式曲线相距"80"的等距线，如图 6.139 所示。

(5) 绘制过原点的辅助垂线，如图 6.140 所示。

(6) 绘制半径为 R80 的圆，圆心选择等距线与辅助垂线的交点，该圆将和渐开线相切，如图 6.140 所示。

(7) 作半径为 R20 的圆弧过渡，如图 6.141 所示。

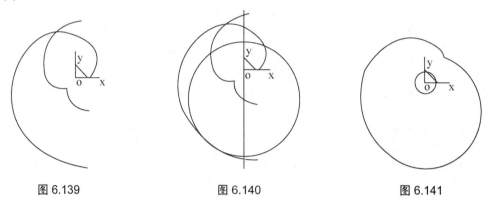

图 6.139　　　　　　　图 6.140　　　　　　　图 6.141

(8) 删除、裁剪多余线段，整理草图如图 6.142 所示。

(9) 按 F2 键，【特征树】上生成"草图 0"。

(10) 按 F8 键→单击【拉伸增料】图标 →选择【固定深度】→【反向拉伸】命令→输入深度"15"。

(11) 在【特征树】上拾取"草图 0"→单击【确定】按钮，结果如图 6.143 所示。

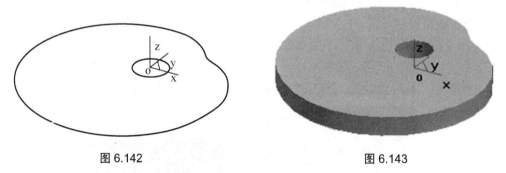

图 6.142　　　　　　　　　　　图 6.143

3) 加工前的准备工作

(1) 设定加工刀具。设定加刀具的操作步骤如下：

① 在特征树加工管理区内选择【刀具库】命令，弹出【刀具库管理】对话框。

② 增加铣刀。单击【增加刀具】按钮，在对话框中输入铣刀名称"D20，r2"，增加一个粗加工需要的铣刀；在对话框中输入铣刀名称"D12，r0"，增加一个精加工需要的铣刀。

(2) 后置设置。用户已增加当前使用的机床，给出机床名，定义适合自己机床的后置格式。系统默认的格式为 FANUC 系统的格式。

(3) 设定加工毛坯。在加工中可以将凸轮作为一个岛屿来考虑，为此，需要在其外部设置区域式粗加工的零件轮廓。那么考虑在其外部作出一个矩形来作为区域式粗加工的零件轮廓、然后依据该矩形做出零件毛坯。

① 按 F5 键，在 XOY 平面内绘图。选择【造型】→【曲线生成】→【矩形】命令。在绘图区左边弹出下拉列表框及文本框。设置参数如图 6.144 所示。以(-7,-28)为中心，确定该矩形作为平面轮廓方式加工的零件轮廓。

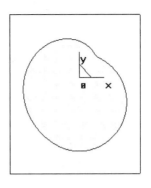

图 6.144

② 选择【加工】→【定义毛坯】命令，或者选择特征树加工管理区的【毛坯】命令，弹出【定义毛坯】对话框。

③ 在【毛坯定义】中定义毛坯参数，如图 6.145 所示。

④ 单击【确定】按钮后，生成毛坯如图 6.146 所示。

4) 区域式粗加工刀具轨迹

(1) 选择【加工】→【粗加工】→【区域式粗加工】命令，或者选择"加工工具栏"中的图标 ，弹出【区域式粗加工】对话框，如图 6.147 所示。

(2) 设置切削用量。设置"加工参数"选项卡中的铣削方式为"顺铣"，"切削模式"设定为"环切"，根据选择刀具直径为 20mm，选择"Z 切入"中"层高"为 5(该项为轴向切深)，"XY 切入"中"行距"为 0.5(该项为径向切深)，"加工余量"为 0.5。在"切削用量"选项卡中设置"主轴转速"为 320，"切削速度"为 50。

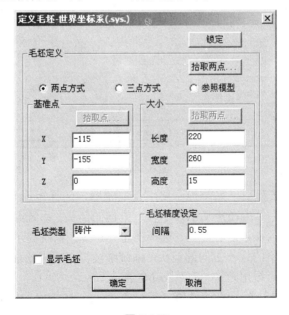

图 6.145

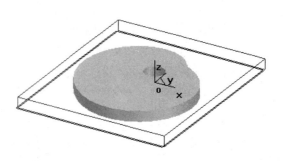

图6.146

(3) 根据加工实际，设置【切入切出】和【下刀方式】选项卡。

(4) 单击【铣刀参数】标签，打开该选项卡，选择铣刀为"D20，r2"，设定铣刀的参数。

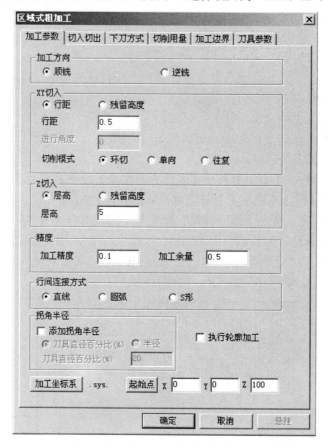

图6.147

(5) 单击【确定】按钮后，系统提示要求拾取轮廓，选择矩形外框作为轮廓；系统提示要求确定链搜索方向，单击在矩形上显示任一方向的箭头。系统继续提示要求拾取轮廓，此时直接右击；系统提示要求拾取岛屿，选择凸轮外轮廓；系统提示要求确定链搜索方向，单击在凸轮外轮廓上显示的任一方向的箭头。系统继续提示要求拾取岛屿，此时直接右击，以后系统开始计算，稍后得出轨迹，如图6.148所示。

(6) 拾取粗加工刀具轨迹，右击选择【隐藏】命令，将粗加工轨迹隐藏，以便观察下面的精加工轨迹。

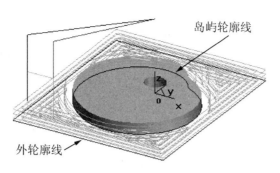

图 6.148

5) 轮廓线精加工刀具轨迹

(1) 选择【加工】→【精加工】→【轮廓线精加工】命令,或者选择"加工工具栏"中的图标,或者在特征树加工管理区空白处右击,在弹出的快捷菜单中选择【加工】→【精加工】→【轮廓线精加工】命令,弹出【轮廓线精加工】对话框,如图 6.149 所示。

(2) 设置切削用量。根据选择刀具直径为 12 mm,选择"Z 切入"中"层高"为 5(该项为轴向切深),"XY 切入"中"行距"为 0.5(该项为径向切深),"加工余量"为 0。在"切削用量"中设置"主轴转速"为 500,"切削速度"为 85,如图 6.149 所示。

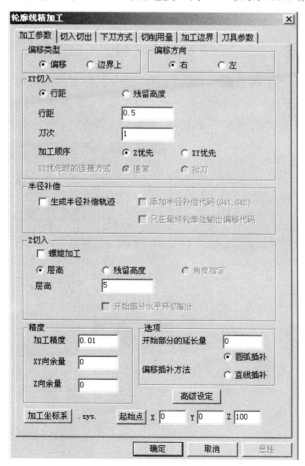

图 6.149

(3) 根据加工实际选择【切入切出】和【下刀方式】选项卡，与粗加工的设置相同。

(4) 单击【刀具参数】标签，打开该选项卡，选择铣刀为"D12，r0"，设定铣刀的参数。

(5) 单击【确定】按钮后，系统提示要求拾取轮廓，选择凸轮外轮廓；系统提示要求确定链搜索方向，单击在凸轮外轮廓上显示的任一方向的箭头；系统继续提示要求拾取轮廓，此时直接右击，以后系统开始计算，最后得出轨迹，如图 6.150 所示。

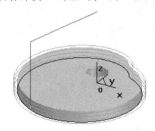

图 6.150

6) 轨迹仿真

(1) 单击【编辑】→【可见】命令，显示所有已经生成的加工轨迹。然后拾取加工轨迹，单击【确定】按钮；或者在特征树加工管理区的粗加工刀具轨迹上右击，在弹出的快捷菜单中单击【显示】按钮。

(2) 选择【加工】→【轨迹仿真】命令，或者在特征树加工管理区空白处右击，在弹出的快捷菜单中选择【加工】→【轨迹仿真】命令，拾取粗加工/精加工的刀具轨迹，右击结束，系统进入加工仿真界面。

(3) 单击【仿真加工】按钮 ，在弹出的界面中设置好参数后单击【仿真开始】按钮，系统进入仿真加工状态。

(4) 仿真结束后，仿真结果如图 6.151、图 6.152 所示。

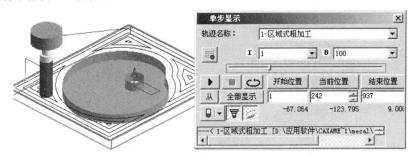

图 6.151

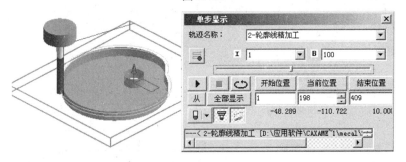

图 6.152

(5) 仿真检验无误后，退出仿真程序回到 CAXA 制造工程师 2011 的主界面。选择【文件】→【保存】命令，保存粗加工和精加工轨迹。

7) 生成 G 代码

(1) 选择【加工】→【后置处理】→【生成 G 代码】命令，弹出【选择后置文件】对话框，填写加工代码文件名"凸轮粗加工"，单击【保存】按钮。

(2) 拾取生成的粗加工的刀具轨迹，右击确认，将弹出的粗加工代码文件保存即可，如图 6.153 所示。

(3) 用同样的方法生成精加工 G 代码。

至此，该凸轮的造型、生成加工轨迹、加工轨迹仿真检查及生成 G 代码程序的工作已经全部做完，可以把 G 代码程序通过工厂的局域网送到车间去了。把工件打表找正，按加工工艺单的要求找好工件零点，再按工序单中的要求装好刀具找好刀具的 Z 轴零点，就可以开始加工了。

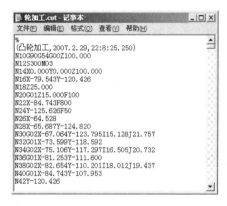

图 6.153

任 务 小 结

本任务主要学习数控铣加工编程中的补加工、孔加工和槽加工轨迹的生成方法，还学习了轨迹编辑方法、仿真加工和程序生成方法。在设计、自动编程过程中，应熟练、正确地选择这些加工方式，才能快速、高效地完成生产任务，满足用户需求。

(1) CAXA 制造工程师软件有 40 多种加工方式，能满足不同需求的加工，可以进行平面区域、零件整体加工及局部加工。同时根据零件形状、加工需求，可以选用不同的加工方式，利用不同的加工策略来完成加工。

(2) "平面区域粗加工"：不必有三维模型，只要给出零件外轮廓和岛屿，就可以生成加工轨迹，主要应用于铣平面和铣槽，可进行斜度的设定，自动标记钻孔点。

"区域粗加工"：不必有三维模型，只要给出零件的外轮廓和岛屿，就可以生成加工轨迹，并且可以在轨迹尖角处自动增加圆弧，保证轨迹光滑，以符合高速加工的要求，主要用于铣平面和铣槽，可选择多轮廓、多岛屿进行加工。

"等高线粗加工"：较普通的粗加工方式，适合范围广，可进行稀疏化加工、指定加工区域，优化空切轨迹。轨迹拐角可以设定圆弧或 S 形过渡，生成光滑轨迹，支持高速加工设备。

"等高线粗加工 2"：适合高速加工，生成轨迹时可以参考上道工序生成的轨迹留下的残留毛坯，支持二次开粗，支持抬刀自动优化，XY 向切入最小间距不能大于刀具半径，最大间距不能大于其 2 倍。

"粗加工"是生成大量去除毛坯材料的刀具轨迹，它也可以用于精加工轨迹生成。"等高线加工"是按等高度距离下降，一层一层地加工，也属于两轴半加工。针对曲面和实体，可以使用粗加工，在等高线加工里，零件的平坦区域会留下较多的剩余材料，如果降低每层下降的高度值，会在一定程度上改善这一情况，但是这样对不平坦区域重复加工，降低了加工效率。"等高线补加工"可以根据"等高线加工"的轨迹，自动确定残留面积过大的区域，只对等高线加工没有加工到的区域进行处理。"钻孔"是加工中经常要用到的功能之一，它的编程相对来说比较简单，容易掌握。

"扫描线粗加工"：用于平行层切的方法进行粗加工，保证在未切削区域不向下走刀，适合使用端刀进行对成凸模粗加工。

"摆线式粗加工"：使刀具在负荷一定情况下，进行区域加工的加工方式，可提高模具型腔部粗加工效率和延长刀具使用寿命，适合高速加工。

"插铣式粗加工"：适合于大中型模具的深腔加工，采用端铣刀的直捣式加工，可生成高效的粗加工路径，适合于深腔模具加工。

"导动线粗加工"：不需要三维造型，只要二维轮廓线和导动线就可以加工做出三维的加工轨迹，而且比加工三维造型的加工时间要短，精度更高，提高效率。

练习与拓展

按下列某五角星模型图尺寸编制 CAM 加工程序，已知毛坯零件尺寸为 $115 \times 115 \times 40$，五角星原高 15，如图 6.154 所示。

要求：(1) 合理安排加工工艺路线和建立加工坐标系。

(2) 应用适当的加工方法编制完整的 CAM 加工程序，后置处理格式按 FAUNC 系统要求生成。

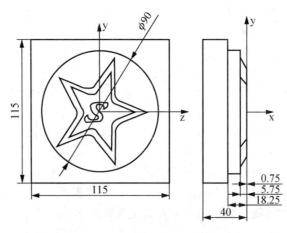

图 6.154

6.4 数控铣加工综合实例

6.4.1 任务导入

完成图 6.155 所示的三维实体造型和加工。

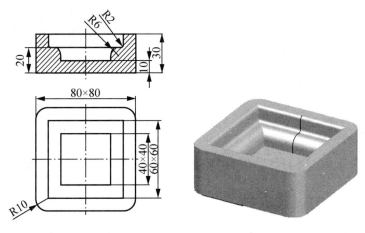

图 6.155

6.4.2 任务分析

本任务以一个简单的零件为例详细地叙述了刀具轨迹生成和加工代码输出过程,使读者对前面所述的加工概念、操作以及后面即将说到的后置处理功能有初步的了解和认识。

6.4.3 任务知识点

本实例的主要技术要点包括以下几点。
(1) 基本图形的绘制方法,如直线、圆弧、过渡、矩形、裁剪。
(2) 实体造型用到拉伸增料、拉伸除料、过渡、相贯线等操作。
(3) 加工轨迹生成用到等高线粗加工、导动线精加工和加工仿真等。

6.4.4 造型步骤

完成图 6.155 所示的三维实体造型和加工。

1.实体造型

(1) 双击桌面上的"CAXA 制造工程师"快捷方式图标,进入设计界面。在默认状态下,当前坐标平面为 XOY 平面,在非"草图状态"下。
(2) 在【特征树】上拾取"平面 XY"。
(3) 按 F2 键→按 F5 键→单击【矩形】图标 □ →选择【中心_长_宽】命令→输入长度"80"→按回车键→输入宽度"80"→拾取坐标中心→单击【圆弧过渡】图标 →选择【圆弧过渡】命令→输入半径"10"→分别拾取矩形两条裁剪曲线→右击结束→按 F2 键退出草

图模式,在【特征树】上生成"草图 0",结果如图 6.156 所示。

(4) 按 F8 键→单击【拉伸增料】图标 →选择【单向拉伸】命令→输入深度"30"。

(5) 在【特征树】上拾取"草图 0"→单击【确定】按钮,结果如图 6.157 所示。

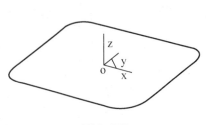

图 6.156

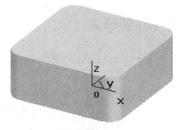

图 6.157

(6) 拾取正方体的上表面作为基准面。

(7) 按 F2 键→按 F5 键→绘制一个长 40、宽 40 的矩形→按 F2 键,在【特征树】上生成"草图 1"。

(8) 按 F8 键→单击【拉伸除料】图标 →选择【固定深度】→【反向拉伸】命令→输入深度"20"。

(9) 在【特征树】上拾取"草图 1"→单击【确定】按钮,结果如图 6.158 所示。

(10) 同样通过拉伸除料生成长 60、宽 60、深 10 的长方体。

(11) 按 F8 键→单击【过渡】图标 →输入半径"6"→选择【等半径】→【缺省方式】→【沿相切面延伸】命令。

(12) 拾取 40×40×10 长方体的 4 条棱边→单击【确定】按钮,结果如图 6.159 所示。

(13) 同样方法过渡 60×60×10 长方体 4 条棱边。

(14) 单击【相贯线】图标 →选择【实体边界】命令。

(15) 拾取 40×40×10 长方体底部的 4 条棱边→右击结束,结果如图 6.160 所示。

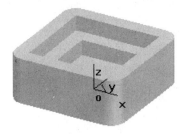

图 6.158

图 6.159

图 6.160

2. 工艺分析

零件材料为淬硬钢，使用常规加工，由于零件在淬火后，加工余量一般比较小，所以一次切除，提高加工效率。由于毛坯定义后没有依照零件形状定义，而是定义出一个四方体。但实际上淬火钢工件给加工留下的余量已经不多，因此可以用等高线粗加工先加工一次，加工凹模底面，具体参数设置可以都使用默认值，但是提示在"加工参数 1"中"加工余量"设定为 1 mm，将加工后的工件作为初始毛坯。然后生成导动线精加工轨迹，加工除底面外的凹模轮廓。

3. 加工轨迹生成

1) 设定加工刀具

操作步骤如下。

(1) 在特征树加工管理区内选择【刀具库】命令，弹出【刀具库管理】对话框，如图 6.161 所示。

(2) 增加铣刀。单击【增加刀具】按钮，在对话框中输入铣刀名称"D10，r5"，增加一把球头铣刀；再继续增加一把端铣刀，铣刀名称定为"D10，r0.5"。

(3) 设定增加的铣刀的参数。在【刀具库管理】对话框中输入正确的数值，其中的"刀刃长度"和"刃杆长度"与仿真有关而与实际加工无关，刀具定义即可完成。其他定义需要根据实际加工刀具来完成。

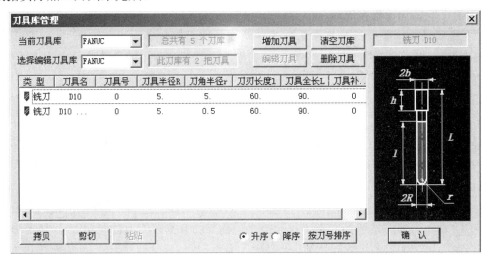

图 6.161

2) 后置设置

操作步骤如下。

(1) 选择【加工】→【后置处理】→【后置设置】命令，或者选择特征树加工管理区的【机床后置】命令，弹出【机床后置】对话框。

(2) 机床设置。在【机床信息】选项卡中，选择当前机床类型为"FANUC"。

(3) 后置设置。打开【后置设置】选项卡，根据当前的机床，设置各参数。

3) 设定加工毛坯

操作步骤如下。

(1) 选择【加工】→【定义毛坯】命令，或者选择特征树加工管理区的【毛坯】命令，弹出【定义毛坯】对话框。

(2) 在【毛坯定义】中选择"参照模型"方式，按系统给出的尺寸定义。

4) 等高线加工刀具轨迹生成

操作步骤如下。

(1) 选择【加工】→【粗加工】→【等高线粗加工】命令，或者选择"加工工具栏"中的图标，或者在特征树加工管理区空白处右击，并在弹出的快捷菜单中选择【加工】→【粗加工】→【等高线粗加工】命令，都会弹出【等高线粗加工】对话框。

(2) 刀具选择。打开【刀具参数】选项卡，选择"D10，r0.5"的端铣刀，设定铣刀的参数。

(3) 设置切削用量。设置"加工参数 i"中的铣削方式为"顺铣"，选择"Z 切入"中"层高"为 5，直接加工底面；"XY 切入"中的"行距"为 5(该项为径向切深)，"加工余量"为 0。在"切削用量"选项卡中设置"主轴转速"为 1000，"切削速度"为 50。

(4) 其他设置参照具体加工要求来设定。设定完成后单击【确定】按钮，系统提示要求选择需要加工的对象，手动选择需要加工的曲面，右击确认；系统继续提示要求选择加工边界，直接右击，按照系统默认加工边界，以后系统开始计算，稍候得出的轨迹如图 6.162 所示。

5) 导动线精加工轨迹生成

(1) 选择【加工】→【精加工】→【导动线精加工】命令，或者选择"加工工具栏"中的图标，或者在特征树加工管理区空白处右击，并在弹出的快捷菜单中选择【加工】→【精加工】→【导动线精加工】命令，都会弹出【导动线精加工】对话框。

(2) 刀具选择。打开【刀具参数】选项卡，选择"D10，r5"的球头铣刀，设定铣刀的参数。

(3) 加工边界的设定。打开【加工边界】选项卡，在"使用有效的 Z 范围"中设定"最大"为 0，"最小"为 30。由于在前面加工余量设置为 1 mm，因此该零件底部留出了 1 mm 的量。

(4) 切削用量设置。设置"加工参数"中的"加工方法"为"单向"，根据选择刀具直径为 10 mm 的球刀，选择"Z 切入"中"层高"为 0.3(该项为轴向切深)。"XY 切入"中"行距"为 0.5(该项为径向切深)，"刀次"为 2，"加工余量"为 0，"截面认识方法"可以设置为"下方向(左)"。在【切削用量】选项卡中设置"主轴转速"为 6000，"切削速度"为 900。

(5) 其他设置参照具体加工要求来设定。设定完成后单击"确定"按钮，系统提示要求拾取轮廓和加工方向，由于在"截面认识方法"中选择的是"下方向(左)"，故选择上方的轮廓线，并选择逆时针方向。选择后右击确认，系统继续提示要求拾取截面线，按"截面认识方法"中的"下方向(左)"要求拾取，右击确认。以后系统开始计算，稍候得出轨迹，如图 6.163 所示。

(6) 拾取加工刀具轨迹，右击选择【隐藏】命令，将加工轨迹隐藏，以便观察下面的加工轨迹。

项目 6　数控铣加工与编程

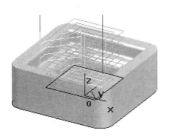

图 6.162

图 6.163

4．加工仿真

1) 选择在特征树中加工管理栏内的【刀具轨迹】命令，选择【全部显示】命令，如图 6.162、图 6.163 所示，显示已经生成的加工轨迹。

2) 选择【加工】→【轨迹仿真】命令，拾取两段加工的刀具轨迹，右击结束。

3) 系统进入仿真界面，开始自动进行加工仿真。仿真结果如图 6.164 所示，为等高线加工轨迹仿真，图 6.165 所示为导动线精加工轨迹仿真。

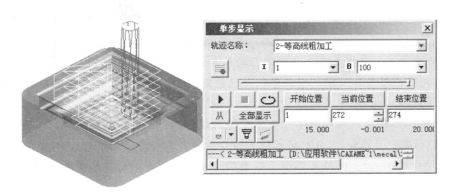

图 6.164

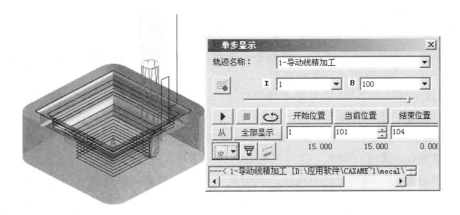

图 6.165

任 务 小 结

(1) "平面轮廓精加工"：适合 2/2.5 轴精加工，不必有三维模型，只要给出零件的外轮廓和岛屿，就可以生成加工轨迹，支持具有一定拔模斜度的轮廓轨迹生成，可以为每次的轨迹定义不同的余量，生成轨迹速度较快。

"等高线精加工"：可以用加工范围和高度限定进行局部等高加工；可以自动在轨迹尖角拐角处增加圆弧过渡，保证轨迹的光滑，使生成的加工轨迹适合于高速加工；可以通过输入角度控制对平坦区域的识别；并可以控制平坦区域的加工先后次序。

"等高线精加工 2"：可以对层高进行调整，保证在加工小坡度的面时，层高、精度与竖直面一致，支持高速加工，支持抬刀自动优化。

"扫描线精加工"：能自动识别竖直面并增有补加工的功能，提高了加工效果和效率，同时可以在轨迹尖角处增加圆弧过渡，保证生成的轨迹光滑，用于高速加工机床。

"浅平面精加工"：能自动识别零件模型中平坦的区域，针对这些区域生成精加工刀具的轨迹。它大大提高了零件平坦部分的精加工精度和效率。

"限制线精加工"：可以通过设定两根限制线来控制零件加工的区域(仅加工限制线限定的区域)或提高一根限制线控制刀具走刀轨迹，以提高零件局部加工精度和符合工艺要求。

"限制线加工"是生成多个曲面的三轴刀具轨迹，刀具轨迹限制在两条系列限制线内，可以对曲面作整体处理，中间不抬刀，它更多地应用于加工过程中的局部处理。

"轮廓线精加工"：主要用于加工内、外轮廓或加工槽类。不需要三维模型，只要根据给出的二维轮廓线即可对单个或多个轮廓进行加工；可进行轨迹偏移，进、退刀方式设定(圆弧、直线等)；自定义进行半径补偿和生成补偿代码等。

"导动线精加工"：同样是不用三维造型，通过二维的导动线和截面线就能做出三维加工轨迹。

"轮廓导动精加工"：利用二维轮廓线和截面即可生成轨迹，生成轨迹方式简单快捷，加工代码较短，加工时间短、精度高，支持残留高度模式，可用于加工规则的圆弧、倒角或凹球类零件，生成速度快，代码短，加工时间短，精度较高。

"三维偏置精加工"：能够由里向外或由外向里生成三维等间距加工轨迹，可以保证加工效果有相同的残留高度，提高加工质量和效果，同时也使刀具在切削过程中保持符合恒定，特别适用于高速机床加工。

"深腔侧壁精加工"：不需要三维模型，只要给出二维轮廓线即可，可灵活设定加工深度，主要用于深腔模型侧壁的精加工。

(2) 在数控铣床的平面轮廓加工中，对刀具如何切入工件和离开工件是有要求的，它要求直线切入或圆弧切入，这样做的目的是为了提高进退刀点的工件表面加工质量，使进退刀点光滑，不留进退刀痕迹，同时也是为了使刀具能够逐渐的切入工件和逐渐的离开工件，对刀具的切削很有利。

(3) 为了使用户更方便更容易地掌握使用 CAXA 制造工程师软件进行加工生产，同时也为了新的技术人员容易入门，不需要掌握多种加工功能的具体应用和参数设置，解决企业技术人员缺少的问题。CAXA 制造工程师软件专门提供了知识加工功能，针对复杂曲面的加工，为用户提供一种零件整体加工思路，用户只需观察出零件整体模型是平坦或者陡峭，运用老工程师的加工经验，就可以快速地完成加工过程。

(4) 车间在加工之前还可以通过 CAXA 制造工程师软件中的校核 G 代码功能，再看一下加工代码的轨迹形状，做到加工之前胸中有数。把工件打表找正，按加工工艺单的要求找好工件零点，再按工序单中的要求装好刀具，找好刀具的 Z 轴零点，就可以开始加工了。

(5) 由于零件形状的复杂多变，且在刀具轨迹生成过程中一般不考虑具体的机床结构和工件装夹方式，因此所生成的零件程序不一定能适合实际加工情况。所以，尽管当前数控编程技术在曲面建模、轨迹规划和刀位计算等方面都有了很大进展，但仍不能确保所生成的零件加工程序完全正确可靠。其中的主要问题是加工过程中的过切与欠切、刀具与机床部件和夹具间的碰撞及加工中的切削过载荷等。特别是在高速加工中，这些问题常常是致命的，严重时将损坏刀具、工件、机床甚至导致人身事故。

(6) 每一种轨迹生成方式，并不是孤立的，而是有联系的，可以互相配合，互相补充，加工出合格的零件。要学好数控加工自动编程，也不是通过一本书就能真正全部掌握的。它涉及各方面的知识，如刀具、夹具、工艺和材料等。在学习数控加工自动编程软件的过程中，也应广泛地了解普通机械加工方面的知识。另外，对数控机床的操作也要有较详细的了解。可以说，一个好的数控加工自动编程人员，首先是一个好的操作人员、一个高水平的工艺人员，然后才是一个熟悉自动编程软件的人员。CAXA 制造工程师软件是中国人自己开发的，全中文界面，符合中国人的作图和操作习惯，只要愿意花点时间，熟悉它是很容易的事情。

练习与拓展

1. 按下列某香皂模型图尺寸造型并编制 CAM 加工程序，过渡半径为 15，如图 6.166 所示。香皂模型的毛坯尺寸为 103×160×30，材料为铝材。

(1) 用直径为 ϕ8 mm 的端铣刀做等高线粗加工。

(2) 用直径为 ϕ10mm，圆角为 R2 的圆角铣刀做等高线精加工。

(3) 用直径为 ϕ8 mm 的端铣刀做轮廓线精加工。

(4) 用直径为 ϕ0.2 mm 的雕铣刀做扫描线精加工文字图案。

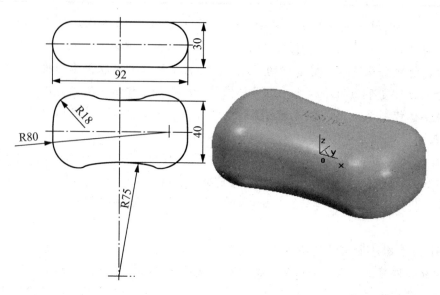

图 6.166

2. 完成下图所示凸模零件的加工造型和凸台的粗、精加工轨迹，如图 6.167 所示。

要求：(1) 合理安排加工工艺路线和建立加工坐标系。

(2) 应用适当的加工方法编制完整的 CAM 加工程序，后置处理格式按 FAUNC 系统要求生成。

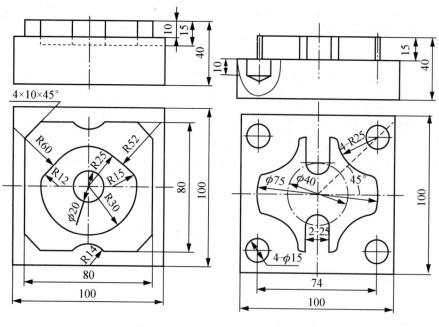

图 6.167

3. 完成图 6.168 所示零件的二维造型和数控加工。毛坯尺寸为 $185 \times 165 \times 10(mm^3)$，材料为硬铝 YL12。

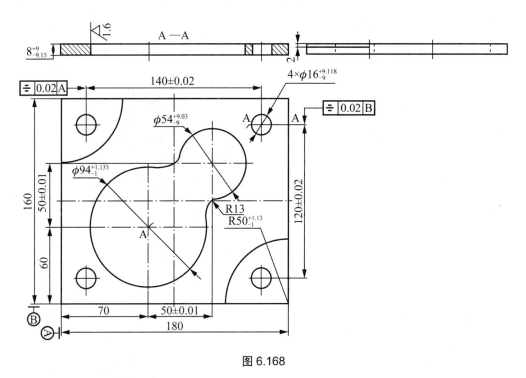

图 6.168

4. 完成图 6.169 所示零件的二维造型和数控加工。毛坯尺寸：$190 \times 120 \times 25 (\mathrm{mm}^3)$，材料为 45 钢。

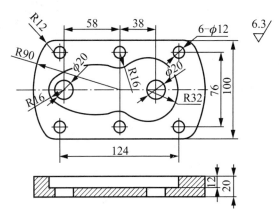

图 6.169

5. 完成图 6.170 所示零件的二维造型和数控加工。毛坯尺寸：$70 \times 70 \times 20 (\mathrm{mm}^3)$，材料为硬铝 YL12。

6. 完成图 6.171 所示零件的二维造型和数控加工。毛坯尺寸：$100 \times 50 \times 20 (\mathrm{mm}^3)$，材料为硬铝 YL12。

7. 完成图 6.172 所示零件的二维造型和数控加工。毛坯尺寸：$110 \times 110 \times 20 (\mathrm{mm}^3)$，材料为硬铝 YL12。

8. 完成图 6.173 所示零件的二维造型和数控加工。毛坯尺寸：$110 \times 110 \times 20 (\mathrm{mm}^3)$，材料为硬铝 YL12。

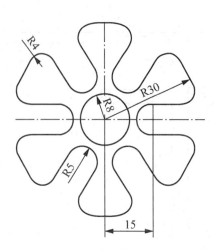

图 6.170

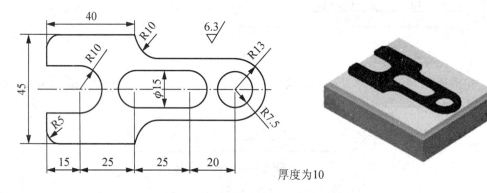

厚度为10

图 6.171

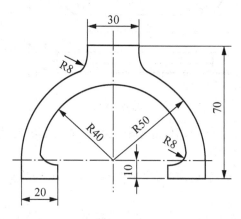

图 6.172

9. 完成图 6.174 所示零件的二维造型和数控加工。毛坯尺寸：$80 \times 80 \times 40 (\text{mm}^3)$，材料为硬铝 YL12。

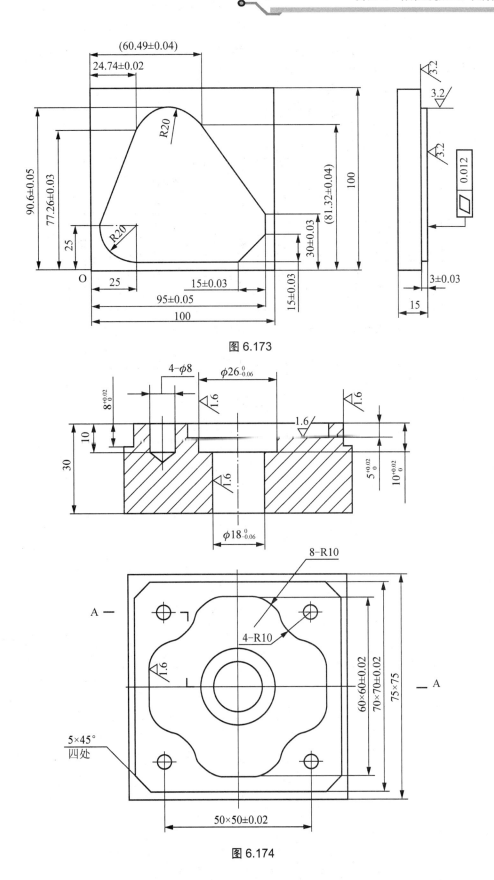

图 6.173

图 6.174

10. 完成图 6.175 所示配油盘的加工造型和数控加工。毛坯尺寸：$80 \times 60 \times 30 (mm^3)$，材料为 45 钢。

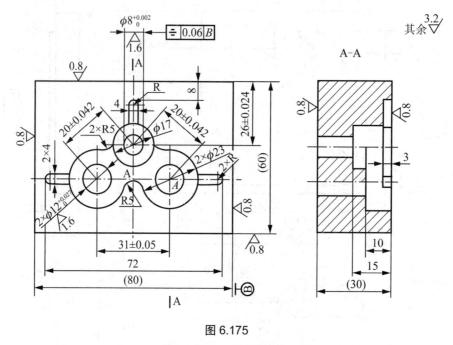

图 6.175

项目 7

多 轴 加 工

⬲ 学习目标

本项目主要学习 CAXA 制造工程师软件中 16 项多轴加工功能。通过典型的工作任务,快速掌握并熟练运用数控多轴加工程序的编制方法。

⬲ 学习要求

(1) 创建适合于多轴加工的绘图基准面。
(2) 创建适合于多轴加工的实体。
(3) 创建适合于多轴加工的曲面。
(4) 掌握生成多轴加工的后置处理方法。

⬲ 项目导读

随着数控技术的发展,多轴加工零件也在实际生产中得到广泛的使用。CAXA 的多轴加工是指除 X、Y、Z 这 3 个线性轴之外,再增加附加线性轴或回转轴的加工。如增加附加回转轴 A、B、C,附加线性轴 U、V、W 等。单击【加工】下拉菜单,可知多轴加工有 16 项功能,分别是四轴曲线加工、四轴平切面加工、五轴等参数线加工、五轴侧铣加工、五轴曲线加工、五轴曲面区域加工、五轴 G01 钻孔加工、五轴定向加工、转四轴轨迹加工等加工轨迹生成方法,对于叶轮、叶片类零件,除以上这些加工方法外,系统还提供专用的叶轮粗加工及叶轮精加工功能,可以实现对叶轮和叶片的整体加工。

7.1 四轴加工

7.1.1 任务导入

图 7.1

创建底圆ϕ40，顶圆ϕ20，高60的圆台曲面模型，如图7.1所示，生成加工轨迹。通过该任务的练习，复习线架造型、曲面造型方法，掌握四轴加工轨迹生成方法。

7.1.2 任务分析

从图7.1中可以看出，该模型为光滑圆台曲面模型，先建立线框模型，然后通过"直纹面"创建圆台曲面模型，最后用"四轴平切面加工"生成"多轴加工"轨迹。

7.1.3 任务知识点

四轴零件的设计和三轴零件设计中的二维图形类似，所以本任务也不会太过于详细地介绍基本概念，而是详细介绍操作步骤和与三轴零件加工方法不同的参数命令以及后置处理方法。

1．四轴曲线加工

根据给定的曲线，生成四轴加工轨迹，多用于回转体上的加工槽。铣刀刀轴的方向始终垂直于第四轴的旋转轴。

选择【加工】→【多轴加工】→【四轴曲线加工】命令，弹出图7.2所示的对话框。

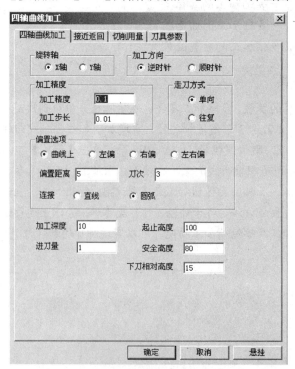

图 7.2

【四轴曲线加工】对话框中各参数说明见表 7-1。

表 7-1　【四轴曲线加工】对话框中各参数说明

参数项	所属项	说　　明
旋转轴	X 轴	机床的第四轴绕 X 轴旋转，生成加工代码时角度地址为 A
	Y 轴	机床的第四轴绕 Y 轴旋转，生成加工代码时角度地址为 B
加工方向	逆时针	生成四轴加工轨迹时，下刀点与拾取曲线的位置有关，在曲线的哪一端拾取，就会在曲线的哪一端点下刀。生成轨迹后如想改变下刀点，则可以不用重新生成轨迹，而只需双击轨迹树中的加工参数，在加工方向中的"顺时针"和"逆时针"两项之间进行切换即可改变下刀点
	顺时针	
走刀方式	单向	在刀次大于 1 时，同一层的刀迹轨迹沿着同一方向进行加工，这时，层间轨迹会自动以抬刀方式连接，如图 7.3(a)所示。精加工时为了保证槽宽和加工表面质量多采用此方式
	往复	在刀具轨迹层数大于 1 时，层之间的刀迹轨迹方向可以往复进行加工，如图 7.3(b)所示。刀具到达加工终点后，不快速退刀而是与下一层轨迹的最近点之间走一个行间进给，继续沿着与原加工方向相反的方向进行加工。加工时为了减少抬刀，提高加工效率多采用此种方式
偏置选项		用四轴曲线方式加工槽时，有时也需要像在平面上加工槽那样，对槽宽做一些调整，以达到图纸所要求的尺寸，这样可以通过偏置选项来达到目的
	曲线上	铣刀的中心沿曲线加工，不进行偏置
	左偏	向被加工曲线的左边进行偏置，左方向的判断方法与 G41 相同，即刀具加工方向的左边
	右偏	向被加工曲线的右边进行偏置，右方向的判断方法与 G42 相同，即刀具加工方向的右边
	左右偏	向被加工曲线的左边和右边同时进行偏置。图 7.4 所示为当加工方式为"单向"时左右偏置时的加工轨迹
	偏置距离	偏置的距离在这里输入数值确定
	刀次	当需要多刀进行加工时，在这里给定刀次。给定刀次后总偏置距离=偏置距离×刀次。
加工深度		从曲线当前所在的位置向下要加工的深度
进给量		为了达到给定的加工深度，需要在深度方向多次进刀时的每刀进给量
起止高度		刀具初始位置。起止高度通常大于或等于安全高度
安全高度		刀具在此高度以上任何位置，均不会碰伤工件和夹具
下刀相对高度		在切入或切削开始前的一段刀位轨迹的长度，这段轨迹以慢速下刀速度垂直向下进给

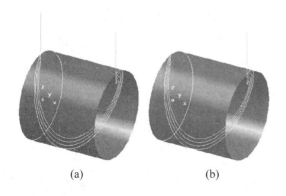

(a)　　　　　　　　(b)

图 7.3

图 7.4

生成加工代码时后置选用 fanuc_4axis_A 或 fanuc_4axis_B 两个后置文件，如图 7.5 所示。

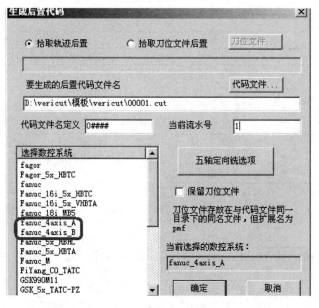

图 7.5

 操作实例 7-1

绘制螺旋线加工轴测图，并生成加工轨迹，如图 7.6 所示。

本案例的主要技术要点包括以下几点。

(1) 拉伸增料生成实体特征的方法。

(2) 公式曲线的使用方法。

(3) 生面四轴曲线加工轨迹的方法。

(4) 加工轨迹仿真的使用方法。

操作步骤如下。

(1) 单击特征树中的【平面YZ】选项→单击【绘制草图】按钮 ，进入"草图编辑"状态。

 特别提示

选择特征树中已有的坐标平面，作为草图的基准平面。

(2) 单击【整圆】按钮 →选择【圆心_半径】方式→捕捉坐标原点为圆心点→按回车键→输入半径值"20"→按回车键确认，完成截面草图的绘制。

(3) 单击【绘制草图】按钮→退出"草图编辑"状态。

(4) 按 F8 键→单击【拉伸增料】按钮 →选择【双向拉深】选项→输入深度值"180"，单击【确定】按钮，生成实体，如图 7.6 所示。

图 7.6

(5) 确认当前坐标平面为"平面 YZ"→单击【公式曲线】按钮f(x)→输入螺旋线函数及设置(图 7.7)→单击【确定】按钮结束。

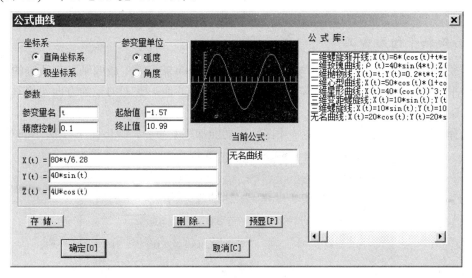

图 7.7

(6) 按回车键→输入螺旋线的基点,即曲线定位点为(-70,0,0)。显示完整的轴测图,如图 7.8 所示。

(7) 选择【加工】→【多轴加工】→【四轴曲线加工】命令,弹出图 7.2 所示对话框,设置有关参数后确定,结果如图 7.9 所示。

图 7.8   图 7.9

(8) 选择【加工】→【线框仿真】命令→鼠标左键拾取加工轨迹→按右键开始仿真,如图 7.10 所示。

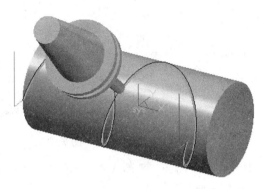

图 7.10

2．四轴平切面加工

用一组垂直于旋转轴的平面与被加工曲面的等距面求交而生成四轴加工轨迹的方法称为四轴平切面加工，多用于加工旋转体及上面的复杂曲面。铣刀刀轴的方向始终垂直于第四轴的旋转轴。

选择【加工】→【多轴加工】→【四轴平切面加工】命令，弹出图 7.11 所示的对话框。

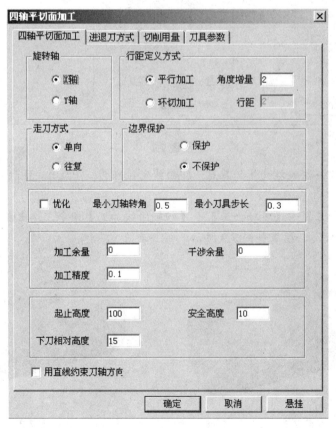

图 7.11

【四轴平切面加工】对话框中各参数说明见表 7-2。

表 7-2 【四轴平切面加工】对话框中各参数说明

参数项	所属项	说明
旋转轴	X 轴	机床的第四轴绕 X 轴旋转，生成加工代码时角度地址为 A
	Y 轴	机床的第四轴绕 Y 轴旋转，生成加工代码时角度地址为 B
行距定义方式	平行加工	用平行于旋转轴的方向生成加工轨迹
	角度增量	平行加工时用角度的增量来定义两平行轨迹之间的距离
	环切加工	用环绕旋转轴的方向生成加工轨迹
	行距	环切加工时用行距来定义二环切轨迹之间的距离
边界保护	保护	在边界处生成保护边界的轨迹，如图 7.12 所示
	不保护	到边界处停止，不生成轨迹，如图 7.13 所示
优化	最小刀轴转角	刀轴转角指的是相邻两个刀轴间的夹角。最小刀轴转角限制的是两个相邻刀位点之间刀轴转角必须大于此数值，如果小了，就会忽略掉。如图 7.12、图 7.13 所示，图 7.12 所示为没有添加此限制，图 7.13 所示添加了此限制，且最小刀轴转角为 10°
	最小刀具步长	指的是相邻两个刀位点之间的直线距离必须大于此数值，若小于此数值，可忽略不要。效果如设置最小刀具步长类似。如果与最小刀轴转角同时设置，则两个条件哪个满足哪个起作用
加工余量		相对模型表面的残留高度
干涉余量		干涉面处的加工余量
加工精度		输入模型的加工精度，计算模型轨迹的误差小于此值。加工精度越大，模型形状的误差也增大，模型表面越粗糙。加工精度越小，模型形状的误差也减小，模型表面越光滑，但是，轨迹段的数目增多，轨迹数据量变大

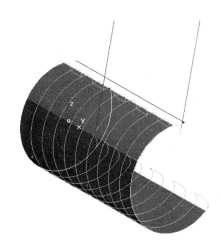

图 7.12

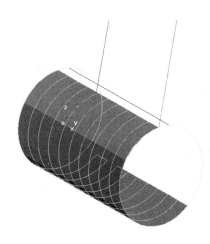

图 7.13

生成加工代码时后置选用 fanuc_4axis_A 和 fanuc_4axis_B 两个后置文件，如图 7.14 所示。

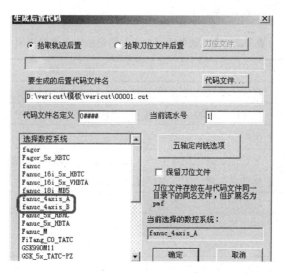

图 7.14

7.1.4 造型步骤

绘制图 7.1 所示圆台曲面图,并生成加工轨迹。

操作步骤如下。

(1) 通过 F9 键选择平面 YOZ 为作图面→绘制底圆 $\phi 40$、顶圆 $\phi 20$、高 60 的圆台线架图,如图 7.15 所示。

(2) 通过直纹面制作圆台曲面模型,如图 7.1 所示。

(3) 选择【加工】→【多轴加工】→【四轴平切面加工】命令,弹出图 7.10 所示对话框设置有关参数后单击【确定】按钮,结果如图 7.16 所示。

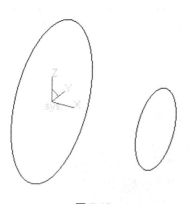

图 7.15

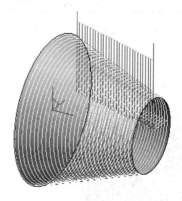

图 7.16

任 务 小 结

本任务主要学习四轴曲线加工、四轴平切面加工轨迹生成方法,重点掌握多轴参数设置及编程方法,树立多轴加工思维概念。

练习与拓展

1. 建立并加工图 7.17 所示的零件模型。

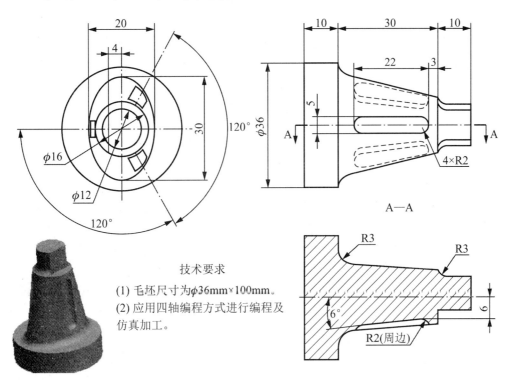

图 7.17

技术要求
(1) 毛坯尺寸为 $\phi36\text{mm}\times100\text{mm}$。
(2) 应用四轴编程方式进行编程及仿真加工。

2. 建立并加工图 7.18 所示的零件模型。

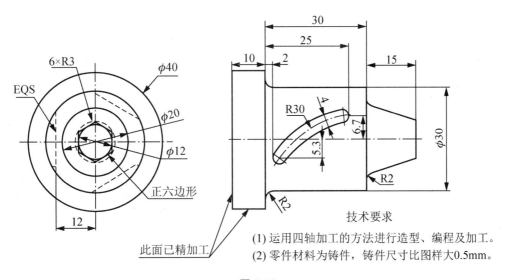

技术要求
(1) 运用四轴加工的方法进行造型、编程及加工。
(2) 零件材料为铸件,铸件尺寸比图样大0.5mm。

图 7.18

7.2 五轴加工

7.2.1 任务导入

完成图 7.19 所示定位卡轴的三维实体造型和加工。通过本任务主要学习基本图形的绘制方法，如直线、圆弧、过渡、矩形、剪裁、等距等；实体造型用到拉伸增料、放样增料、拉伸除料、陈列、过渡、相贯线等操作；加工轨迹生成用到四轴平切面加工、四轴曲线加工和加工仿真等。

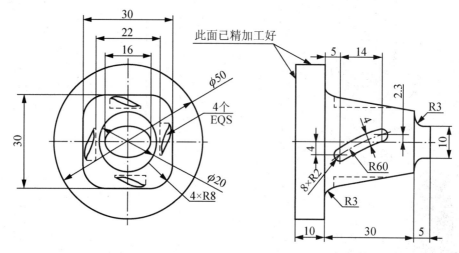

图 7.19

7.2.2 任务分析

从图 7.19 中可以看出，定位卡轴由 3 部分组成。
(1) ϕ50mm×10mm 圆柱体。
(2) 长度为 30mm 的方形(30mm×30mm)与圆(ϕ20mm)的放样体及放样体上的 4 个卡槽和 R3 圆角。
(3) 长度为 5mm 的椭圆柱及 R3 圆角。

先制作实体造型，然后用"四轴平切面加工"加工圆台曲面，用"四轴曲线加工"加工 4 个卡槽内部，最后通过后置处理生成加工程序。本任务要正确理解和设置四轴加工中的有关参数。

7.2.3 任务知识点

通过学习，掌握单线体刻字加工、曲线投影加工、叶轮粗加工、叶轮精加工、叶片粗加工、叶片精加工、五轴 G01 钻孔、五轴侧铣加工、五轴等参数线加工、五轴曲线加工、五轴曲面区域加工、五轴等高精加工、五轴转四轴轨迹、三轴转五轴轨迹、五轴定向加工等五轴加工轨迹生成方法。

1．单线体刻字加工

用五轴的方式加工单线体字，刀轴的方向自动由被拾取的曲面的法向进行控制或用直线方向控制。

选择【加工】→【多轴加工】→【单线体刻字加工】命令，弹出图 7.20 所示的对话框。

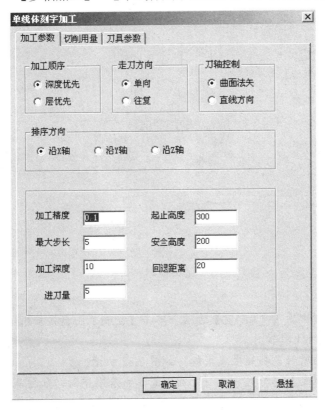

图 7.20

【单线体刻字加工】对话框中各参数说明见表 7-3。

表 7-3　【单线体刻字加工】对话框中各参数说明

参 数 项	所属项	说　　　　明
加工顺序	层优先	单线体的精加工轨迹同一层的加工完成再加工下一层
	深度优先	单线体的精加工轨迹同一侧的加工完成再加工下一侧面
走刀方向	单向	在刀次大于 1 时，同一层的刀迹轨迹沿着同一方向进行加工，这时，层间轨迹会自动以抬刀方式连接。精加工时为了保证槽宽和加工表面质量多采用此方式
	往复	在刀具轨迹层数大于 1 时，层之间的刀迹轨迹方向可以往复进行加工。刀具到达加工终点后，不快速退刀而是与下一层轨迹的最近点之间走一个行间进给，继续沿着与原加工方向相反的方向进行加工的。加工时为了减少抬刀，提高加工效率多采用此种方式
刀轴控制	曲面法矢	用字体所在曲面上的法线方向确定刀轴的方向
	直线方向	用直线的方向确定刀轴的方向
排序方向	沿 X 向	沿着 X 方向进行加工
	沿 Y 向	沿着 Y 方向进行加工
	沿 Z 向	沿着 Z 方向进行加工

操作实例 7-2

在 1/4 圆面上刻字 CAXA，如图 7.21 所示。

图 7.21

操作步骤如下。

(1) 单击特征树中的【平面 YZ】选项→单击【绘制草图】按钮，进入"草图编辑"状态，绘制 φ40 的 1/4 圆草图。

(2) 通过【拉伸增料】功能生成实体，如图 7.22 所示。

(3) 单击【基准面】图标→在 1/4 圆中间建立基准平面，如图 7.22 所示。

(4) 在新建立的基准平面上创建草图 CAXA，如图 7.23 所示。

图 7.22

图 7.23

(5) 按 F8 键→单击【拉伸除料】图标→选择【固定深度】→【反向拉伸】选项→输入深度 "4"，如图 7.24 所示，单击【确定】按钮，结果如图 7.25 所示，完成实体造型。

(6) 单击【相贯线】图标→选择【实体边界】选项→拾取 1/4 圆实体边界→作圆弧边界线。

(7) 单击【直纹面】图标→选择【曲线+曲线】选项。

图 7.24

(8) 分别拾取两个圆弧边界大致相同的位置→右击结束，结果如图 7.26 所示。

(9) 单击【文字】图标**A**。

(10) 按回车键→输入"文字起点坐标"→在弹出的【文字输入】对话框中，输入"CAXA"→单击【确定】按钮，结果如图 7.26 所示。

(11) 单击【相关线】图标→选择【曲面投影线】选项→拾取圆弧曲面，选择方向向上，拾取 CAXA 曲线，完成 CAXA 曲线投影，如图 7.26 所示。

(12) 选择【加工】→【多轴加工】→【单线体刻字加工】命令，弹出图 7.27 所示的对话框，设置有关参数后单击【确定】按钮，结果如图 7.21 所示。

图 7.25

图 7.26

2．曲线投影加工

以投影的方式对曲线进行加工，刀轴的方向用直线方向控制。

选择【加工】→【多轴加工】→【曲线投影加工】命令，弹出图 7.28 所示的对话框。

【曲线投影加工】对话框中各参数说明见表 7-4。

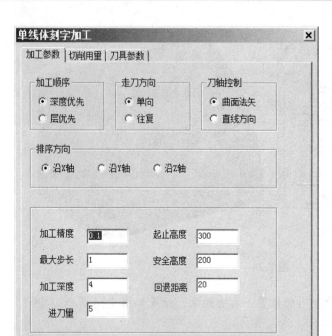

图 7.27

图 7.28

表 7-4 【曲线投影加工】对话框中各参数说明

参数项	所属项	说 明
偏置选项	曲线上	铣刀的中心沿曲线加工,不进行偏置
	左偏	向被加工曲线的左边进行偏置。左方向的判断方法与 G41 相同,即刀具加工方向的左边
	右偏	向被加工曲线的右边进行偏置。右方向的判断方法与 G42 相同,即刀具加工方向的右边
	左右偏	向被加工曲线的左边和右边同时进行偏置
	偏置距离	偏置的距离在这里输入数值确定

操作实例 7-3

投影曲线加工,如图 7.29 所示。

操作步骤如下。

(1) 绘制图 7.30 所示的空间曲线和圆形曲面。

(2) 选择【加工】→【多轴加工】→【曲线投影加工】命令,弹出图 7.28 所示的对话框,设置有关参数后,单击【确定】按钮,依次拾取投影曲线、方向线、曲面后生成加工轨迹,如图 7.29 所示。

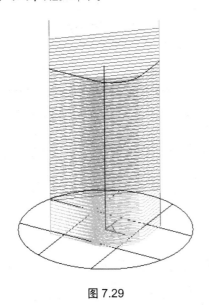

图 7.29

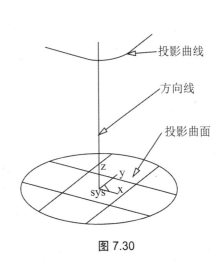

图 7.30

3. 叶轮粗加工

对叶轮相邻两叶片之间的余量进行粗加工。

选择【加工】→【多轴加工】→【叶轮粗】命令,弹出图 7.31 所示的对话框,叶轮粗加工轨迹如图 7.32 所示。

【叶轮粗加工】对话框中各参数说明见表 7-5。

图 7.31

图 7.32

表 7-5 【叶轮粗加工】对话框中各参数说明

参数项	所属项	说　明
叶轮装卡方位	X 轴正向	叶轮轴线平行于 X 轴，从叶轮底面指向顶面同 X 轴正向同向的安装方式
	Y 轴正向	叶轮轴线平行于 Y 轴，从叶轮底面指向顶面同 Y 轴正向同向的安装方式
	Z 轴正向	叶轮轴线平行于 Z 轴，从叶轮底面指向顶面同 Z 轴正向同向的安装方式
走刀方向	从上向下	刀具由叶轮顶面切入从叶轮底面切出，单向走刀
	从下向上	刀具由叶轮底面切入从叶轮顶面切出，单向走刀
	往复	在以上 4 种情况下，一行走刀完后，不抬刀而是切削移动到下一行，反向走刀完成下一行的切削加工
进给方向	从左向右	刀具的行间进给方向是从左向右
	从右向左	刀具的行间进给方向是从右向左
	从两边向中间	刀具的行间进给方向是从两边向中间
	从中间向两边	刀具的行间进给方向是从中间向两边
延长	底面上部延长量	当刀具从叶轮上底面切入或切出时，为确保刀具不与工件发生碰撞，将刀具的走刀或进给行程向上延长一段距离，以使刀具能够完全离开叶轮上底面
	底面下部延长量	当刀具从叶轮下底面切入或切出时，为确保刀具不与工件发生碰撞，将刀具的走刀或进给行程向下延长一段距离，以使刀具能够完全离开叶轮下底面

操作实例 7-4

叶轮零件的造型与加工，零件如图 7.33 所示。
操作步骤如下。

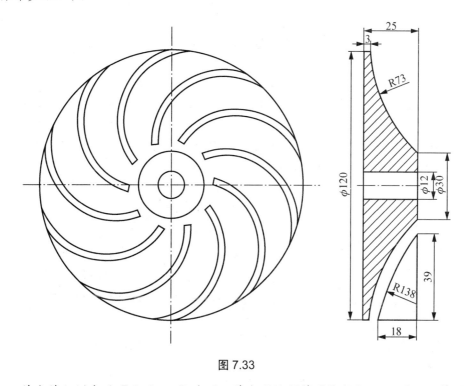

图 7.33

(1) 单击特征树中的【平面 YZ】选项→单击【绘制草图】按钮，进入"草图编辑"状态，绘制图 7.34 所示的草图。

(2) 过 R6 圆心与 Z 轴平行的回转轴线，按 F8 键→单击【旋转增料】图标→选择【单向旋转】选项→输入旋转角度"360"，在【特征树】上拾取"草图"→拾取回转轴线→单击【确定】按钮，结果如图 7.35 所示。

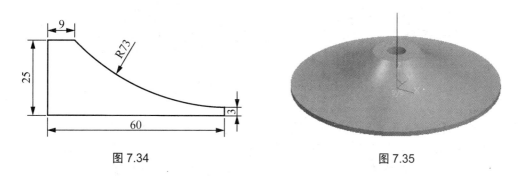

图 7.34   图 7.35

(3) 在实体底平面和顶面绘制草图，通过单击【放样增料】图标→依次拾取手柄的各截断面草图→单击【确定】按钮，结果如图 7.36 所示。

图 7.36

(4) 按 F8 键→单击【环形阵列】图标，弹出【环形阵列】对话框→输入角度"36"→输入数目"10"→选择【自身旋转】复选框，在【阵列对象】栏中选择【选择阵列对象】选项→在【特征树】上拾取叶片特征，如图 7.37 所示。在【边/基准轴】栏中拾取【选择基准轴】选项→拾取直线→单击【完成】按钮，结果如图 7.38 所示。

 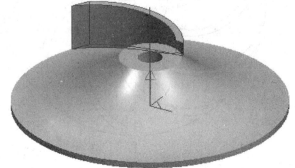

图 7.37

 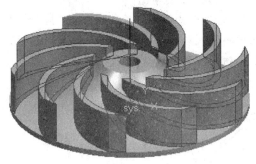

图 7.38

(5) 单击【特征树】中的【平面 YZ】选项→单击【绘制草图】按钮，进入"草图编辑"状态，绘制图 7.39 所示的右上角草图，退出草图，按 F8 键，如图 7.40 所示。

(6) 按 F8 键→单击【旋转除料】图标→选择【单向旋转】选项→输入旋转角度"360"，在【特征树】上拾取"草图"→拾取回转轴线→单击【确定】按钮，结果如图 7.41 所示。

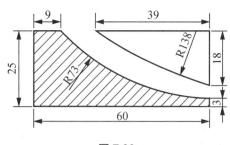

图 7.39

图 7.40

图 7.41

(7) 单击【相关线】图标→选择【实体边界】选项，拾取叶轮各轮廓边界线→用直纹面制作出各叶片侧曲面及叶片底曲面，结果如图 7.42 所示。

(8) 选择【加工】→【多轴加工】→【叶轮粗】命令，弹出对话框，设置有关参数，拾取叶轮各叶片侧曲面及叶片底曲面，生成叶轮粗加工轨迹，如图 7.42 所示，线架显示如图 7.43 所示。

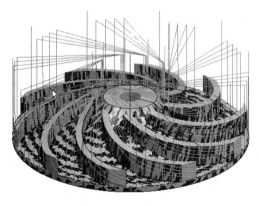

图 7.42

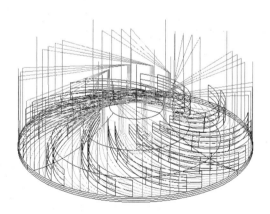

图 7.43

4．叶轮精加工

对叶轮每个单一叶片的两侧进行精加工。

选择【加工】→【多轴加工】→【叶轮精加工】命令，弹出图 7.44 所示的对话框，叶轮粗加工轨迹如图 7.45 所示。

CAD/CAM 数控编程项目教程(CAXA 版)

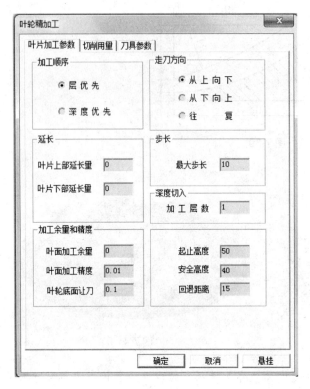

图 7.44

图 7.45

【叶轮精加工】对话框中各参数说明见表 7-6。

表 7-6　【叶轮精加工】对话框中各参数说明

参数项	所属选项	说　明
加工顺序	层优先	叶片两个侧面的精加工轨迹同一层的加工完成再加工下一层。叶片两侧交替加工
	深度优先	叶片两个侧面的精加工轨迹同一侧的加工完成再加工下一侧面。完成叶片的一个侧面后再加工另一个侧面
走刀方向	从上向下	叶片两侧面的每一条加工轨迹都是从上向下进行精加工
	从下向上	叶片两侧面的每一条加工轨迹都是从下向上进行精加工
	往复	叶片两侧面一面为从下向上精加工,一面为从上向下精加工
层切入	最大步长	刀具走刀的最大步长,大于"最大步长"的走刀步将被分成两步
	最小步长	刀具走刀的最小步长,小于"最小步长"的走刀步将被合并

5．叶片粗加工

对单一叶片类造型进行整体粗加工,如图 7.46 所示。

选择【加工】→【多轴加工】→【叶片粗加工】命令,弹出图 7.47 所示的对话框。

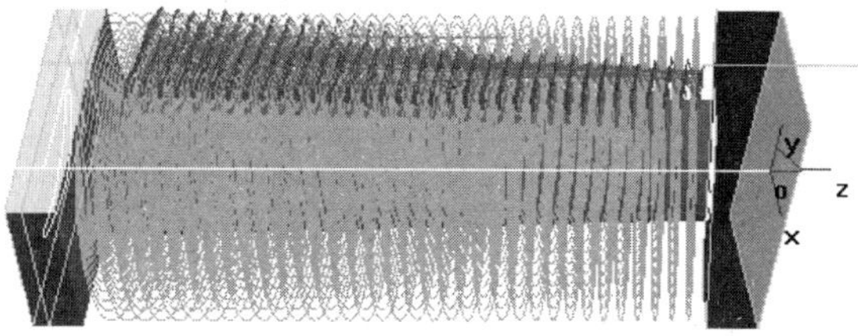

项目 7　多轴加工

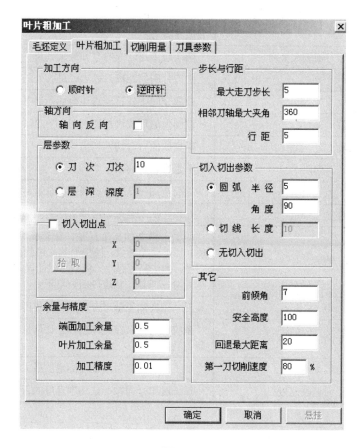

图 7.46

图 7.47

【叶片粗加工】对话框中各参数说明见表 7-7。

表 7-7　【叶片粗加工】对话框中参数说明

参数项	所属选项		说　　明
毛坯定义	方形毛坯(所要加工的叶片为方形毛坯)	基准点	拾取一个点，以此点为基准
		大小	毛坯的大小，以长、宽、高的形式表示
	圆形毛坯(所要加工的叶片为圆形毛坯)	底面中心点	毛坯的底面中心点
		大小	毛坯的大小，以半径和高度的形式表示

267

续表

参数项	所属选项	说　　明
加工方向	顺时针	加工时刀具顺时针旋转
	逆时针	加工时刀具逆时针旋转
轴方向	轴向反向	
层参数	刀次	以给定加工的次数来确定走刀的次数
	层深	每层下降的深度
步长与行距	最大走刀步长	刀具走刀的最大步长,大于"最大步长"的走刀步将被分成两步
	相邻刀轴最大夹角	两个轨迹点之间的刀轴最大夹角
	行距	走刀行间的距离,以半径最大处的行距为计算行距
切入切出点	拾取	拾取空间中任意一点作为切入切出点
切入切出参数	圆弧	以圆弧的形式进行切入切出
	切线	沿切线的方向切入切出
	无切入切出	不进行切入切出
余量与精度	端面加工余量	端面在加工结束后所残留的余量
	叶片加工余量	叶片在加工结束后所残留的余量
	加工精度	即输入模型的加工误差。计算模型的轨迹误差小于此值。加工误差越大,模型形状的误差也增大,模型表面越粗糙。加工精度越小,模型形状的误差也减小,模型表面越光滑,但是,轨迹段的数目增多,轨迹数据量变大
其他	前倾角	刀具轴向加工前进方向倾斜的角度
	安全高度	系统认为刀具在此高度以上任何位置,均不会碰伤工件和夹具
	回退最大距离	加工一刀结束后沿轴向回退的最大距离
	第一刀切削速度	加工时第一刀按一定切削速度的百分比速度下刀

6. 叶片精加工

对单一叶片类造型进行整体精加工,如图 7.48 所示。

选择【加工】→【多轴加工】→【叶片精加工】命令,弹出图 7.49 所示的对话框。

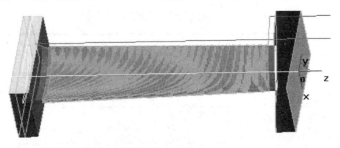

图 7.48

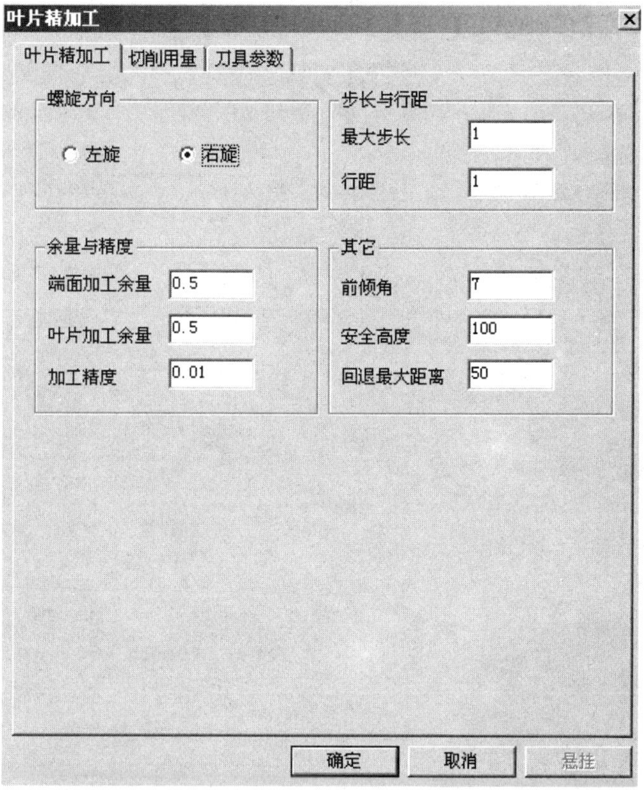

项目 7　多轴加工

图 7.49

【叶片精加工】对话框中各参数说明见表 7-8。

表 7-8　【叶片精加工】对话框中各参数说明

参数项	所属选项	说　　明
螺旋方向	左旋	向左方向旋转
	右旋	向右方向旋转
步长与行距	最大步长	刀具走刀的最大步长，大于"最大步长"的走刀步将被分成两步
	行距	走刀行间的距离，以半径最大处的行距为计算行距
余量与精度	端面加工余量	端面在加工结束后所残留的余量
	叶片加工余量	叶片在加工结束后所残留的余量
	加工精度	即输入模型的加工误差。计算模型的轨迹误差小于此值。加工误差越大，模型形状的误差也越大，模型表面越粗糙；加工精度越小，模型形状的误差也越小，模型表面越光滑。但是，轨迹段的数目增多，轨迹数据量变大
其他	前倾角	刀具轴向加工前进方向倾斜的角度
	安全高度	系统认为刀具在此高度以上任何位置，均不会碰伤工件和夹具
	回退最大距离	加工一刀结束后沿轴向回退的最大距离

7．五轴 G01 钻孔

按曲面的法矢或给定的直线方向用 G01 直线插补的方式进行空间任意方向的五轴钻孔，如图 7.50 所示。

选择【加工】→【多轴加工】→【五轴 G01 钻孔】命令，弹出图 7.51 所示对话框。

图 7.50　　　　　　　　　　　　　　　　图 7.51

【五轴 G01 钻孔】对话框中各参数说明见表 7-9。

表 7-9　【五轴 G01 钻孔】对话框中各参数说明

参 数 项		说　　明
安全高度(绝对)		系统认为刀具在此高度以上任何位置，均不会碰伤工件和夹具，所以应该把此高度设置高一些
主轴转速		机床主轴的转速
安全间隙		钻孔时，钻头快速下刀到达的位置，即距离工件表面的距离，由这一点开始按钻孔速度进行钻孔
钻孔速度		钻孔时刀具的切削进给速度
钻孔深度		孔的加工深度
接近速度		慢下刀速度
回退最大距离		每次回退到在钻孔方向上高出钻孔点的最大距离
回退速度		钻孔后刀具回退的速度
钻孔方式	下刀次数	当孔较深使用啄式钻孔时，以下刀的次数完成所要求的孔深
	每次深度	当孔较深使用啄式钻孔时，以每次钻孔深度完成所要求的孔深
拾取方式	输入点	可以输入数值和任何可以捕捉到的点来确定孔位
	拾取存在点	拾取用作点工具生成的点来确定孔位
	拾取圆	拾取圆来确定孔位

续表

参数项		说　　明
刀轴控制	曲面法矢	用钻孔点所在曲面上的法线方向确定钻孔方向
	直线方向	用孔的轴线方向确定钻孔方向
	直线长度决定钻孔深度	用所画直线的长度来表示所要钻孔的深度
抬刀选项		当相邻的两个投影角度超过所给定的最大角度时，将进行抬刀操作

8．五轴侧铣加工

用两条线来确定所要加工的面，并且可以利用铣刀的侧刃来进行加工，如图 7.52 所示。选择【加工】→【多轴加工】→【五轴侧铣】命令，弹出图 7.53 所示的对话框。

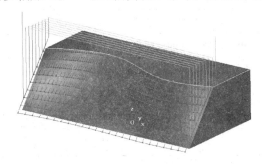

图 7.52

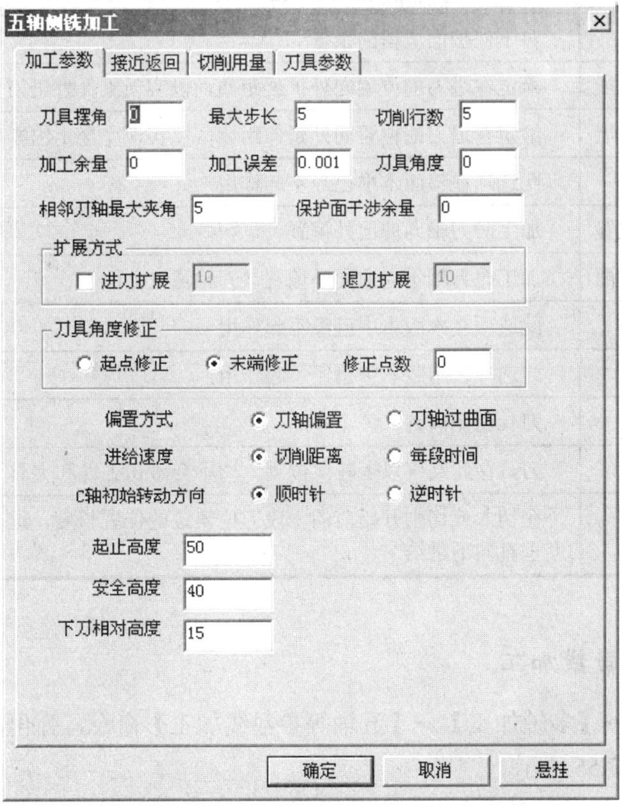

图 7.53

【五轴侧铣加工】对话框中各参数说明见表 7-10。

表 7-10 【五轴侧铣加工】对话框中各参数说明

参数项		说　明
刀具摆角		在这一刀位点应该具有的刀轴矢量的基础上在轨迹的加工方向上再增加的刀具摆角 　　最大步长在满足加工误差的情况下为了使曲率变化较小的部分不致生成的刀位点过少，用这一项参数来增加刀位，使相邻两刀位点之间的距离不大于此值
切削行数		用此值确定加工轨迹的行数
加工余量		相对模型表面的残留高度
加工误差		输入模型的加工误差。计算模型的轨迹的误差小于此值。加工误差越大，模型形状的误差也越大，模型表面越粗糙；加工精度越小，模型形状的误差也越小，模型表面越光滑。但是，轨迹段的数目增多，轨迹数据量变大
刀具角度		当刀具为锥形铣刀时，在这里输入锥刀的角度，支持用锥刀进行五轴侧铣加工
相邻刀轴最大夹角		生成五轴侧铣轨迹时，相邻两刀位点之间的刀轴矢量夹角不大于此值，否则将在两刀位之间插值新的刀位，用以避免两相邻刀位点之间的角度变化过大
保护面干涉余量		对于保护面所留的余量
扩展方式	进刀扩展	给定在进刀的位置向外扩展距离，以实现零件外进刀
	退刀扩展	给定在退刀的位置向外延伸距离，以实现完全走出零件外再抬刀
刀具角度修正		此选项在该版本中已经不起作用
偏置方式	刀轴偏置	加工时刀轴向曲面外偏置
	刀轴过面	加工时刀轴不向曲面外偏置，刀轴通过曲面
进给速度		此选项在本版本中已经不起作用
C 轴初始转动方向		此选项在本版本中已经不起作用
起止高度		刀具初始位置
安全高度		刀具在此高度以上任何位置，均不会碰伤工件和夹具
下刀相对高度		在切入或切削开始前的一段刀位轨迹的位置长度，这段轨迹以慢速下刀速度垂直向下进给

9．五轴等参数线加工

选择【加工】→【多轴加工】→【五轴等参数线加工】命令，弹出图 7.54 所示的对话框，生成轨迹如图 7.55 所示。

【五轴等参数线加工】对话框中各参数说明见表 7-11。

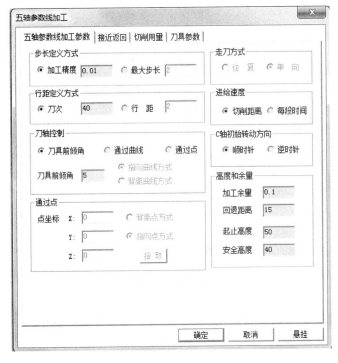

图 7.54

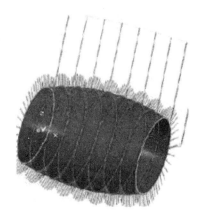

图 7.55

表 7-11 【五轴等参数线加工】对话框中各参数说明

参数项	所属选项	说　明
步长定义方式	加工精度	即输入模型的加工误差。计算模型的轨迹的误差小于此值。加工误差越大，模型形状的误差也越大，模型表面越粗糙；加工精度越小，模型形状的误差也越小，模型表面越光滑。但是，轨迹段的数目增多，轨迹数据量变大
	步长	生成加工轨迹的刀位点沿曲线按弧长均匀分布。当曲线的曲率变化较大时，不能保证每一点的加工误差都相同
行距定义方式	刀次	以给定加工的次数来确定走刀的次数
	行距	以给定行距来确定轨迹间的距离
刀轴方向控制	刀具前倾角	刀具轴向加工前进方向倾斜的角度
通过点	通过曲线	通过刀尖一点与对应的曲线上一点所连成的直线方向来确定刀轴的方向
	通过点	通过刀尖一点与所给定的一点所连成的直线方向来确定刀轴的方向

点坐标：可以手工输入空间中任意点的坐标或拾取空间中任意存在点。

1) 走刀方式

(1) 往复：在刀具轨迹行数大于 1 时，行之间的刀迹轨迹方向可以往复。刀具到达加工终点后，不快速退刀而是与下一行轨迹的最近点之间走一个行间进给，继续沿着与原加工方向相反的方向进行加工的方式。加工时为了减少抬刀，提高加工效率多采用此种方式。

(2) 单向：在刀次大于 1 时，同一层的刀迹轨迹沿着同一方向进行加工，这时，层间轨迹会自动以抬刀方式连接。精加工时为了保证加工表面质量多采用此方式。

2) 高度和余量

(1) 加工余量：相对模型表面的残留高度。

(2) 下道相对高度：在切入或切削开始前的一段刀位轨迹的位置长度，这段轨迹以慢速下刀速度垂直向下进给。

(3) 起止高度：刀具初始位置。

(4) 安全高度：刀具在此高度以上任何位置均不会碰伤工件和夹具。

3) 其他参数

(1) 进给速度：此选项在本版本中已经不起作用。

(2) C 轴初始转动方向：此选项在本版本中已经不起作用。

在刀次大于 1 时，同一层的刀迹轨迹沿着同一方向进行加工，这时，层间轨迹会自动以抬刀方式连接。精加工时为了保证加工表面质量多采用此方式。

10．五轴曲线加工

用五轴的方式加工空间曲线，刀轴的方向自动由被拾取的曲面的法向进行控制。

选择【加工】→【多轴加工】→【五轴曲线加工】命令，弹出图 7.56 所示的对话框。

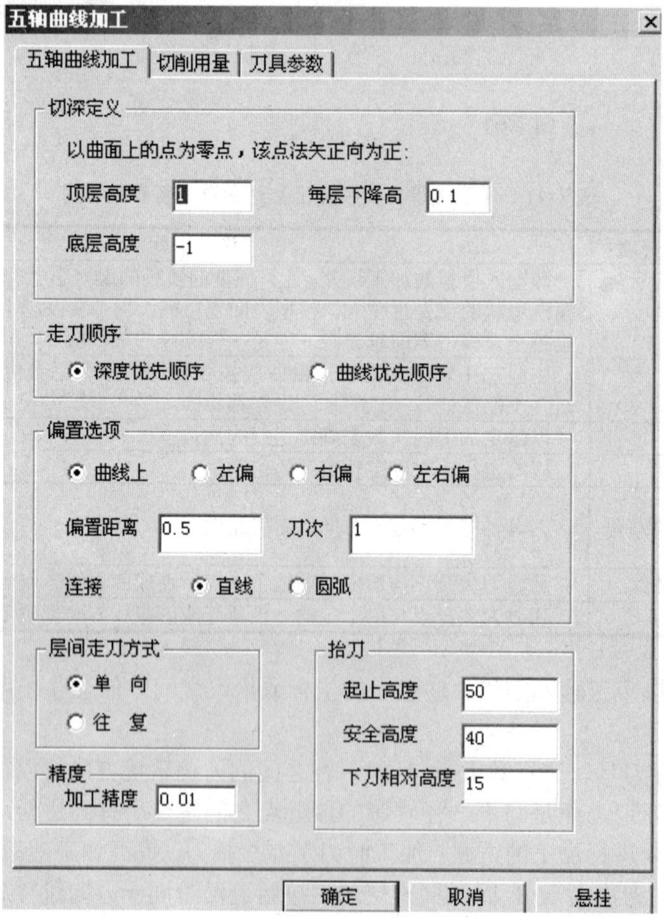

图 7.56

【五轴曲线加工】对话框中各参数说明见表 7-12。

表 7-12 【五轴曲线加工】对话框中各参数说明

参数项	所属选项	说 明
切深定义	顶层高度	加工时第一刀能切削到的高度值
	底层高度	加工时最后一刀能切削到的高度值
	每层下降	单层下降的高度，也可以称为层高。此 3 个值决定切削的刀次
走刀顺序	深度优先顺序	先按深度方向加工，再加工平面方向
	曲线优先顺序	先按曲线的顺序加工，加工完这一层后再加工下一层，即深度方向
偏置选项	曲线上	铣刀的中心沿曲线加工，不进行偏置
	左偏	向被加工曲线的左边进行偏置。左方向的判断方法与 G41 相同，即刀具加工方向的左边
	右偏	向被加工曲线的右边进行偏置。右方向的判断方法与 G42 相同，即刀具加工方向的右边
	左右偏	向被加工曲线的左边和右边同时进行偏置
	偏置距离	偏置的距离在这里输入数值确定
	刀次	当需要多刀进行加工时，在这里给定刀次。给定刀次后总偏置距离=偏置距离×刀次
	连接	当刀具轨迹进行左右偏置，并且用往复方式加工时，两加工轨迹之间的连接提供了两种方式：直线和圆弧。两种连接方式各有其用途，可根据加工的实际需要来选用
层间走刀方式	单向	沿曲线加工完后抬刀回到起始下刀切削处，再次加工
	往复	加工完后不抬刀，直接进行下次加工
加工精度		曲线的离散精度

11．五轴曲面区域加工

生成曲面的五轴精加工轨迹，刀轴的方向由导向曲面控制。导向曲面只支持一张曲面的情况。刀具目前只支持球头刀。

选择【加工】→【多轴加工】→【五轴曲面区域】命令，弹出图 7.57 所示的对话框。【五轴曲面区域加工】对话框中各参数说明见表 7-13。

表 7-13 【五轴曲面区域加工】对话框中各参数说明

参数项	所属选项	说 明
走刀方式	平行加工	以任意角度方向生成平行线的方式的加工轨迹
	环切加工	生成环切加工轨迹
余量	加工余量	加工后工件表面所保留的余量
	轮廓余量	加工后对于加工轮廓所保留的余量
	岛余量	加工后对于岛所保留的余量
	干涉余量	加工后对于干涉面所保留的余量

续表

参数项	所属选项	说　明
精度	加工精度	即输入模型的加工误差。计算模型的轨迹的误差小于此值。加工误差越大，模型形状的误差也越大，模型表面越粗糙；加工精度越小，模型形状的误差也越小，模型表面越光滑。但是，轨迹段的数目增多，轨迹数据量变大
	轮廓精度	对于加工范围的轮廓的加工精度
拐角过渡方式	尖角	刀具从轮廓的一边到另一边的过程中，以两条边延长后相交的方式连接
	圆角	刀具从轮廓的一边到另一边的过程中，以圆弧的方式过渡
轮廓补偿	ON	刀心线与轮廓重合
	TO	刀心线未到轮廓一个刀具半径
	PAST	刀心线超过轮廓一个刀具半径
轮廓清根	清根	进行轮廓清根加工
	不清根	不进行轮廓清根加工
岛补偿	ON	刀心线与轮廓重合
	TO	刀心线未到轮廓一个刀具半径
	PAST	刀心线超过轮廓一个刀具半径

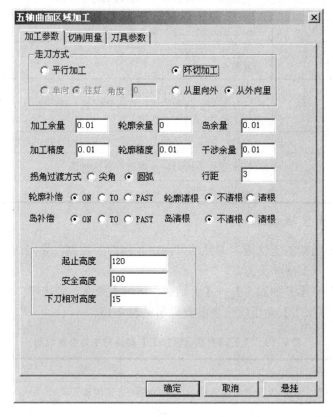

图 7.57

12．五轴等高精加工

生成的五轴等高精加工轨迹，刀轴的方向为给定的摆角。刀具目前只支持球头刀。

选择【加工】→【多轴加工】→【五轴等高精加工】命令，弹出图 7.58 所示的对话框。

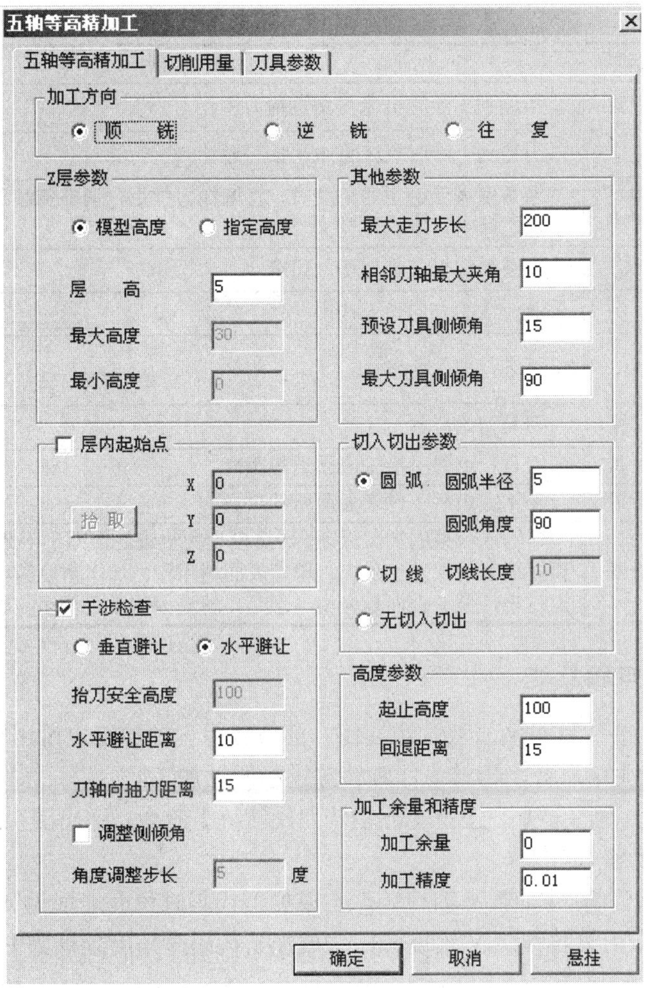

项目 7 多轴加工

图 7.58

【五轴等高精加工】对话框中各参数说明见表 7-14。

表 7-14 【五轴等高精加工】对话框中各参数说明

参数项	所属选项	说 明
加工方向	顺铣	刀具沿顺时针方向旋转加工
	逆铣	刀具沿逆时针方向旋转加工
	往复	生成往复的加工轨迹。每一条轨迹加工到终点后不抬刀,继续走到下一条轨迹的终点,向相反的方向进行加工
Z层参数	模型高度	用加工模型的高度进行加工,给定层高来生成加工轨迹
	指定高度	给定高度范围,在这个范围内按给定的层高生成加工轨迹
其他参数	最大走刀步长	刀具走刀的最大步长,大于"最大步长"的走刀步将被分成两步
	相邻刀轴最大夹角	生成五轴侧铣轨迹时,相邻两刀位点之间的刀轴矢量夹角不大于此值,否则将在两刀位之间插值新的刀位,用以避免两相邻刀位点之间的角度变化过大
	预设刀具侧倾角	预先设定的刀具侧倾角,刀具按这个侧倾角加工

277

续表

参数项	所属选项	说　　明
干涉检查	垂直避让	当遇到干涉时机床将垂直抬刀避让
	水平避让	当遇到干涉时机床将水平抬刀避让
	调整侧倾角	当角度大于给定的角度时，将增加刀位点，调整侧倾角，用来避免相邻刀位点之间的角度变化过大
切入切出参数	圆弧	以圆弧的形式进行切入切出
	切线	沿切线的方向切入切出
	无切入切出	不进行切入切出
高度参数	起止高度	刀具初始位置
	回退距离	刀具在退刀时沿轴向回退的距离
加工余量和精度	加工余量	加工完成后工件表面所留的余量
	加工精度	即输入模型的加工误差。计算模型的轨迹的误差小于此值。加工误差越大，模型形状的误差也越大，模型表面越粗糙；加工精度越小，模型形状的误差也越小，模型表面越光滑。但是，轨迹段的数目增多，轨迹数据量变大

13．五轴转四轴轨迹

把五轴加工轨迹转为四轴加工轨迹，使一部分可用五轴加工也可用四轴方式进行加工的零件，先用五轴生成轨迹，再转为四轴轨迹进行四轴加工。

选择【加工】→【多轴加工】→【五轴转四轴轨迹】命令，弹出图7.59所示的对话框。
"旋转轴"参数说明如下。

(1) X轴：机床的第四轴绕X轴旋转，生成加工代码时角度地址为A。

(2) Y轴：机床的第四轴绕Y轴旋转，生成加工代码时角度地址为B。

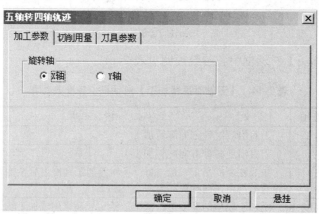

图 7.59

操作实例 7-5

图 7.60 所示为五轴等参数线加工轨迹。图 7.61 所示为五轴转四轴轨迹。图中红色直线段为刀轴矢量。由图中可以看出，五轴轨迹转为四轴轨迹后刀轴方向发生了改变。由两个

摆角变为一个摆角，相应轨迹形状也发生了改变。

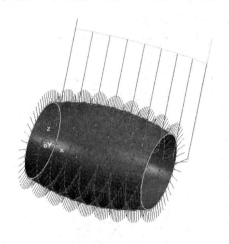

图 7.60

图 7.61

14．三轴转五轴轨迹

把三轴加工轨迹转为五轴加工轨迹，只可用五轴加工方式进行加工的零件，先用三轴生成轨迹，再转为五轴轨迹进行五轴加工。

选择【加工】→【多轴加工】→【三轴转五轴轨迹】命令，弹出图 7.62 所示的对话框。

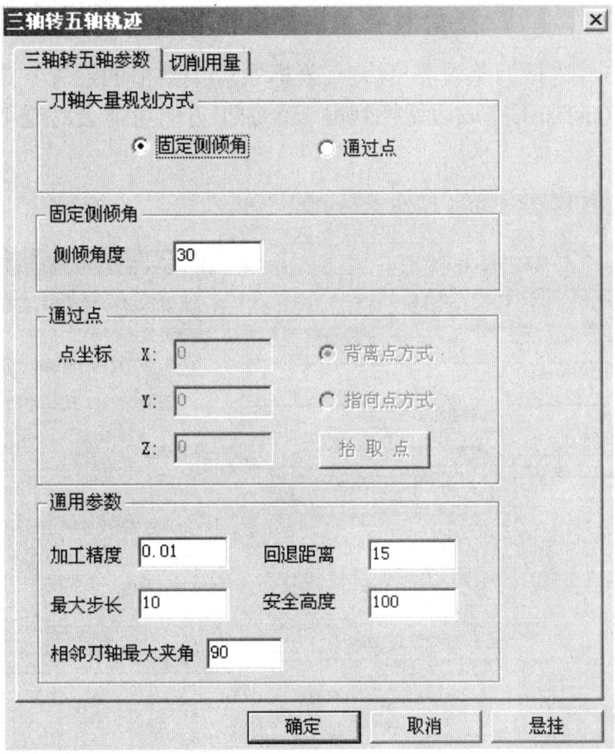

图 7.62

【三轴转五轴轨迹】对话框中各参数说明见表7-15。

表7-15 【三轴转五轴轨迹】对话框中各参数说明

参数项	所属选项	说　　明
刀轴矢量规划方式	固定侧倾角	以固定的侧倾角度来确定刀轴矢量的方向
	通过点	通过空间中一点与刀尖点的连线方向来确定刀轴矢量的方向
点坐标		输入点的坐标或直接拾取空间点，来确定这个点的坐标
通用参数	加工精度	即输入模型的加工误差。计算模型的轨迹的误差小于此值。加工误差越大，模型形状的误差也越大，模型表面越粗糙；加工精度越小，模型形状的误差也越小，模型表面越光滑。但是，轨迹段的数目增多，轨迹数据量变大
	最大步长	刀具走刀的最大步长，大于"最大步长"的走刀步将被分成两步
	回退距离	刀具在退刀时沿轴向回退的距离
	安全高度	刀具在此高度以上任何位置，均不会碰伤工件和夹具
	相邻刀轴最大夹角	生成五轴侧铣轨迹时，相邻两刀位点之间的刀轴矢量夹角不大于此值，否则将在两刀位之间插值新的刀位，用以避免两相邻刀位点之间的角度变化过大

15．五轴定向加工

首先在所要加工的方向上建立加工坐标系，用坐标系确定要进行加工的刀轴方向。在这个坐标中可以使用三轴加工中的所有加工功能。

操作如下。

(1) 生成加工轨迹时自由地使用三轴加工的所有加工功能。

(2) 生成加工代码时注意【生成后置代码】对话框中的五轴定向铣选项按图7.63所示进行设置。

(3) 注意图7.63中"抬刀绝对高度(装夹坐标系)"中数值的设置一定要比工件的最高点更高，以便在一个方向加工完成后切换到另一个加工方向可能会跨越工件时，不会与工件发生碰撞。

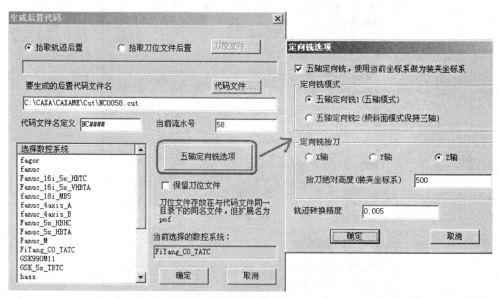

图7.63

7.2.4 加工步骤

完成图 7.64 所示定位卡轴的三维实体造型和加工。

本实例的主要技术要点包括以下几点。

(1) 基本图形的绘制方法，如直线、圆弧、过渡、矩形、裁剪、等距等。

(2) 实体造型用到拉伸增料、放样增料、拉伸除料、陈列、过渡、相贯线等操作。

(3) 加工轨迹生成用到四轴平切面加工、四轴曲线加工和加工仿真等。

具体操作步骤如下。

1．创建φ50mm×10mm 圆柱体

(1) 选择【文件】下拉菜单中的【打开】命令，或单击工具栏中的【新建】图标。

(2) 创建φ50mm×10mm 圆柱体。

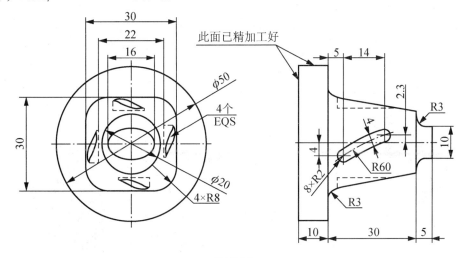

图 7.64

① 在左边立即菜单中选择【零件特征】命令，单击右键拾取 YZ 平面，击右键，单击【绘制草图】按钮，进入"草图状态"。

② 按 F5 键，把绘图平面切换至 XY 平面，单击【圆】按钮，以平面坐标原点为圆心作直径为 50mm 的圆，单击【绘制草图】按钮，退出"草图状态"。

③ 单击【拉伸增料】按钮，在弹出的对话框中设置参数。

④ 单击【确定】按钮，即可完成φ50mm×10mm 圆柱体的创建，结果如图 7.65 所示。

2．创建方形与圆的放样体及其四卡槽和圆角

创建长度为 30mm 的方形(30mm×30mm)与圆(φ20mm)的放样体及放样体上的四卡槽和 R3 圆角。

(1) 单击φ50mm×10mm 圆柱体的右端面，按右键，在弹出的菜单中选择【创建草图】命令，进入"草图状态"。

(2) 按 F5 键，切换草图绘图平面至 XY 平面后，运用【矩形】、【倒圆角】按钮，绘制出图 7.66 所示的草图。

(3) 单击【绘制草图】按钮，退出草图。

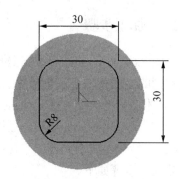

　　　　图 7.65　　　　　　　　　　　　　图 7.66

(4) 单击【构造基准面】按钮，选择【等距平面确定基准平面】选项，输入距离"30"，单击φ50mm×10mm 圆柱体的右端面，单击【确定】按钮后，即可生成一个新的基准面，如图 7.67 所示。

(5) 单击新基准面，单击【绘制草图】按钮，进入"草图状态"，绘制草图。

(6) 单击【圆】按钮，以坐标原点为圆心绘制φ20mm 圆，如图 7.68 所示。

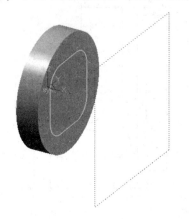

　　　　图 7.67　　　　　　　　　　　　　图 7.68

(7) 单击【绘制草图】按钮，退出草图。

(8) 单击【放样增料】按钮，弹出【放样增料】对话框后，依次拾取刚绘制好的两个草图，如图 7.68 所示。单击【确定】按钮后，即可生成放样增料特征体，如图 7.69 所示。

(9) 倒圆角。单击【过渡】按钮，设置过渡的半径为"3"，单击φ50mm×10mm 圆柱体与放样增料实体相接的任一边线，单击【确定】按钮即可完成 R3 圆角过渡，如图 7.70 所示。

　　　　图 7.69　　　　　　　　　　　　　图 7.70

(10) 把放样体及 R3 圆角生成曲面。单击【实体表面】按钮，单击放样体表面和 R3 圆角，按右键，即可生成曲面，如图 7.71 所示。

(11) 选择主菜单中的【编辑】→【隐藏】命令，框选刚生成的曲面，按右键，即可隐藏曲面。

(12) 创建放样体上的 4 个卡槽。

① 结构分析：放样体上 4 个卡槽的造型是一样的，所以只要生成一个，然后进行阵列即可。

② 生成平行于 XY 平面上的一个卡槽。

a．生成一个基准面，与 XY 平面的距离为 11mm。

b．选择生成后的基准平面为基准面作草图。

c．运用【直线】、【圆弧】等命令绘制草图。

d．单击【绘制草图】按钮，退出草图，如图 7.72 所示。单击【拉伸除料】按钮，在弹出的对话框中设置参数后，单击【确定】按钮，即可生成图 7.73 所示的实体。

图 7.71

图 7.72

③ 阵列刚生成的卡槽。

a．在图形中心创建一条直线，如图 7.74 所示。

b．单击【环形阵列】按钮，在弹出的对话框中设置参数。其中，阵列对象选择刚生成的卡槽，基准轴为旋转第一步的直线，角度为"90°"，数目为"4"。单击【确定】按钮，结果如图 7.74 所示。

图 7.73

图 7.74

3．创建长度为 5mm 的椭圆柱及 R3 圆角

此步只用到【拉伸增料】和【圆弧过渡】命令，故在此不再详述，结果如图 7.75 所示。

4．加工放样体表面、椭圆柱表面和两个R3圆角

(1) 加工思路分析。

① 把之前隐藏的曲面显示出来，再运用同样的方法把椭圆柱和R3倒角的表面生成曲面，结果如图7.76所示。

② 选择加工方法，设定加工参数。

图 7.75

图 7.76

(2) 轨迹生成。

① 选择主菜单中的【加工】→【多轴加工】→【四轴平切面加工】命令，打开四轴平切面加工参数设置对话框，如图7.77所示。

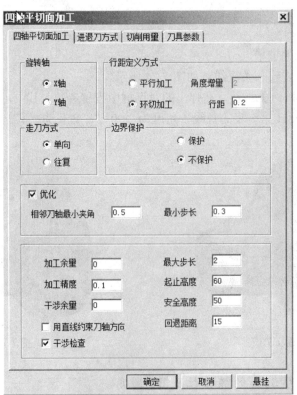
图 7.77

② 参数都设置好后，单击【确定】按钮。

③ 当系统提示"拾取加工对象"时，依次单击拾取所有曲面。

④ 当系统提示"拾取进刀点"时，单击椭圆柱最右端的一点。

⑤ 当系统提示"选择加工侧"时，单击选择向上的箭头。

⑥ 当系统提示"选择走刀方向"时，单击往里的箭头。

⑦ 当系统提示"选择需要改变加工侧的曲面"时，把每个方向往里的箭头都单击一下，使其往外，按右键，即可生成轨迹，结果如图 7.78 所示。

⑧ 完成后将轨迹隐藏，以便后面生成轨迹。

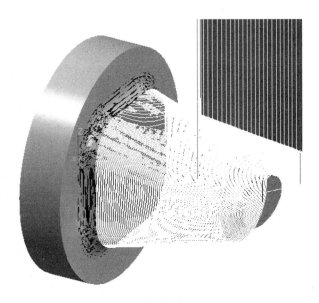

图 7.78

特别提示

用一组垂直于旋转轴的平面与被加工曲面的等距面相交而生成四轴加工轨迹的方法叫做四轴平切面加工，多用于加工旋转体及上面的复杂曲面。铣刀刀轴的方向始终垂直于第四轴的旋转轴。

5．加工放样体上的 4 个卡槽内部

(1) 加工前的准备。

① 将之前的所有曲面隐藏。

② 把卡槽内部中间 R60 的曲线画出来。

③ 单击【移动】按钮，从立即菜单中依次选择【偏移量】→【移动】命令，且有"DZ=4"，单击 R60 曲线，然后按右键，即可将曲线向上移动 4mm。

④ 单击【阵列】按钮，从立即菜单中选择【圆形】→【均布】命令，并选择 R60 曲线，然后按右键，即可将曲线阵列生成 4 份，结果如图 7.79 所示。

图 7.79

 特别提示

四轴曲线加工是指根据给定的曲线生成四轴加工的轨迹,多用于回转体上槽的加工,铣刀刀轴的方向始终垂直于第四轴的旋转轴。

(2) 加工方法的选择及加工参数的设定。

① 选择菜单中的【加工】→【多轴加工】→【四轴曲线加工】命令,打开曲轴平切面加工参数设置对话框。

② 选择【四轴柱面曲线加工】选项卡,具体加工参数如图 7.80 所示。

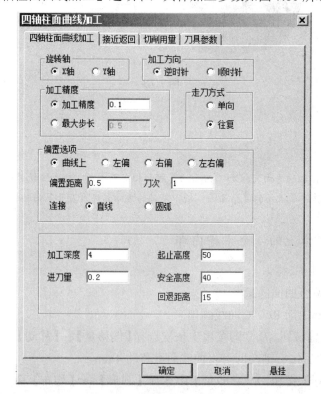

图 7.80

③ 参数都设置好后，单击【确定】按钮。当系统提示"拾取曲线"时，单击其中一条曲线。
④ 当系统提示"确定链拾取方向"时，单击其中的一个方向。
⑤ 当系统再次提示"拾取曲线"时，按右键跳过。
⑥ 当系统提示"选取加工侧边"时，单击向上的箭头。
⑦ 按右键，即可完成此槽的加工，结果如图 7.81 所示。
⑧ 用同样方法完成其他 3 条曲线的加工，完成后的结果如图 7.81 所示。

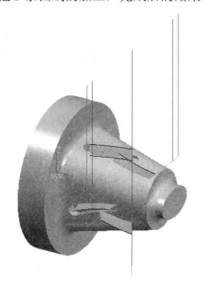

图 7.81

6．四轴加工后置处理

(1) 加工轨迹仿真。
① 单击主菜单【加工】命令，单击【线框仿真】命令。
② 当系统提示"拾取刀具轨迹"时，在绘图区中依次单击需仿真的刀具轨迹。
③ 从立即菜单中设置参数，按右键即可出现仿真界面。

四轴轨迹仿真只可以选择"线框仿真"方法进行仿真。在"线框仿真"过程中如需停止只要按 Esc 键即可。"仿真单步长"的数值越大则仿真的速度越快，数值越小则仿真的速度越慢。其他的参数选项右边的箭头均有其他选项，在此不再详述。

(2) 后置代码生成。
① 选择主菜单中的【加工】→【后置处理 2】→【生成 G 代码】命令。
② 在弹出的【生成后置代码】对话框中选择数控系统，本例为"fanuc_4axis_A"。
③ 给定生成代码的保存路径。
④ 单击【确定】按钮。
⑤ 当系统提示"拾取刀具轨迹"时，在绘图区中依次单击需仿真的刀具轨迹。
⑥ 选完轨迹后按右键，即可生成后置代码。

特别提示

fanuc_4axis_A：用于旋转轴为 X 轴的机床及编程方式。
fanuc_4axis_B：用于旋转轴为 Y 轴的机床及编程方式。

任 务 小 结

本任务主要介绍了多轴加工中的曲线加工、曲面区域加工、叶轮系列粗加工和精加工、轨迹转换等功能，在多轴产品设计和加工过程中所需要注意的事项，以及生成轨迹的方法、步骤和注意事项、后置处理的要求等。通过学习，掌握运用 CAXA 制造工程师 2011 进行四轴和五轴零件设计和加工的方法。

练习与拓展

建立并加工图 7.82 所示的零件模型，利用四轴加工功能加工该模型。

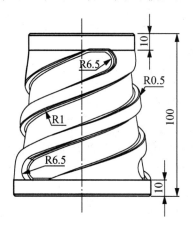

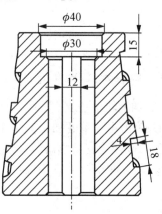

未注倒角 C0.5

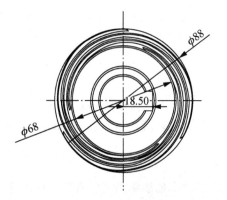

图 7.82

项目 8

综合加工实例

学习目标

本项目主要通过 5 个综合加工实例,详细讲解零件的造型和加工方法。通过典型工作任务的学习,使读者能够对 CAXA 制造工程师软件在零件造型和加工中的具体应用有所了解,提高综合运用所学知识解决实际加工问题的能力。

学习要求

(1) 了解 CAXA 制造工程师软件在零件造型和加工中的具体应用。
(2) 了解 CAXA 制造工程师软件工作环境的设置。
(3) 掌握 CAXA 制造工程师软件的基本操作与技巧。
(4) 掌握 CAXA 制造工程师软件的多轴加工方法。
(5) 灵活运用所学知识进行数控铣加工操作。

项目导读

对于一个实实在在的零件,它是由各个不同的面组成的,要将它加工出来,其工艺方案有很多种,无外乎是先加工哪个面、后加工哪个面的问题,这只是工艺问题。然而,工艺方案确定以后,每个面该如何加工出来,却是数控加工自动编程要解决的主要问题。采用 CAXA 制造工程师软件提供的刀具轨迹生成方法,足以应付平面和各种复杂曲面的加工。可以说,能由三轴铣加工出来的曲面,都能够生成数控加工刀具轨迹并生成数控加工代码,剩下的只是对它了解到了何种深度,会不会灵活运用的问题。事实上,每一种轨迹生成方法并不是孤立的,而是有联系的,可以互相配合,互相补充。采用一种轨迹生成方法可以加工不同的曲面,反过来,同一个曲面也可以采用不同的轨迹生成方法进行加工。

8.1 鼠标的造型与加工

8.1.1 任务导入

完成鼠标的造型,并生成加工轨迹,如图 8.1 所示。

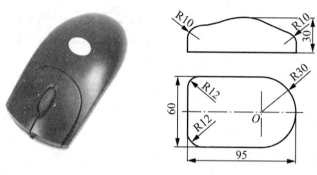

图 8.1

8.1.2 任务分析

由图 8.1 可知,鼠标的形状主要是由顶部曲面和轮廓曲面组成的,因此在构造实体时首先应使用拉伸增料生成实体特征,然后利用曲面裁剪生成顶部曲面,完成造型。

本任务的主要技术要点包括以下几点。

(1) 绘制封闭草图轮廓的方法。

(2) 拉伸增料生成实体特征的使用方法。

(3) 使用曲面裁剪生成鼠标实体特征的方法。

8.1.3 造型与加工步骤

1. 鼠标的造型

绘制鼠标主要包括以下步骤。

(1) 绘制草图。

① 单击状态树中的【平面 XY】命令,确定绘制草图的基准面。屏幕绘图区中显示一个虚线框,表明该平面被拾取到。

② 单击【绘制草图】按钮,或按 F2 键,进入绘制草图状态。

③ 单击 按钮,在立即菜单中选择"两点矩形"方式。按回车键,弹出坐标输入条,输入起点坐标(-65,30,0),按回车键确定。再次按回车键,弹出坐标输入条,输入终点坐标(30,-30,0),按回车键确定。矩形生成如图 8.2 所示。

④ 单击 按钮,在立即菜单中选择"三点圆弧"方式。按空格键弹出【点工具】菜单,单击【切点】按钮。依次单击最上面的直线、最右面的直线和下面的直线,就生成与这 3 条直线相切的圆弧,如图 8.3 所示。

项目 8 综合加工实例

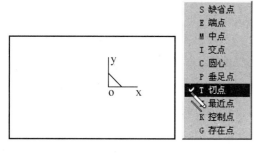

图 8.2

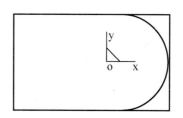

图 8.3

⑤ 单击【曲线裁剪】按钮，在立即菜单中选择【快速裁剪】和【正常裁剪】命令。按状态栏提示拾取被裁剪曲线，单击上面直线的右段，单击下面直线的右段，裁剪完成，结果如图 8.4 所示。

⑥ 单击【删除】按钮，单击右边的直线，按右键确认将其删除。

⑦ 单击【草图环检查】按钮，弹出【检查结果】对话框，如图 8.5 所示，单击【确定】按钮，表明草图是闭合的，可以进行后续操作。

⑧ 单击 按钮，退出"草图状态"。

(2) 创建鼠标基本体。

① 按 F8 键，把显示状态切换到轴侧图状态下，如图 8.6 所示。

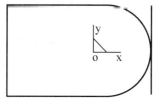

图 8.4

图 8.5

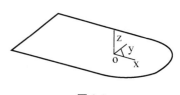

图 8.6

② 单击 按钮，弹出【拉伸增料】对话框。输入深度值"40"，如图 8.7 所示，选择草图，单击【确定】按钮，生成鼠标基本体，如图 8.8 所示。

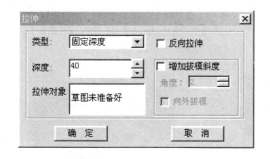

图 8.7

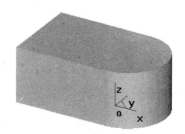

图 8.8

③ 单击 按钮，弹出【过渡】对话框，输入半径值"12"。选择需要过渡的元素：单击实体左面的两条竖边，两条边显示成红色，单击【确定】按钮，过渡完成，结果如图 8.9 所示。

特别提示

选择过渡元素时,可以按键盘的 Shift+方向键或者单击 按钮,按住鼠标左键旋转实体,直到可以看到实体左边的两条竖边。

④ 单击 按钮,按住鼠标左键旋转实体,直到可以看到实体底面。

⑤ 单击 按钮,弹出【拔模】对话框,如图 8.10 所示。在对话框中输入拔模角度值"2",用鼠标单击【中立面】下面的列表框,然后在绘图区单击实体底面。单击【拔模面】下面的列表框,并在绘图区内点取实体两个侧面,此时出现拔模方向箭头,选中对话框中的【向里】复选框。单击【确定】按钮,生成 2°的拔模斜度,结果如图 8.11 所示。

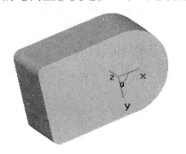
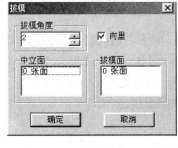
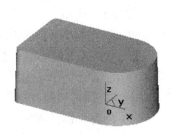

图 8.9　　　　　　　　　　图 8.10　　　　　　　　　　图 8.11

(3) 创建鼠标顶面。

① 单击 按钮,在立即菜单中选择"逼进"方式。按回车键,弹出输入条,输入坐标值(-70,0,15),按回车键确认。再依次输入坐标点(-40,0,25)、(0,0,30)、(20,0,25)、(40,0,15)。输入完 5 个点后,按鼠标右键,就会生成一条曲线,结果如图 8.12 所示。

 特别提示

输入坐标点时应在半角输入状态下,否则只能生成一条在当前平面上的直线。

② 单击【扫描面】按钮 ,在立即菜单中输入起始距离值"-40",扫描距离值"80",角度值"0",按空格键,弹出【矢量工具】菜单,选择【Y轴正方向】命令,如图 8.13 所示。单击【样条曲线】按钮,扫描面生成,如图 8.14 所示。

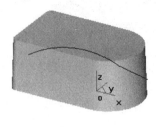

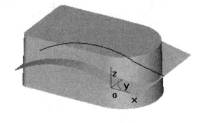

图 8.12　　　　　　　　　图 8.13　　　　　　　　　图 8.14

③ 单击 按钮,弹出【曲面裁剪除料】对话框,如图 8.15 所示。拾取曲面,会显示出一个向下的箭头,选中对话框中的【除料方向选择】复选框,把箭头切换成向上,如

图 8.16 所示。单击【确定】按钮，曲面裁剪完成，如图 8.17 所示。

图 8.15

图 8.16

④ 单击 ⌀ 按钮，删除曲面和曲线，结果如图 8.17 所示。

⑤ 单击 ⌀ 按钮，弹出过渡对话框。输入半径值"3"，拾取顶部边界 4 条曲线，单击【确定】按钮，过渡完成。生成的鼠标模型如图 8.18 所示。

⑥ 将绘制完成的结果保存到磁盘中。

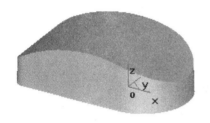

图 8.17

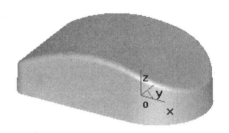

图 8.18

2．加工前的准备工作

(1) 设定加工刀具。

① 在特征树加工管理区内选择【刀具库】命令，弹出【刀具库管理】对话框。

增加铣刀。单击【增加刀具】按钮，在对话框中输入铣刀名称"D10，r3"，增加一个粗加工需要的铣刀；在对话框中输入铣刀名称"D10，r0"，增加一个精加工需要的铣刀。

② 设定增加的铣刀的参数。在【刀具库管理】对话框中输入正确的数值，刀具定义即可完成。其中的刀刃长度和刃杆长度与仿真有关而与实际加工无关，在实际加工中要正确选择吃刀量和吃刀深度，以免刀具损坏。

(2) 后置设置。用户可以增加当前使用的机床，给出机床名，定义适合自己机床的后置格式。系统默认的格式为 FANUC 系统的格式。

① 选择【加工】→【后置处理】→【后置设置】命令，弹出【后置设置】对话框。

② 增加机床设置。选择当前机床类型。

③ 后置处理设置。选择【后置设置】选项卡，根据当前的机床设置各参数。

(3) 设定加工范围。在此例中直接拾取曲面造型上的轮廓线即可。

3．鼠标常规加工

加工思路有区域式粗加工和参数线加工。

鼠标的整体形状是较为平坦的，因此整体加工时应该选择区域式粗加工，精加工时应采用参数线加工。

1) 区域式粗加工刀具轨迹生成

(1) 按 F5 键，在 XOY 平面内绘图。选择【造型】→【曲线生成】→【矩形】命令，在绘图区左边弹出下拉列表框及文本框，设置的参数如图 8.19 所示。以(-17.5,0)为中心，确定该矩形作为平面轮廓方式加工的零件轮廓。

(2) 选择【加工】→【定义毛坯】命令，或者选择特征树加工管理区的【毛坯】选项，弹出【定义毛坯】对话框。在【毛坯定义】对话框中定义毛坯参数，如图 8.20 所示。

 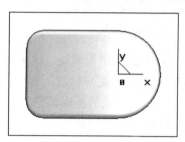

图 8.19

图 8.20

(3) 选择主菜单中的【加工】→【粗加工】→【区域式粗加工】命令，系统弹出【区域式粗加工】对话框，如图 8.21 所示。

(4) 设置切削用量。设置【加工参数】选项卡中的铣削方式为"顺铣"，切削模式设定为"环切"，刀具直径为 10mm，在【Z 切入】选项组中设置层高为 5(该项为轴向切深)，在【XY 切入】选项组中设置行距为 0.5(该项为径向切深)，加工余量为 0.5。在【切削用量】选项卡中设置主轴转速为 420，切削速度为 100，如图 8.21 所示。

(5) 设置完参数后，单击【确定】按钮，系统提示拾取轮廓，单击矩形轮廓线。

(6) 选择轮廓线拾取方向，系统继续提示要求拾取岛屿，拾取鼠标底边线，右击鼠标，之后系统开始计算，稍后得出轨迹，如图 8.22 所示。

项目 8　综合加工实例

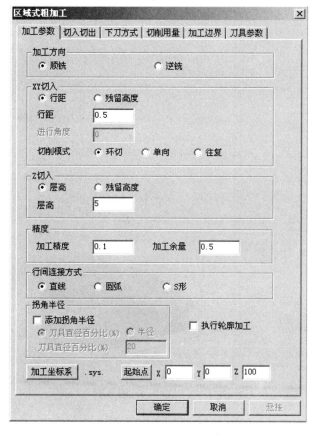

图 8.21

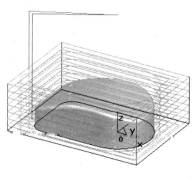

图 8.22

2) 参数线加工刀具轨迹

(1) 选择主菜单中的【加工】→【精加工】→【参数线精加工】命令，弹出【参数线精加工】对话框。设置加工参数，如图 8.23 所示，然后设置切削用量、进退刀参数、下刀方式、铣刀参数。

(2) 单击【确定】按钮，拾取鼠标上曲面→右击→拾取长方体上表面的一个角点作为进刀点→右击(走刀方向正确)→右击(加工曲面的方向正确) →右击(没有干涉曲面)，生成的刀具轨迹如图 8.24 所示。

3) 轨迹仿真

(1) 选择【编辑】→【可见】命令，显示所有已经生成的加工轨迹。然后拾取加工轨迹，单击【确定】按钮；或者在特征树加工管理区的粗加工刀具轨迹上右击，在弹出的快捷菜单中选择【显示】命令。

(2) 选择【加工】→【轨迹仿真】命令，或者在特征树加工管理区空白处右击，在弹出的快捷菜单中选择【加工】→【轨迹仿真】命令，拾取粗加工/精加工的刀具轨迹，右击结束，系统进入加工仿真界面。

(3) 单击【仿真加工】按钮，在弹出的界面中设置好参数后单击【仿真开始】按钮，系统进入仿真加工状态。

仿真结束后，仿真结果如图 8.25、图 8.26 所示。

图 8.23

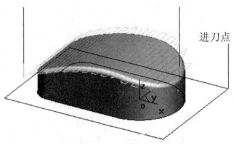

图 8.24

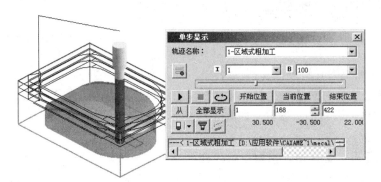

图 8.25

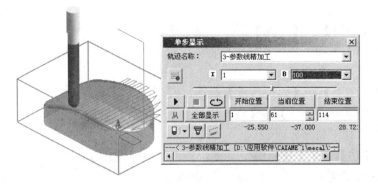

图 8.26

4) 生成 G 代码

(1) 选择【加工】→【后置处理】→【生成 G 代码】命令，弹出【选择后置文件】对话框，输入加工代码文件名"鼠标加工"，单击【保存】按钮。

(2) 拾取生成的粗加工的刀具轨迹，右击确认，将弹出的粗加工代码文件保存即可，如图 8.27 所示。

用同样的方法生成精加工 G 代码。

图 8.27

至此鼠标的造型、生成加工轨迹、生成 G 代码程序的工作已经全部做完，可以把 G 代码程序通过工厂的局域网发送到车间了。

任 务 小 结

本任务通过完成鼠标的造型与加工，练习了绘制封闭草图轮廓的方法，拉伸增料生成实体特征的使用方法，使用曲面裁剪生成鼠标实体特征的方法，以及参数线加工方法，以掌握曲面零件的造型与加工轨迹生成方法。

知 识 拓 展

(1) 在进行加工造型的过程中经常要作一些辅助曲线或曲面，如果造型是用于设计目的的，不做加工，这些辅助线可能就没有用途。但如要做编程加工，这些线就会被经常用到，所以不要轻易删除这些线，最好采用将图层隐藏的方法，用时设为可见，这样有利于提高编程计算效果。

(2) 究用哪一种加工方式来生成轨迹，要根据所加工形状的具体特点而定，不能一概而论。最终加工结果的好坏是一个综合性的问题，它不只取决于程序代码的优劣，还取决于加工的材料、刀具、加工参数设置、加工工艺及机床特点等，将几种因素配合好了才能够得到最好的加工结果。

8.2 五角星的造型与加工

8.2.1 任务导入

根据图 8.28 所示视图,绘制五角星的轴测图,并生成加工轨迹。

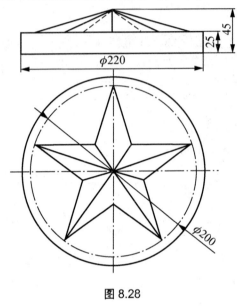

图 8.28

8.2.2 任务分析

由图 8.28 可知,五角星的形状主要是由多个空间面组成的,因此在构造实体时首先应使用空间曲线构造实体的空间线架,然后利用直纹面生成曲面,可以逐个生成,也可以将生成的一个角的曲面进行圆形均步阵列,最终生成所有的曲面。最后使用曲面裁剪实体的方法生成实体,完成造型。

(1) 作正多边形方法。
(2) 使用【平面】→【裁剪】命令生成五角星外平面的方法。
(3) 使用直纹面构造 10 个五角星侧面的方法。
(4) 拉伸增料生成实体特征的使用方法。
(5) 使用曲面裁剪生成五角星实体特征的方法。

8.2.3 加工步骤

1. 五角星的造型

绘制五角星主要包括以下步骤。

(1) 根据五角星的特点,首先做出 R110 的圆图形。

单击曲线生成工具栏上的 ⊕ 按钮,进入空间曲线绘制状态,在特征树下方的立即菜单中选择作圆方式"圆心点_半径",然后按照提示用鼠标点取坐标系原点,也可以按回车键,在弹出的对话框内输入圆心点的坐标(0,0,0)、半径 R=110 并单击【确定】按钮,然后按鼠标右键结束该圆的绘制，如图 8.29 所示。

特别提示

在输入点坐标时，应该在英文输入法状态下输入，也就是输入半角的标点符号，否则会导致错误。

(2) 做出 R100 的五边形，构造出五角星平面图形。

五边形的绘制。单击曲线生成工具栏上的 按钮，在特征树下方的立即菜单中选择"中心"定位、边数 5 条回车确认、内接。按照系统提示拾取中心点，内接半径为 100(输入方法与圆的绘制相同) 。然后按鼠标右键结束该五边形的绘制，这样就得到了五角星的 5 个角点，如图 8.29 所示。

(3) 使用平面生成五角星外平面。

① 构造五角星的轮廓线。通过上述操作就得到了五角星的 5 个角点，使用曲线生成工具栏上的直线 按钮，在特征树下方的立即菜单中依次选择【两点线】、【连续】、【非正交】命令，将五边形的各个角点连接起来。使用【删除】工具将多余的线段删除，单击 按钮，用鼠标直接点取多余的线段，拾取的线段会变成红色，右击确认。

裁剪图中多余的一些线段。单击线面编辑工具栏中的【曲线裁剪】按钮 ，在特征树下方的立即菜单中选择"快速裁剪"、"正常裁剪"方式，用鼠标点取剩余的线段就可以实现曲线裁剪，这样就得到了五角星的一个轮廓，如图 8.30 所示。

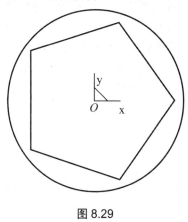

图 8.29

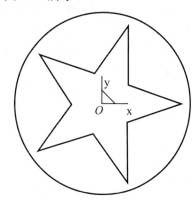

图 8.30

② 生成五角星的外加工轮廓平面。用鼠标单击曲面工具栏中的【平面】工具按钮 ，并在在特征树下方的立即菜单中选择【裁剪平面】命令。用鼠标拾取平面的外轮廓线，然后确定链搜索方向(用鼠标点取箭头)，系统会提示拾取第一个内轮廓线，用鼠标拾取五角星底边的一条线，按鼠标右键确定，完成加工轮廓平面，如图 8.31 所示。

(4) 做出高为 20 的五角星轴测图，并用直纹面生成 10 个侧面。

① 构造五角星的空间线架。在构造空间线架时，还需要五角星的一个顶点，因此需要在五角星的高度方向上找到一点(0,0,20)，以便通过两点连线实现五角星的空间线架构造。

使用曲线生成工具栏上的【直线】按钮 ，在特征树下方的立即菜单中依次选择【两点线】、【连续】、【非正交】命令，用鼠标点取五角星的一个角点，然后按回车键，输入顶点坐标(0,0,20)，同理，作五角星各个角点与顶点的连线，完成五角星的空间线架，如图 8.32 所示。

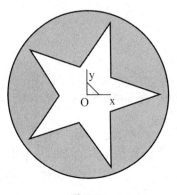
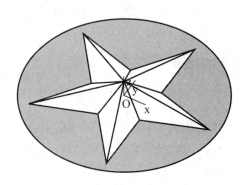

图 8.31   图 8.32

② 通过直纹面生成曲面。以选择五角星的一个角为例,用鼠标单击曲面工具栏中的【直纹面】按钮,在特征树下方的立即菜单中选择"曲线-曲线"方式生成直纹面,然后用鼠标左键拾取该角相邻的两条直线完成曲面。

 特别提示

在拾取相邻直线时,鼠标的拾取位置应该尽量保持一致(相对应的位置),这样才能保证得到正确的直纹面。

③ 生成其他各个角的曲面。在生成其他曲面时,可以利用直纹面逐个生成曲面,也可以使用阵列功能对已有一个角的曲面进行圆形阵列来实现五角星的曲面构成。单击几何变换工具栏中的按钮,在特征树下方的立即菜单中选择"圆形"阵列方式,分布形式为"均布",份数为"5",用鼠标左键拾取一个角上的两个曲面,按鼠标右键确认,然后根据提示输入中心点坐标(0,0,0),也可以直接用鼠标拾取坐标原点,系统会自动生成各角的曲面,如图 8.33 所示。

 特别提示

在使用圆形阵列时,一定要提示阵列平面的选择,否则曲面会发生阵列错误。因此,在本例中使用阵列前最好按一下快捷键 F5 键,确定阵列平面为 XOY 平面。

(5) 选择 XOY 面为基准平面,在"草图状态"下,绘制 R110 的圆图形。草图编辑完成后,退出草图状态,然后通过拉伸增料特征造型生成高 50 的圆柱体,如图 8.34 所示。

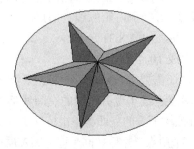
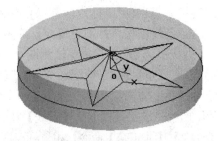

图 8.33   图 8.34

(6) 使用曲面裁剪方法生成五角星实体。

单击特征工具栏上的【曲面裁剪除料】按钮，用鼠标拾取已有的各个曲面，并且选择除料方向，如图 8.35 所示，单击【确定】按钮完成。

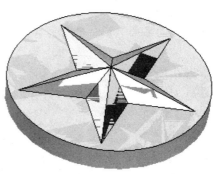

图 8.35

利用"隐藏"功能将曲面隐藏。选择【编辑】→【隐藏】命令，用鼠标从右向左框选实体(用鼠标单个拾取曲面)，按右键确认，实体上的曲面就被隐藏了。

由于在实体加工中，有些图线和曲面是需要保留的，因此不要随便删除。

(7) 将绘制完成的结果保存到磁盘中。

2．加工前的准备工作

(1) 设定加工刀具。

① 在特征树加工管理区内选择【刀具库】命令，弹出【刀具库管理】对话框。

增加铣刀。单击【增加刀具】按钮，在对话框中输入铣刀名称"D10，r3"，增加一个粗加工需要的铣刀；在对话框中输入铣刀名称"D10，r0"，增加一个精加工需要的铣刀。一般都是以铣刀的直径和刀角半径来表示的，刀具名称尽量和工厂中用刀的习惯一致。刀具名称的一般表示形式为"D10，r3"，D 代表刀具直径，r 代表刀角半径。

② 设定增加的铣刀的参数。在【刀具库管理】对话框中输入正确的数值，刀具定义即可完成。其中的刀刃长度和刃杆长度与仿真有关而与实际加工无关，在实际加工中要正确选择吃刀量和吃刀深度，以免刀具被损坏。

(2) 后置设置。用户可以增加当前使用的机床，给出机床名，定义适合自己机床的后置格式。系统默认的格式为 FANUC 系统的格式。

① 选择【加工】→【后置处理】→【后置设置】命令，弹出【后置设置】对话框。
② 增加机床设置。选择当前机床类型。
③ 后置处理设置。选择【后置处理】选项卡，根据当前的机床设置各参数。

(3) 设定加工范围。在此例中直接拾取实体造型上的圆柱体轮廓线即可。

3．五角星常规加工

五角星的整体形状是较为平坦的，因此整体加工时应该选择等高粗加工，精加工时应采用等高精加工、等高补加工。

(1) 等高线粗加工刀具轨迹。

① 选择主菜单中的【加工】→【毛坯】命令,弹出【定义毛坯】对话框,采用"参照模型"方式定义毛坯。

② 选择主菜单中的【加工】→【粗加工】→【等高线粗加工】命令,弹出【等高线粗加工】对话框。

③ 设置等高线粗加工参数,然后设置切削用量、进退刀参数、下刀方式,安全高度设为"50",再设置铣刀参数、加工边界,Z 设定为最大为"30"。

④ 单击【确定】按钮,拾取五角星、圆柱体轮廓线→拾取轮廓搜索方向箭头→右击,生成的刀具轨迹,如图 8.36 所示。

单步显示刀具轨迹仿真,如图 8.37 所示。

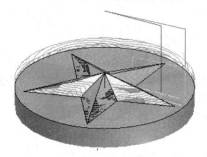
图 8.36

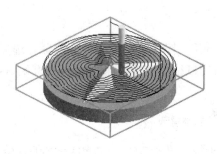
图 8.37

(2) 等高线精加工。

① 选择主菜单中的【加工】→【毛坯】命令,弹出【定义毛坯】对话框,采用"参照模型"方式定义的毛坯。

② 选择主菜单中的【加工】→【精加工】→【等高线精加工】命令,弹出【等高线精加工】对话框。

③ 设置加工参数、切削用量、进退刀参数、下刀方式、铣刀参数、加工边界"。

④ 单击【确定】按钮,选择拾取加工曲面→拾取加工边界→右击,生成的刀具轨迹如图 8.38 所示。

单步显示刀具轨迹仿真,如图 8.39 所示。

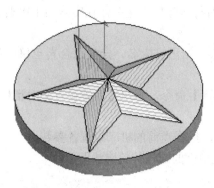
图 8.38

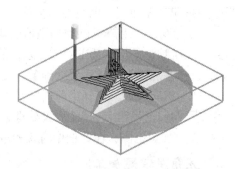
图 8.39

(3) 等高线补加工。

① 选择主菜单中的【加工】→【毛坯】命令，弹出【定义毛坯】对话框，采用"参考模型"方式定义毛坯。

② 选择主菜单中的【加工】→【补加工】→【等高线补加工】命令，弹出【等高线补加工】对话框。

③ 设置加工参数、切削用量、进退刀参数、下刀方式、铣刀参数。

④ 单击【确定】按钮，选择拾取加工对象→右击→拾取轮廓边界→右击，生成的刀具轨迹如图 8.40 所示。单步显示刀具轨迹仿真，如图 8.41 所示。仿真检验无误后，可保存粗/精加工轨迹。

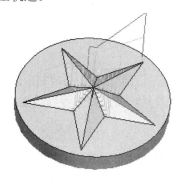
图 8.40

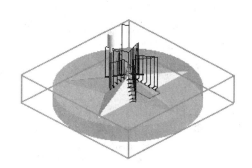
图 8.41

(4) 生成 G 代码。

① 选择【加工】→【后置处理】→【生成 G 代码】命令，在弹出的【选择后置文件】对话框中给定要生成的 NC 代码文件名"五角星.cut"及其存储路径，单击【确定】按钮退出。

② 分别拾取粗加工轨迹、精加工轨迹和补加工轨迹，按右键确定，生成加工 G 代码。

(5) 生成加工工艺清单。生成加工工艺清单的目的有 3 个：一是车间加工的需要，当加工程序较多时可以使加工有条理，不会产生混乱。二是方便编程者和机床操作者的交流，凭嘴讲的东西总不如纸面上的文字更清楚。三是车间生产和技术管理上的需要，加工完的工件的图形档案、G 代码程序可以和加工工艺清单一起保存，一年以后如需要再加工此工件，那么可以立即取出来加工，一切都是很清楚的，不需要再做重复的工作。

① 选择【加工】→【工艺清单】命令，弹出【选择 HTML 文件名】对话框，选择文件存放目录后，单击【确定】按钮。

② 在屏幕右下边单击拾取加工轨迹，选中全部刀具轨迹，按右键，单击生成工艺清单。

③ 加工工艺清单可以用 Internet Explorer 浏览器读取，也可以用 Word 读取，并且可以用 Word 来进行修改和添加。

至此五角星的造型、生成加工轨迹、加工轨迹仿真检查、生成 G 代码程序、生成加工工艺清单的工作已经全部做完，可以把加工工艺清单和 G 代码程序通过工厂的局域网送到车间了。

4．五角星知识加工

知识加工是用于记录用户已经成熟或定型的加工流程，在模板文件中记录加工流程的各个工步的加工参数。为了使用户更方便、更容易地使用 CAXA 制造工程师 2011 软件进行加工生产，同时也为了使新的技术人员容易入门，CAXA 制造工程师 2011 专门提供了知识加工功能。利用这种功能，可将某类零件的加工步骤、使用的刀具及工艺参数等加工条件保存为规范化的模板，形成企业的标准工艺知识库，使之后类似零件加工的工作可通过调用知识加工模板来完成，从而保证同类零件加工的一致性和规范化，并随着企业各种加工工艺信息的数据积累，实现加工顺序的标准化。同时，操作人员一般不需要掌握多种加工功能的具体应用和参数设置，利用这种功能可以解决企业技术人员缺少的问题。知识加工的参数设置应由具有丰富编程和加工经验的工程师来完成。参数设置好后可以保存为一个文件，文件名可以根据用户的习惯设定。有了知识加工功能，可以使有经验的工程师工作起来更轻松，也可以使新的技术人员直接使用已有的加工工艺和加工参数。

(1) 知识加工参数设置。

① 生成模板。将选中的若干轨迹生成模板文件*.cpt，只保存轨迹的加工参数和刀具参数，几何参数不予保存。

② 应用模板。打开一个模板文件，系统读取文件数据，并在轨迹树中生成相应的轨迹项。

(2) 五角星知识加工操作。图 8.42 所示左图中工件刀具轨迹共分为等高线粗加工、等高线精加工和等高线补加工 3 个加工工艺步骤。

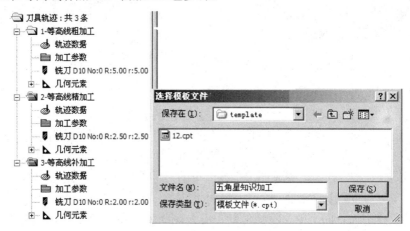

图 8.42

① 定义知识加工模板。选择级联菜单【加工】→【知识加工】→【生成模板】命令或者在特征树空白处右击，在弹出的快捷菜单中选择【加工】→【知识加工】→【生成模板】命令。选取所有刀具轨迹，创建知识模板，定义文件名"五角星知识加工"，如图 8.42 所示。单击【保存】按钮，将该知识加工模板保存到指定文件夹中。

② 知识加工模板的应用。调入需要应用知识加工的零件，再选择级联菜单【加工】→【知识加工】→【应用模板】命令，在弹出的对话框中选择所需使用的模板。单击【打开】按钮，调用"知识加工"模板，如图 8.43 所示。

③ 调用模板后特征树出现加工菜单，可以看到各刀具轨迹上的未完成标记。如果没有先建立毛坯，则建立毛坯后系统会提示是否重新生成轨迹。

单击【是】按钮则生成刀具轨迹。如果毛坯已经建立，则在修改加工参数后可右击刀具轨迹，在弹出的快捷菜单中选择【轨迹重置】命令来生成刀具轨迹。

④ 生成轨迹如图 8.44 所示。"知识加工"模板应用结束。

项目 8　综合加工实例

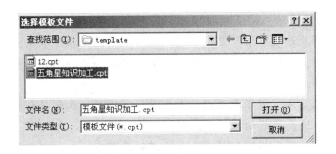

图 8.43

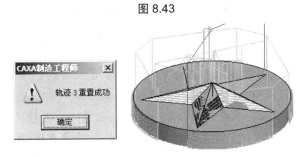

图 8.44

　　加工参数应该根据每个工件具体情况的不同而进行改动，如果加工参数设置有误，系统会提示轨迹重置失败的界面，特别是在高速加工中，加工参数的选择对加工过程影响相当大，有些加工参数甚至对加工过程起决定性的影响，所以在应用知识加工时，应该慎之又慎。

　　这样，五角星的知识加工就完成了。根据工艺单的"代码所在目录"显示可以找到加工 G 代码。

任 务 小 结

　　本任务通过绘制五角星的轴测图，并生成加工轨迹，练习了五角星曲面造型与实体造型的方法，旨在掌握曲面实体混合造型的方法和思路。

知 识 拓 展

　　(1) 平面轮廓常用的加工方法有数控铣、线切割及磨削等。平面内轮廓，如当拐角处的曲率半径较小时，可采用数控线切割方法加工。若选择铣削的方法，必须用很细的铣刀，因铣刀直径受最小曲率半径的限制，直径太小，刚性不足，会产生较大的加工误差。平面外轮廓可采用数控铣削方法加工，常用粗铣→精铣方案，也可采用数控线切割方法加工。对精度及表面粗糙度要求较高的轮廓表面，在数控铣削加工之后，再进行数控磨削加工。一般数控铣削加工淬火钢较困难，但淬火钢硬度高对数控线切割加工和数控磨削加工影响不大。

(2) 立体曲面加工方法主要是数控铣削，多用球头铣刀，以"行切法"加工。根据曲面形状、刀具形状以及精度要求等通常采用二轴半联动或三轴半联动。对精度和表面粗糙度要求高的曲面，当用三轴联动的"行切法"加工不能满足要求时，可用模具铣刀，选择四坐标或五坐标联动加工。

选择表面加工的方法，除了要考虑加工质量、零件的结构形状和尺寸、零件的材料和硬度及生产类型外，还要考虑加工的经济性。

各种表面加工方法所能达到的精度和表面粗糙度都有一个相当大的范围。当精度达到一定程度后，要继续提高精度，成本会急剧上升，此时需要价格较高的金刚石车刀，很小的背吃刀量和进给量，增加了刀具费用，延长了加工时间，大大地增加了加工成本。对于同一表面加工，采用的加工方法不同，加工成本也不一样。

任何一种加工方法获得的精度只在一定范围内才是经济的，这种一定范围内的加工精度即为该加工方法的经济精度，它是指在正常加工条件下(采用符合质量标准的设备、工艺装备和标准等级的工人，不延长加工时间) 所能达到的加工精度，相应的表面粗糙度称为经济粗糙度。在选择加工方法时，应根据工件的精度要求选择与经济精度相适应的加工方法。

8.3 连杆的造型与加工

8.3.1 任务导入

绘制连杆的轴测图，并生成加工轨迹，如图 8.45 所示。

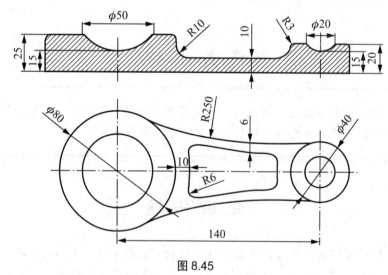

图 8.45

8.3.2 任务分析

由图纸可知，连杆的造型特点主要是由连接底板和左右两个圆柱体组成的，因此在构造实体时首先要做出连接底板的实体，然后做出左右两个圆柱实体，最后作球弧曲面，完成实体造型。

(1) 作 R250 圆弧草图，生成连接底板的实体。
(2) 作 φ80 和 φ40 左右两圆草图，拉伸生成圆柱体。
(3) 使用旋转除料的方法生成左右两个凹坑。
(4) 使用过渡特征生成圆角。

8.3.3 加工步骤

1．连杆的造型

绘制连杆主要包括以下步骤。
(1) 根据连杆的特点，作基本拉伸体的草图。
单击零件特征树的【平面 XOY】和【绘制草图】图标，使图标处于按下状态，其步骤如下。
① 作圆"圆心_半径"：圆心(70,0,0)，半径 R=20。
② 作圆"圆心_半径"：圆心(-70,0,0)，半径 R=40。
③ 作圆弧"两点_半径"：用"切点"方式，半径 R=250。
④ 作圆弧"两点_半径"：用"切点"方式，半径 R=250。
⑤ 单击【应用】→【线面编辑】→【曲线裁剪】命令或单击图标" "。
⑥ 选择无模式菜单【快速裁剪】命令，裁掉圆弧段，结果如图 8.46 所示。
⑦ 单击【绘制草图】图标，处于未按下状态，草图完成。按 F8 键在轴测图中观察。

(2) 基本拉伸体生成。
生成基本拉伸体的步骤如下。
① 选择【应用】→【特征生成】→【增料】→【拉伸】命令或单击图标。
② 在无模式对话框中输入深度"10"，选中【增加拔模斜度】复选框，输入拔模角度"5°"，拉伸结果如图 8.47 所示。

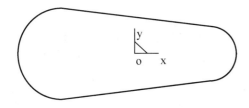

图 8.46

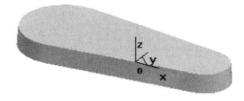

图 8.47

(3) 拉伸小凸台。
拉伸小凸台步骤如下。
① 单击基本拉伸体的上表面和【绘制草图】图标，在草图上作圆："圆心_半径"圆心为基本拉伸体上表面的小圆弧的圆心，半径与之相同(提示：圆心和圆上一点用点工具菜单获得)。
② 单击【绘制草图】图标，图标处于未按下状态。
③ 选择【应用】→【特征生成】→【增料】→【拉伸】命令或单击图标，在无模式对话框中输入深度"10"，拔模角度"5"。单击【确定】按钮，拉伸结果如图 8.48 所示。

(4) 拉伸大凸台。

拉伸大凸台步骤如下。

① 单击基本拉伸体的上表面和【绘制草图】图标 。

② 作圆："圆心_半径",圆心为基本拉伸体上表面的大圆弧的圆心,半径与之相同(提示:圆心和圆上一点用点工具菜单获得)。

③ 单击【绘制草图】图标 ,图标 处于未按下状态。

④ 选择【应用】→【特征生成】→【增料】→【拉伸】命令或单击图标 ,在无模式对话框中输入深度"15",拔模角度"5°",单击【确定】按钮。拉伸结果如图 8.48 所示。

(5) 小凸台凹坑。

制作小凸台凹坑步骤如下。

① 单击零件特征树的【平面 XZ】和【绘制草图】图标 ,图标 处于按下状态。

② 作直线:直线的首点是小凸台上表面圆的端点,直线的末点是小凸台上表面圆的中点(端点和中点的拾取利用点工具菜单)。

③ 将直线向上平移 10 个单位,得到另一直线。

④ 作圆:以直线的中点为圆心、半径 R=15 作圆。

⑤ 删除直线:裁剪掉直线的两端和圆的上半部分,如图 8.49 所示。

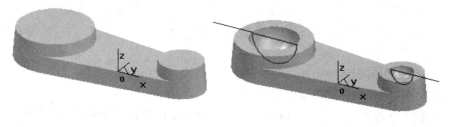

图 8.48   图 8.49

⑥ 单击【绘制草图】图标 ,图标 处于未按下状态。

⑦ 作与半圆直径完全重合的空间直线。

⑧ 选择【应用】→【特征生成】→【减料】→【旋转】命令或单击图标 。

选取空间直线为旋转轴,单击【确定】按钮,删除空间直线,结果如图 8.50 所示。

(6) 大凸台凹坑。

制作大凸台凹坑步骤如下。

① 单击零件特征树的【平面 XY】和【绘制草图】图标 ,图标 处于按下状态。

② 作直线,直线的首点是大凸台上表面圆的端点,直线的末点是大凸台上表面圆的中点。

③ 将直线向上平移 20 个单位,得到另一直线。

④ 作圆:以直线的中点为圆心,半径 R=30 作圆。

⑤ 删除直线,裁剪掉直线的两端和圆的上半部分,如图 8.49 所示。

⑥ 单击【绘制草图】图标 ,图标 处于未按下状态。

⑦ 作与半圆直径完全重合的空间直线。

⑧ 单击【应用】→【特征生成】→【减料】→【旋转】命令或单击图标 。

⑨ 拾取草图和旋转轴空间直线,单击【确定】按钮,删除空间直线后,结果如图 8.50 所示。

(7) 基本拉伸体上表面凹坑。

绘制基本拉伸体上表面凹坑步骤如下。

① 单击基本拉伸体的上表面和【绘制草图】图标 ![pencil]，图标 ![pencil] 处于按下状态。

② 单击【应用】→【曲线生成】→【曲面相关线】命令或图标 ![icon]。

③ 选择无模式【实体边界】菜单，得到各边界线。

④ 等距线生成：以等距半径 10 和 6 分别作刚生成的边界线的等距线。

⑤ 单击【应用】→【线面编辑】→【曲线过渡】命令或单击图标 ![icon]，在无模式菜单处输入半径"6",对等矩生成的曲线作过渡。

⑥ 删除得到的各边界线，如图 8.51 所示。

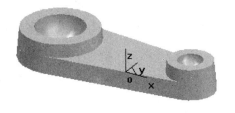

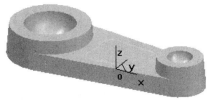

图 8.50　　　　　　　　　　　　　　图 8.51

⑦ 单击【绘制草图】图标 ![pencil]，图标 ![pencil] 处于未按下状态。

⑧ 选择【应用】→【特征生成】→【减料】→【拉伸】命令或单击图标 ![icon]，设置深度为"6",角度为"30°",拉伸除料结果如图 8.52 所示。

(8) 过渡生成。

过渡生成步骤如下。

① 选择【应用】→【特征生成】→【过渡】命令或单击图标 ![icon]，弹出对话框。在无模式对话框中输入半径"10",选取大凸台和基本拉伸体的交线，单击【确定】按钮，其结果如图 8.53 所示。

② 选择【应用】→【特征生成】→【过渡】命令或单击图标 ![icon]，在无模式对话框中输入半径"5",选取小凸台和基本拉伸体的交线，单击【确定】按钮。

③ 选择【应用】→【特征生成】→【过渡】命令或单击图标 ![icon]，在无模式对话框中输入半径"3",选取所有边，单击【确定】按钮，结果如图 8.53 所示。

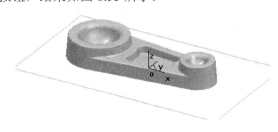

图 8.52　　　　　　　　　　　　　　图 8.53

2．加工前的准备工作

(1) 设定加工刀具。

① 在特征树加工管理区内选择【刀具库】命令，弹出【刀具库管理】对话框。单击【增

加铣刀】按钮,在对话框中输入铣刀名称。

一般都是以铣刀的直径和刀角半径来表示,刀具名称尽量和工厂中用刀的习惯一致。刀具名称一般表示形式为 "D10,r3",D 代表刀具直径,r 代表刀角半径。

② 设定增加的铣刀的参数。在【刀具库管理】对话框中输入正确的数值,刀具定义即可完成。其中的刀刃长度和刃杆长度与仿真有关而与实际加工无关,在实际加工中要正确选择吃刀量和吃刀深度,以免刀具损坏。

(2) 后置设置。用户可以增加当前使用的机床,给出机床名,定义适合自己机床的后置格式。系统默认的格式为 FANUC 系统的格式。

① 选择【加工】→【后置处理】→【后置设置】命令,弹出【后置设置】对话框。
② 增加机床设置。选择当前机床类型。
③ 后置处理设置。选择【后置处理】选项卡,根据当前的机床,设置各参数。

3．连杆常规加工

以连杆(图 8.54)为例,介绍用特征生成和加工零件的全过程。下面介绍其具体操作步骤。

(1) 设定加工毛坯。设定加工毛坯的步骤如下。

① 单击【直线】图标,使用"两点线"方式,直接输入以下各点：(-115,-50)、(105,-50)、(105,50)、(-115,50),从而得到一个矩形,如图 8.53 所示。

② 作矩形任意一边 Z 轴方向上距离=30 的等距线,这样便得到毛坯"拾取两点"方式的两角点。

特别提示

两角点为长方体的对角点,而不是矩形的对角点。在连杆下面创建高为 5 的矩形平台,如图 8.54 所示。

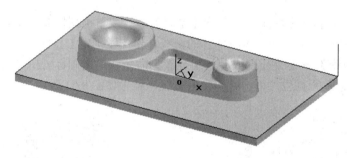

图 8.54

(2) 等高线粗加工刀具轨迹。

① 选择主菜单中的【加工】→【毛坯】命令,弹出【定义毛坯】对话框,采用"参照模型"方式定义毛坯。

② 选择主菜单中的【加工】→【粗加工】→【等高线粗加工】命令,弹出【等高线粗加工】对话框。

③ 设置等高线粗加工参数、切削用量、进退刀参数、下刀方式,安全高度设为"50",设置铣刀参数、加工边界,Z 设定为最大"30"。

④ 单击【确定】按钮，选择拾取五角星、圆柱体轮廓线→拾取轮廓搜索方向箭头→右击，生成的刀具轨迹如图 8.55 所示。

单步显示刀具轨迹仿真如图 8.56 所示，保存生成的加工轨迹。

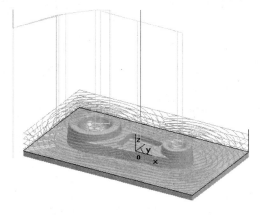

图 8.55

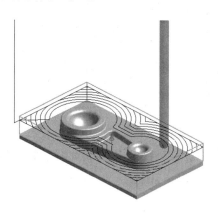

图 8.56

(3) 扫描线精加工。选择适当的加工方式对整个实体表面进行精加工处理，其过程与粗加工、半精加工类似，因此不再重述。

特别提示

精加工加工余量为 0。

① 选择主菜单中的【加工】→【毛坯】命令，弹出【定义毛坯】对话框，采用"参照模型"方式定义毛坯。

② 选择主菜单中【加工】→【精加工】→【扫描线精加工】命令，弹出【扫描线精加工】对话框。

③ 设置加工参数、切削用量、进退刀参数、下刀方式、铣刀参数、加工边界。

④ 单击【确定】按钮，选择拾取加工曲面→右击→拾取加工边界→右击，生成的刀具轨迹如图 8.57 所示。

单步显示刀具轨迹仿真如图 8.58 所示，保存生成的加工轨迹。

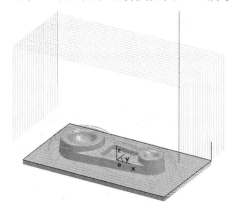

图 8.57

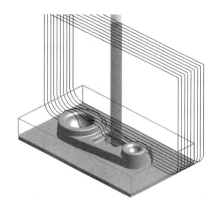

图 8.58

4．加工仿真

(1) 选择【编辑】→【可见】命令，显示所有已经生成的加工轨迹。然后拾取加工轨迹，单击【确认】按钮；或者在特征树加工管理区的粗加工刀具轨迹上右击，在弹出的快捷菜单中选择【显示】命令。

(2) 选择【加工】→【轨迹仿真】命令，或者在特征树加工管理区的空白处右击，在弹出的快捷菜单中选择【加工】→【轨迹仿真】命令，拾取粗加工/精加工的刀具轨迹，右击结束，系统进入加工仿真界面。

(3) 单击【仿真加工】按钮 ，在弹出的界面中设置好参数后单击【仿真开始】按钮，系统进入仿真加工状态。

仿真结束后，仿真结果如图 8.56、图 8.58 所示。

5．后置处理

单击【加工】→【后置处理】→【后置设置】命令，弹出【后置设置】对话框。

增加机床设置，点取当前机床右侧的箭头按钮，选择 FANUC 选项，单击【确定】按钮结束。

后置处理设置，单击【后置处理设置】图标，系统弹出【后置处理设置】对话框，改变各项参数，然后单击【确定】按钮退出。

6．生成 G 代码

选择【加工】→【后置处理】→【生成代码】命令，系统提示：生成当前机床的加工指令，同时弹出文件管理器对话框，用鼠标单击"文件输入名"下的文件输入按钮。输入文件名：连杆造型加工.cut。

> **特别提示**
>
> 文件的路径不要丢。

然后单击【确定】按钮，如图 8.59 所示。

图 8.59

系统提示：拾取刀具轨迹，用鼠标左键拾取半精加工轨迹后，按鼠标右键结束。
系统立即生成该轨迹的 G 代码，如图 8.60 所示。

项目8 综合加工实例

图 8.60

至此,该连杆模具的造型、生成加工轨迹、加工轨迹仿真检查、生成 G 代码程序及生成工艺清单的工作已经全部做完,可以把工艺清单和 G 代码程序通过工厂的局域网送到车间了。车间在加工之前还可以通过 CAXA 制造工程师 2011 中的校核 G 代码功能,再看一下加工代码的轨迹形状,做到加工之前心中有数。把工件打表找正,按加工工艺单的要求找好工件零点,再按工序单中的要求装好刀具,找好刀具的 Z 轴零点,就可以开始加工了。

任 务 小 结

本任务通过绘制连杆的轴测图,并生成加工轨迹,练习了连杆造型实体造型方法、等高线粗加工和扫描线精加工刀具轨迹生成方法,旨在掌握实体造型和粗、精加工轨迹生成方法。

知 识 拓 展

(1) 选择机床。欲加工的工件表面为模具型腔,不能展开为平面,属于典型的曲面类零件。加工曲面类零件一般采用三坐标数控铣床。

(2) 选择夹具。工件装夹方式灵活多样,只要满足定位和夹紧的要求并且加工部位敞开就可以了。加工模具凸模时多采用工艺平板装夹,而加工凹模有时也采用平口钳或三爪卡盘装夹。加工连杆凸模,毛坯形状为矩形,因此可以直接用平口钳装夹。

(3) 选择刀具。在加工曲面类零件时,加工面与铣刀始终为点接触,因此需要选用球头铣刀。粗加工时选择 R10 的球头铣刀,精加工选择 R5 的球头铣刀,零件的外轮廓下部有 5 mm 不带拔模斜度的直面,需要用平底的立铣刀加工,选择 ϕ10 的立铣刀。考虑的球头半径不能大于零件的最小曲率半径,而在零件中间凹坑处的过渡圆角为 R3,凹坑还要再清一次根,因此选择 R3 的高速钢球头立铣刀。一共需要 4 把铣刀,包括 3 把 R10、R5、R3 的球头立铣刀和一把 ϕ10 的平底立铣刀。

(4) 选择切削用量。根据零件材料为 45 钢,刀具材料为高速钢,直径为 6mm,查表得到切削速度 v=15~27m/min,因该数值为粗加工时取下限值 15m/min 乘以修正系数 0.7,得到 15×0.7=10.5m/min。根据公式 n=1000×v/πd,n=1000×10.5/(3.1416×6) =557r/min。根据

工件材料、刀具材料、切深查表得到该铣刀的每齿进给量为 0.05mm,则此刀的每转进给量 $S=Z×0.05=2×0.05=0.1mm$,那么每分钟进给量 $F=S×n=557×0.1=55.7mm/min$。精加工时的切削速度 v 取 27m/min,根据公式 $n=1000×v/πd$ 计算得到主轴转速近似为 1400r/min,进给量为 140mm/min。

以上分析是编程人员必须掌握和进行的工作,作为只操作不编程的机床操作人员对其也应该有必要的了解,才能按照图纸技术要求和加工程序加工出合格的零件。

8.4 鼠标凹模型腔的造型与加工

8.4.1 任务导入

完成鼠标型腔凹模的造型,并生成加工轨迹。图中未注圆角半径的均为 10。型腔底面样条线 4 个型值点的坐标为(-30,0,25)、(20,0,10)、(40,0,15)和(70,0,20),如图 8.61 所示。

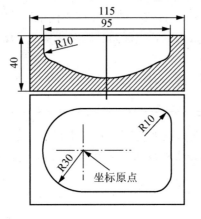

图 8.61

8.4.2 任务分析

由图 8.61 可知,鼠标型腔的形状主要是由底部曲面和轮廓曲面组成的,因此在构造实体时首先应使用拉伸增料生成实体特征,然后利用曲面裁剪生成底部曲面,再利用型腔、分模等完成造型。

(1) 绘制封闭草图轮廓的方法。
(2) 使用拉伸增料生成实体特征的方法。
(3) 使用曲面裁剪生成鼠标实体特征的方法。
(4) 使用型腔生成鼠标空腔特征的方法。
(5) 使用分模打开鼠标空腔。

8.4.3 加工步骤

1. 鼠标型腔凹模的造型

绘制鼠标型腔主要包括以下步骤。

(1) 绘制草图。

① 单击状态树中的【平面 XY】命令，确定绘制草图的基准面。屏幕绘图区中显示一个虚线框，表明该平面被拾取到。

② 单击【绘制草图】按钮 ✎，或按 F2 键，进入绘制草图状态。

③ 单击 □ 按钮，在立即菜单中选择"两点矩形"方式。按回车键，弹出坐标输入条，输入起点坐标(-30,30,0)，按回车键确定。再次按回车键，弹出坐标输入条，输入终点坐标(66,30,0)，按回车键确定，矩形生成。

④ 单击 ⊙ 按钮，在立即菜单中选择"三点圆弧"方式。按空格键弹出点工具菜单，选择【切点】命令。依次单击最上面的直线、最右面的直线和下面的直线，就生成与这 3 条直线相切的圆弧，如图 8.62 所示。

⑤ 单击【曲线裁剪】按钮 ✂，在立即菜单中选择【快速裁剪】和【正常裁剪】命令。按状态栏提示拾取被裁剪曲线，单击上面直线的左段，单击下面直线的左段，裁剪完成，结果如图 8.62 所示。

⑥ 单击【删除】按钮 ✎，单击右边的直线，按右键确认将其删除。

⑦ 单击【草图环检查】按钮 ⬆，检查草图是否闭合。

⑧ 单击 ✎ 按钮，退出"草图状态"。

(2) 创建鼠标型腔基本体。

① 按 F8 键，把显示状态切换到轴侧图状态下。

② 单击 ⬚ 按钮，弹出【拉伸增料】对话框。输入深度值"40"，选择草图，单击【确定】按钮，生成鼠标基本体，如图 8.63 所示。

③ 按 F6 键，单击【圆弧】图标，选择【两点_半径】选项→按回车键→输入起点坐标点(-30,-32,30)→输入终点坐标点(-30,32,30)→向上移动光标到合适位置时，按回车键→输入半径"110"→按回车键结束，结果如图 8.64 所示生成导动截面线。

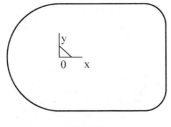

图 8.62

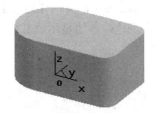

图 8.63

④ 按 F7 键，单击 按钮，在立即菜单中选择【逼近】方式。按回车键，弹出输入条，依次输入坐标点(-30,0,25)、(20,0,10)、(40,0,15)和(70,0,20)，输入完 4 个点后，按鼠标右键，就会生成一条曲线，作为导动线，如图 8.65 所示。

⑤ 单击【导动面】按钮 ⬚，在立即菜单中选择【固接导动】→【单截面】命令→拾取导动线，选择搜索方向→拾取截面线，导动面生成，如图 8.65 所示。

⑥ 单击 ⬚ 按钮，弹出【曲面裁剪】对话框。拾取曲面，会显示出一个向下的箭头，用鼠标单击对话框中的【裁剪方向】按钮→把箭头切换成向下→单击【确定】按钮，曲面裁剪完成，如图 8.65 所示。

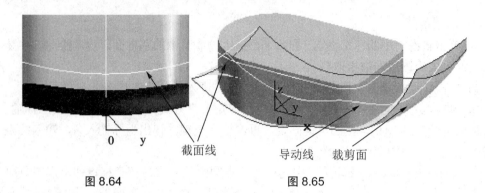

图 8.64 截面线 导动线 裁剪面 图 8.65

⑦ 单击 ⊘ 按钮,删除曲面和曲线,结果如图 8.66 所示。

⑧ 直接单击【型腔】按钮 ,弹出【型腔】对话框→分别输入收缩率和毛坯放大尺寸,单击【确定】按钮完成该操作,结果如图 8.67 所示。

⑨ 单击型腔左面→按 F2 键→按 F5 键→绘草图线→按 F2 键,生成草图分模线,结果如图 8.67 所示。

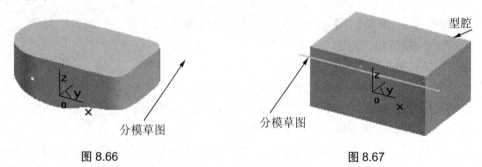

图 8.66 分模草图 分模草图 型腔 图 8.67

⑩ 单击【分模】按钮,弹出【分模】对话框→选择草图分模形式和设置除料方向向上→拾取草图,单击【确定】按钮,完成该操作,结果如图 8.68 所示。

⑪ 单击 按钮,弹出【过渡】对话框。输入半径值"10",选择需要过渡的元素,单击鼠标型腔上边,各边显示成红色,单击【确定】按钮,过渡完成,如图 8.69 所示。

图 8.68 图 8.69

2. 鼠标型腔凹模的加工

(1) 加工工艺。该零件材料为奥氏体不锈钢,使用常规加工方法。根据本例的形状特点,粗加工和精加工都采用等高加工方式,适应鼠标凹模型腔的整体形状较为陡峭的特点。

(2) 加工前的准备工作。

① 设定加工刀具。

a. 在特征树加工管理区内选择【刀具库】命令,弹出【刀具库管理】对话框。

b. 增加铣刀。单击【增加刀具】按钮,在对话框中输入铣刀名称"D10,r1",增加一个粗加工需要的铣刀;在对话框中输入铣刀名称"D6,r3",增加一个精加工需要的球刀。

一般都是以铣刀的直径和刀角半径来表示的,刀具名称尽量与工厂中用刀的习惯一致。刀具名称的一般表示形式为"D6,r3",D 代表刀具直径,r 代表刀角半径。

c. 设定增加的铣刀的参数。其中的刀刃长度和刃杆长度与仿真有关,而与实际加工无关,刀具定义即可完成。其他定义需要根据实际加工刀具来完成。

② 后置设置。用户可以增加当前使用的机床,给出机床名,定义适合自己机床的后置格式。系统默认的格式为 FANUC 系统的格式。

a. 选择【加工】→【后置处理】→【后置设置】命令,或者选择特征树加工管理区的【机床后置】命令,弹出【机床后置】对话框。

b. 机床设置。在【机床设置】选项卡中选择当前机床类型为 FANUC。

c. 后置设置。单击【后置设置】标签,打开该选项卡,根据当前的机床,设置各参数。

③ 设定加工毛坯。

a. 选择【定义毛坯】命令,或者选择特征树加工管理区的【毛坯】命令,弹出【定义毛坯】对话框。

b. 在【毛坯定义】对话框中选择【参照模型】方式。

c. 单击【确定】按钮后,生成毛坯。

(3) 等高线粗加工刀具轨迹。生成等高线粗加工刀具轨迹的步骤如下。

① 选择【加工】→【粗加工】→【等高线粗加工】命令,或者单击加工工具栏中的图标,或者在特征树加工管理区空白处右击,在弹出的快捷菜单中选择【加工】→【粗加工】→【等高线粗加工】命令,弹出【等高线粗加工】对话框。

② 设置切削用量。设置【加工参数】选项卡中的铣削方式为"顺铣",刀具直径为 10 mm,在【Z 切入】选项组中设置层高为 5(该项为轴向切深),在【XY 切入】选项组中设置行距为 2(该项为径向切深),加工余量为 0.5。在【切削用量】选项卡中设置主轴转速为 600,切削速度为 50。

③ 根据加工实际选择【切入切出】和【下刀方式】选项卡。

④ 选择【刀具参数】选项卡,设置铣刀为"D10,r1",并设定铣刀的参数。

⑤ 单击【确定】按钮后,系统提示选择需要加工的曲面,手动选择需要加工的曲面,右击确认。系统继续提示选择加工边界,直接右击,保持系统默认加工边界,之后系统开始计算,稍后得出轨迹,如图 8.70 所示,仿真结果如图 8.71 所示。

图 8.70

图 8.71

⑥ 拾取粗加工刀具轨迹,选择【隐藏】命令,将粗加工轨迹隐藏,以便观察下面的精加工轨迹。

(4) 等高线精加工刀具轨迹。本例精加工可以采用多种方式，如参数线、等高线+等高线补加工等。究竟用哪一种加工方式来生成轨迹，要根据所要加工形状的具体特点来定，不能一概而论。最终加工结果的好坏是一个综合性的问题，它不单纯取决于程序代码的优劣，还取决于加工的材料、刀具、加工参数设置、加工工艺及机床特点等，将几种因素配合好才能够得到最好的加工结果。

① 选择【加工】→【精加工】→【等高线精加工】命令，或者选择加工工具条中的图标，或者在特征树加工管理区空白处右击，并在弹出的快捷菜单中选择【加工】→【精加工】→【等高线精加工】命令，弹出【等高线精加工】对话框。

② 设置切削用量。设置【加工参数】选项卡中的铣削方式为"顺铣"，刀具直径为 6 mm，在【Z 切入】选项组中设置层高为 0.5(该项为轴向切深)。在【切削用量】选项卡中设置"主轴转速"为 1000，"切削速度"为 45。

③ 根据加工实际选择【切入切出】和【下刀方式】选项卡。

④ 选择【铣刀参数】选项卡，选择铣刀为"D6，r3"，设定铣刀的参数。

⑤ 单击【确定】按钮后，系统提示要求选择需要加工的曲面，手动选择需要加工的曲面，右击确认。系统继续提示要求选择加工边界，直接右击，保持系统默认加工边界，之后系统开始计算，最后得出轨迹，如图 8.72 所示。

图 8.72

3．轨迹仿真

轨迹仿真的操作步骤如下。

(1) 单击【线面可见】按钮，显示所有已经生成的加工轨迹，然后拾取粗加工轨迹，右击确认；或者在特征树加工管理区的粗加工刀具轨迹上右击，在弹出对话框中选择【显示】选项。

(2) 选择【加工】→【轨迹仿真】命令，或者在特征树加工管理区空白处右击，在弹出的快捷菜单中选择【加工】→【轨迹仿真】命令。拾取粗加工/精加工的刀具轨迹，右击结束，系统进入加工仿真界面。

(3) 单击【仿真加工】按钮，在弹出的界面中设置好参数后单击【仿真开始】按钮。系统进入仿真加工状态。

(4) 仿真结束后，仿真结果如图 8.73 所示。

(5) 仿真检验无误后，退出仿真程序回到 CAXA 制造工程师软件的主界面，选择【文件】→【保存】命令，保存粗加工和精加工轨迹。

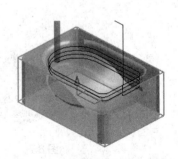

图 8.73

4．生成 G 代码

生成 G 代码的操作步骤如下。

(1) 选择【加工】→【后置处理】→【生成 G 代码】命令，弹出【选择后置文件】对话框，输入加工代码文件名"鼠标凹模型腔粗加工"，单击【保存】按钮。

(2) 拾取生成的粗加工刀具轨迹，右击确认，将弹出的粗加工代码文件保存即可。

(3) 用同样的方法生成精加工 G 代码。

5．生成工艺清单

生成工艺清单的操作步骤如下。

(1) 选择【鼠标凹模型腔加工工艺清单】→【工艺清单】命令，或在特征树加工管理区空白处右击，在弹出的快捷菜单中选择【鼠标凹模型腔加工工艺清单】命令，弹出【鼠标凹模型腔加工工艺清单】对话框，输入各明细表参数并选定工艺模板。

(2) 单击右下角的【拾取轨迹】按钮，回到绘图主界面，用鼠标在加工管理区选取或通过窗口选取，选中全部刀具轨迹，右击确认，回到【鼠标凹模型腔加工工艺清单】对话框，选取指定的工艺模板。选择【生成清单】命令，然后单击对应链接可以参看不同的工艺选项。

至此，该鼠标型腔模具的造型、生成加工轨迹、加工轨迹仿真检查、生成 G 代码程序及生成工艺清单的工作已经全部做完，可以把工艺清单和 G 代码程序通过工厂的局域网送到车间了。车间在加工之前还可以通过 CAXA 制造工程师 2011 中的校核 G 代码功能，再看一下加工代码的轨迹形状，做到加工之前心中有数。把工件打表找正，按加工工艺清单的要求找好工件零点，再按工序单中的要求装好刀具，找好刀具的 Z 轴零点，就可以开始加工了。

3．工艺对造型的特殊需求

即使用于三轴加工的造型，由于需要考虑加工工艺，其造型形状有时也和设计造型迥然不同。下面用一个例子进行说明。

图 8.74 所示的造型是作为设计造型做出的。如果直接对此实体进行加工，其上表面轨迹将如图 8.75 所示(参数线加工，不做任何工艺处理的情况)。

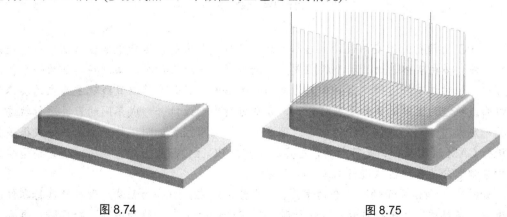

图 8.74　　　　　　　　　　图 8.75

如果造型时考虑工艺及造型效率和轨迹生成效率，只需要作二维轮廓及一张原始曲面，如图 8.76 所示，即可完全满足加工对造型的需求。

对上述曲面做参数线加工后生成的轨迹将不会在被加工后的表面边缘留下折点及进出刀痕迹。加工后轨迹和被加工实体位置对比如图 8.77 所示。

在上述实例中，加工造型只是设计造型的一个中间状态，因此它所用的时间会明显比设计造型用的时间短。生成轨迹时，在设计造型中，需要处理的是实体，系统将从实体上剥离曲面(而且这个曲面还是一个裁剪面)，然后再对曲面进行加工。而对加工造型，仅仅需要处理现有的曲面即可，速度上要比处理实体快很多。

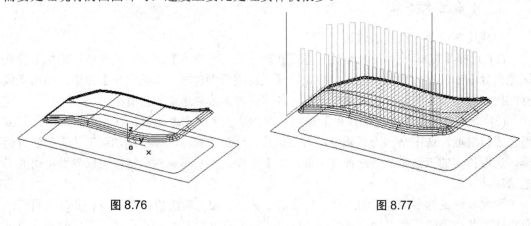

图 8.76　　　　　　　　　　　　　图 8.77

任 务 小 结

本任务通过完成鼠标型腔凹模的造型，并生成加工轨迹，练习了鼠标型腔凹模实体造型方法、等高线粗加工和等高线精加工刀具轨迹生成方法，旨在掌握实体造型和粗、精加工轨迹生成方法。

知 识 拓 展

在 PC 上进行三维实体设计，当零件的复杂程度加大时，运行效率会很低。一个较复杂的零件大多由实体、曲面和型腔组成，在进行零件三维设计时，必须将其作为一个整体来考虑。但对该零件进行以自动加工为目的的图形设计时，可将以直线轨迹为主的实体和三维曲线轨迹为主体的曲面及型腔分开，分别进行图形设计并形成不同的刀具运行轨迹，再按一定次序分别完成该零件的加工。很多企业的应用经验证明，将一个零件分成很多局部进行 CAM 造型及加工是可行的，尤其是在低档 PC 上。有些企业甚至将一个完整型腔的粗加工都划分为多个区域进行加工。

如图 8.78 所示显示的是 1 个由半圆、矩形组成的实体被一曲面裁剪形成的鼠标零件设计造型。在对该零件进行自动加工设计时，只需设计出 1 个二维的半圆、矩形图，再画出那张进行裁剪的曲面(图 8.79)，然后分别用平面轮廓加工和参数线加工的方法，即可加工出这一零件，这比对这个零件进行一次性加工要简便，而且加工质量也较高。

总之，可以化整为零，用各种自动编程、自动加工方法，多快好省地进行设计并在铣床上加工出符合要求的零件。

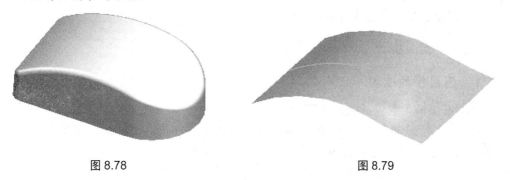

图 8.78　　　　　　　　　　　　　　图 8.79

用多层次的方法加工零件时，为了保证加工精度，必须使用同一坐标系。

8.5　空间椭圆槽的设计与加工

8.5.1　任务导入

本任务主要介绍以 B 轴为旋转轴的零件的设计与加工。完成椭圆槽的造型、槽实体(宽为 20mm，深为 15mm)，并生成椭圆槽四轴曲线加工轨迹，如图 8.80 所示。

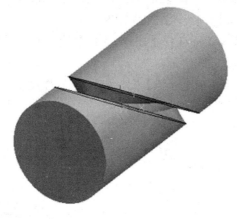

图 8.80

8.5.2　任务分析

由图 8.80 可知，椭圆槽的形状主要是由圆柱面和椭圆槽曲面组成的，因此在构造实体时，首先应使用拉伸增料生成圆柱面实体特征和椭圆槽曲面，然后利用曲面加厚除料，完成椭圆槽造型。

(1) 椭圆绘制方法。
(2) 椭圆槽绘制方法。
(3) 四轴曲线加工方法。
(4) 四轴加工后置处理方法。

8.5.3 加工步骤

1. 椭圆槽的造型

绘制椭圆槽主要包括以下步骤。

(1) 绘制长半轴为 80mm、短半轴为 40mm 的水平椭圆，如图 8.81 所示，然后将椭圆绕 X 轴直线旋转 30°，如图 8.82 所示。

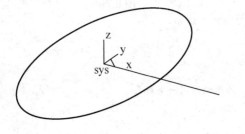

图 8.81　　　　　　　　　　图 8.82

(2) 在【特征树】上拾取【平面 XZ】作为基准面，按 F2 键→再按 F5 键→绘制 ϕ40 圆→按 F2 键退出草图，在【特征树】上生成"草图 0"，如图 8.83 所示。

(3) 按 F8 键→单击【拉伸增料】图标 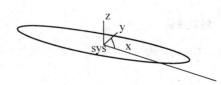→选择【双向拉伸】选项→输入深度"180"，如图 8.84 所示。

(4) 单击【平移】图标 →选择【偏移量】→【拷贝】选项→输入 DX "0"→输入 DY "20"→输入 DZ "0"，拾取椭圆线，结果如图 8.85 所示。

(5) 单击【直纹面】图标 →选择【曲线+曲线】选项，分别拾取两个椭圆大致相同的位置→右击结束，结果如图 8.86 所示。

(6) 按 F8 键→单击【曲面加厚除料】图标 →输入厚度 1 "15"→拾取椭圆曲面→单击【确定】按钮，结果如图 8.87 所示。

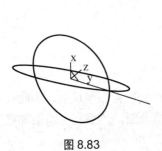

图 8.83　　　　　　　　　　图 8.84

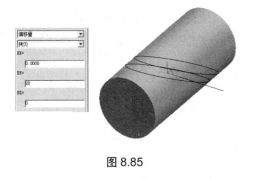

图 8.85

图 8.86

图 8.87

图 8.88

2．运用"四轴曲线加工"的方法，加工空间椭圆槽

(1) 单击【平移】图标，选择【偏移量】→【拷贝】命令，输入 DX "0"→输入 DY "10"→输入 DZ "0"，拾取椭圆线，作出椭圆槽中间曲线，结果如图 8.88 所示。

(2) 选择主菜单中的【加工】→【多轴加工】→【四轴曲线加工】命令，参数设置如图 8.89 所示。

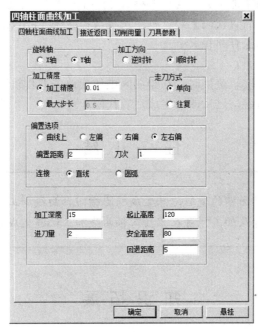

图 8.89

(3) 参数都设置好后,单击【确定】按钮,当系统提示"拾取曲线"时,单击平移后的曲线;当系统提示"确定链搜索方向"时,单击其中的一个方向;当系统再次提示"拾取曲线"时,按右键跳过。

(4) 当系统提示"缝取加工侧边"时,单击向外的箭头,按右键,即可完成此空间椭圆槽的加工轨迹,如图 8.90 所示。

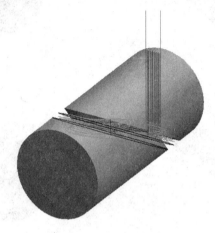

图 8.90

3．四轴加工后置处理

(1) 加工轨迹的仿真。

① 选择主菜单中的【加工】→【线框仿真】命令。

② 当系统提示"拾取轨迹"时,在绘图区中依次单击需仿真的刀具轨迹。

(2) 后置代码生成。

① 选择主菜单中的【加工】→【后置处理 2】命令。

② 在弹出的【生成后置代码】对话框中选择数控系统"FANUC-4ax1s-B"。

③ 给定生成代码的保存路径。

④ 单击【确定】按钮。

⑤ 当系统提示"拾取轨迹"时,在绘图区中依次单击刀具轨迹。

⑥ 选完轨迹后按右键,过后即可生成后置代码。

任 务 小 结

本任务通过完成椭圆槽的造型,并生成椭圆槽四轴曲线加工轨迹,练习了以 B 轴为旋转轴的零件的设计及加工,旨在掌握四轴曲线加工轨迹生成方法。

知 识 拓 展

在使用 CAXA 制造工程师软件进行设计时,应根据设计的目的采取不同的方案。在进行零件的整体设计或以图形为目的的三维曲面、实体造型设计时，必须把产品的形状、零件各部分的位置(包括内型腔)关系表达清楚，以便进行设计分析，产生较好的效果图或进一步生成二维工程图。而以自动编程、自动加工为目的的设计，是为了给加工轨迹提供几何依据，只是要求能快速、高效地加工出产品，其设计过程应尽可能简化，造型表现形式不一定使用统一的几何表达方式，可以是二维线框、三维曲面、三维实体或它们的混合体。设计时即可产生与上述图形完全不同的图形，加工出的产品要与三维图的设计完全一致。

(1) 尽量以两轴或两轴半方式进行 CAD 设计及加工。大多数机床在三维曲面或实体的加工中使用直线插补方式，它没有直接生成二维轨迹的精度高，也没有生成二维轨迹的速度快。所以 CAM 加工中的基本原则是能用二维轨迹完成的尽量不用三维轨迹。由此看出，会有很多在设计中做三维造型的产品，在加工中只需要一些二维轮廓。用这种加工方式进行计算机辅助设计时，还应该考虑尽量简化设计过程，这样设计效率和生产效率都会大大提高。所以，对于三维零件的加工设计，应该尽量简化或部分简化为二维加工方法即两轴或两轴半加工。

图 8.91 所示为一模具零件的三维实体设计图，图 8.92 所示则是在 CAXA 制造工程师软件平台上设计的二维轮廓图，采用两轴或两轴半加工方法加工。显然，图 8.92 比图 8.91 简单得多。

用户可以使用该软件的"平面轮廓加工"方式，在加工参数表中给出相应的参数，按自上而下、先外后内的原则，分别拾取图 8.91 所示的 1～7 部分，即可自动生成刀具轨迹和加工程序对毛坯进行铣削加工，得到图 8.92 所示的零件。当然，按图 8.92 所示进行设计，用"等高粗、精加工"方式拾取、编程、加工也能完成加工任务，只是效率要低得多。

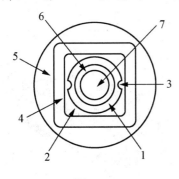

图 8.91

图 8.92

(2) 混合模型的使用。混合模型在加工造型中用得很多。它可以是实体、曲面、二维线框的任意混合。在设计造型上的混合模型一般是实体和曲面的混合，很少用到线框和曲面的混合。在加工造型中，这种混合应用的主要目的也是为了简化模型，提高效率。手机壳设计造型图形如图 8.93 所示，在其腔体加工过程中，可以被简化为图 8.94 所示曲面和线框的混合模型。简化后的模型在造型和加工中效率都比较高。

 特别提示

不是所有的加工用混合模型都比设计用模型简单，有些加工用混合模型因为考虑到零件的装夹、干涉等，其模型复杂程度反而会有所增加。上述情况是单纯针对被加工零件而言的。

图 8.93

图 8.94

练习与拓展

1. 按图 8.95 给定的尺寸，用曲面造型方法生成盒体凹模的三维图形，并生成等高线粗加工轨迹及导动线精加工轨迹。

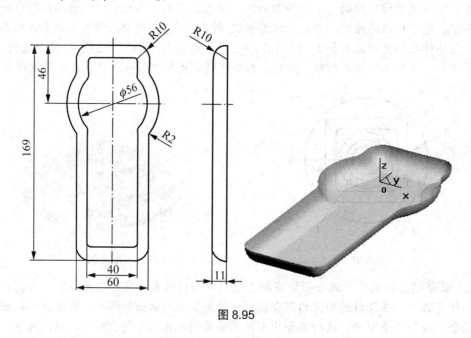
图 8.95

2. 按照图 8.96 给定的尺寸进行曲面混合造型，并选用合适的加工方法对沟槽曲面部分进行加工，生成加工轨迹。

3. 按照图 8.97 给定的尺寸进行实体造型，并选用合适的加工方法对球带状曲面部分进行加工，生成加工轨迹。

4. 按照图 8.98 给定的尺寸进行果盘实体造型，并选用合适的加工方法对果盘内曲面部分进行加工，生成加工轨迹。

项目 8 综合加工实例

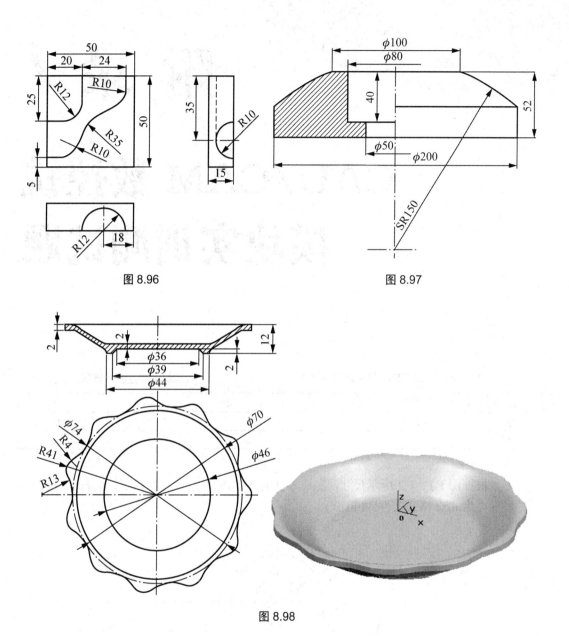

图 8.96

图 8.97

图 8.98

附录 1

CAD/CAM 数控铣模块实训测试题

CAD/CAM 数控铣模块实训测试题 A				班级_____ 姓名_____	
题 目	一	二	三	四	总分
应得分	40	30	30		100
实得分					

一、根据图 F.1、F.2 所示尺寸，完成零件的实体造型设计，并以机号加 ma1、ma2 为文件名保存为 .mxe 格式文件。(40 分)

1.

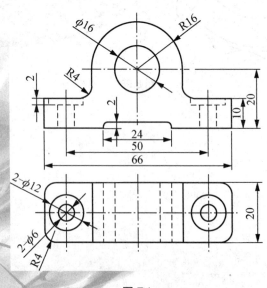

图 F.1

2.

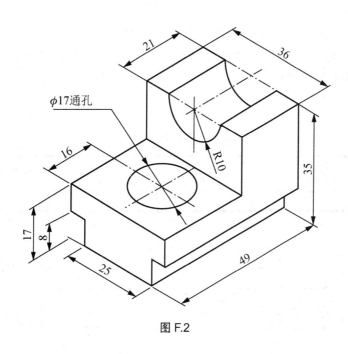

图 F.2

二、按照图 F.3 所示的尺寸生成实体造型,应用适当的加工方法生成零件外轮廓和萘形内孔的粗加工轨迹(假定毛坯已有预钻好的 ϕ16 的孔),将完成的造型和加工轨迹,以机号加 ma3 为文件名保存为 .mxe 格式文件。(30 分)

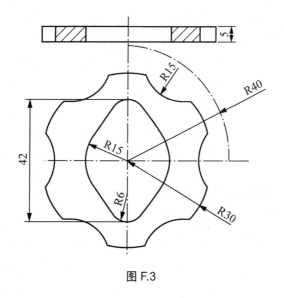

图 F.3

三、造型与加工(共 30 分)
具体要求如下。

1. 按照图 F.4 所示的尺寸生成实体造型，所有拔模斜度均为 5°。
2. 生成连杆的粗加工轨迹。
3. 对 ϕ20 和 ϕ40 的凹坑采用"参数线加工"方式进行半精加工。
4. 生成加工轨迹后请按工艺要求合理地补充参数表中括号里的内容。
5. 要求将生成的造型和加工轨迹，以机号加 ma 为文件名保存为 .mxe 格式文件。

连杆凹坑半精加工参数表

加工方式	刀具类型	刀具半径(mm)	刀角半径(mm)	加工余量(mm)	加工精度(mm)	行距(mm)
参数线	( )	3	( )	( )	( )	3

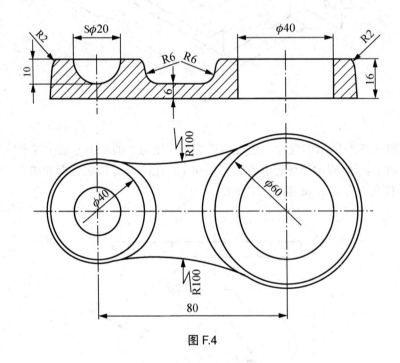

图 F.4

CAD/CAM 数控铣模块实训测试题 B　　　　　　班级_____ 姓名_____

题 目	一	二	三	四	总分
应得分	40	30	30		100
实得分					

一、根据图 F.5、F.6 所示尺寸，完成零件的实体造型设计，并以机号加 mb1、mb2 为文件名保存为 .mxe 格式文件。(40 分)

1.

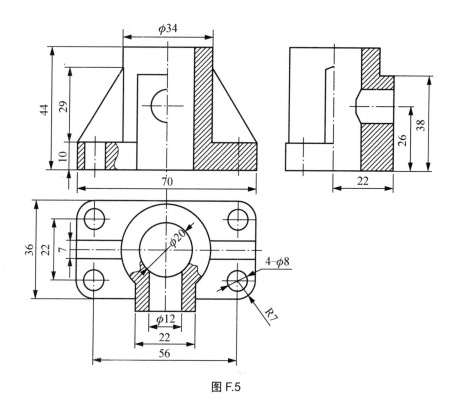

图 F.5

2.

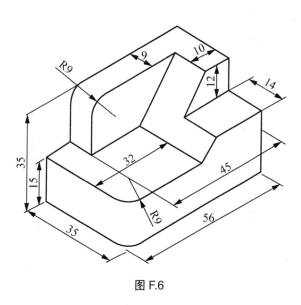

图 F.6

二、按照图 F.7 所示的尺寸生成实体造型,应用适当的加工方法生成零件外轮廓和上表面加工轨迹,并生成 3 个 $\phi 14$ 孔的加工轨迹,将完成的造型和加工轨迹,以机号加 mb3 为文件名保存为.mxe 格式文件。(30 分)

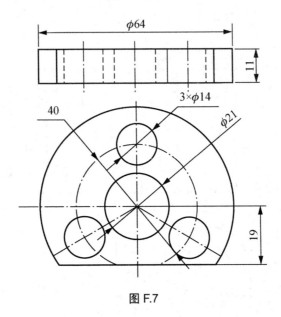

图 F.7

三、造型与加工。(共 30 分)

具体要求如下。

1. 按照图 F.8 所示的尺寸完成实体造型。
2. 生成凸轮内孔、外轮廓区域和凸轮端面的刀具轨迹。
3. 生成加工轨迹后请按工艺要求合理地补充参数表中括号里的内容。
4. 要求将生成的造型和加工轨迹,以机号加 mb4 为文件名保存为 .mxe 格式文件。

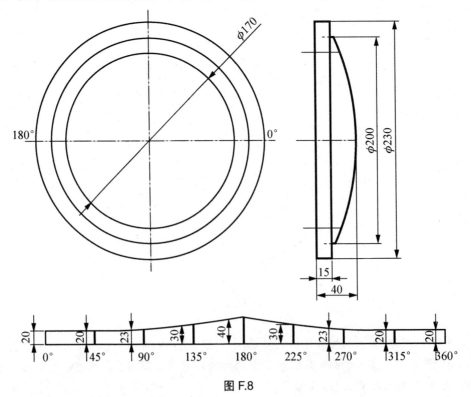

图 F.8

附录 1　CAD/CAM 数控铣模块实训测试题

CAD/CAM 数控铣模块实训测试题 C　　　　班级_____　姓名_____

题　目	一	二	三	四	总分
应得分	40	30	30		100
实得分					

一、根据下图 F.9 和图 F.10 所示尺寸，完成零件的实体造型设计，并以机号加 mc1、mc2 为文件名保存为.mxe 格式文件。(40 分)

1.

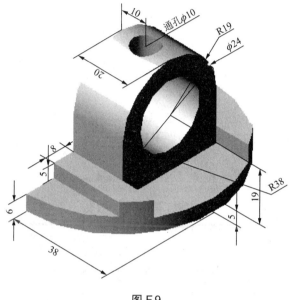

图 F.9

2.

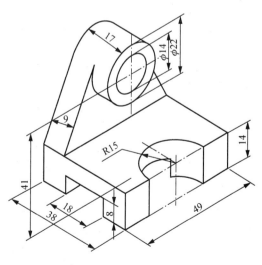

图 F.10

二、按照图 F.11 所示的尺寸生成实体造型，应用适当的加工方法生成零件外轮廓和上表面加工轨迹，将完成的造型和加工轨迹，以机号加 mc3 为文件名保存为.mxe 格式文件。(30 分)

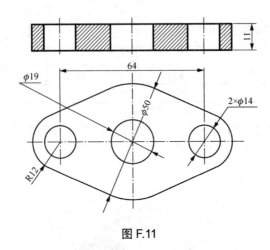

图 F.11

三、造型与加工。(共 30 分)

具体要求如下。

1. 按照图 F.12 所示的尺寸生成实体造型。
2. 采用参数线加工方式生成顶部曲面半精加工轨迹。
3. 生成加工轨迹后请按工艺要求合理地补充参数表中括号里的内容。
4. 要求将生成的造型和加工轨迹,以机号加 mc4 为文件名保存为.mxe 格式文件。

顶部曲面半精加工参数表

加工方式	刀具类型	刀具半径(mm)	刀角半径(mm)	起止高度(mm)	安全高度(mm)	加工余量(mm)	行距(mm)
参数线	( )	3	( )	0	( )	( )	4

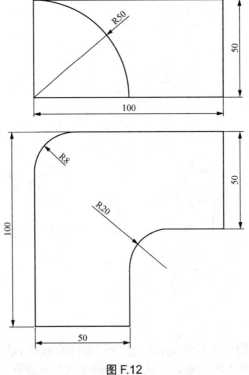

图 F.12

CAD/CAM 数控铣模块实训测试题 D   班级_____ 姓名_____

题 目	一	二	三	四	总分
应得分	40	30	30		100
实得分					

一、根据图 F.13 和图 F.14 所示尺寸，完成零件的实体造型设计，并以机号加 md1、md2 为文件名保存为.mxe 格式文件。(40 分)

1.

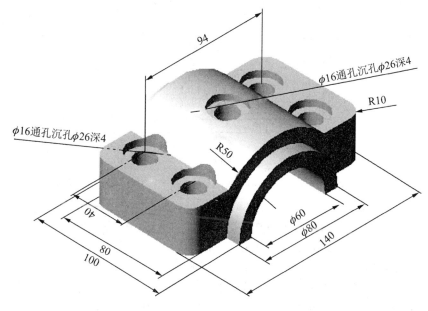

图 F.13

2.

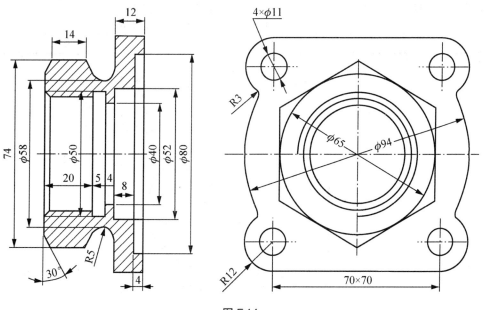

图 F.14

二、按照图 F.15 所示的尺寸生成实体造型，应用适当的加工方法生成零件外轮廓和 $\phi30$ 内孔的粗加工轨迹(假定毛坯已有预钻好的 $\phi16$ 的孔)，将完成的造型和加工轨迹，以机号加 md3 为文件名保存为.mxe 格式文件。(30 分)

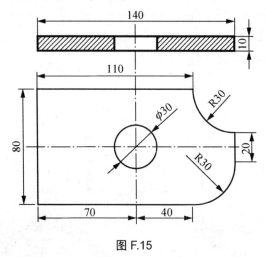

图 F.15

三、造型与加工。(共 30 分)

具体要求如下。

1．按照图 F.16 所示的尺寸生成加工造型。样条曲线型值点坐标：
   (-70,0,20)(-40,0,25)(-20,0,30)(30,0,15)
2．采用参数线加工方式生成鼠标顶部曲面半精加工轨迹。
3．生成加工轨迹后请按工艺要求合理地补充参数表中括号里的内容。
4．要求将生成的造型和加工轨迹，以机号加 md4 为文件名保存为.mxe 格式文件。

曲面半精加工参数表

加工方式	刀具类型	刀具半径(mm)	刀角半径(mm)	起止高度(mm)	安全高度(mm)	加工余量(mm)	行距(mm)
参数线	立铣刀	( )	( )	0	( )	0.5	3

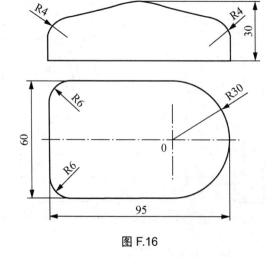

图 F.16

CAD/CAM 数控铣模块实训测试题 E   班级_____ 姓名_____

题 目	一	二	三	四	总分
应得分	50	25	25		100
实得分					

一、根据图 F.17～图 F.19 所示尺寸，完成零件的三维曲面或实体造型(建模)，并以机号加 me1、me2、me3 为文件名保存为.mxe 格式文件。(本题满分 50 分)

1.

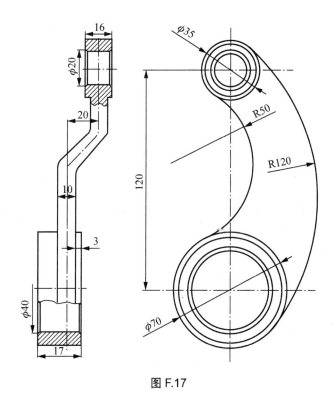

图 F.17

2.

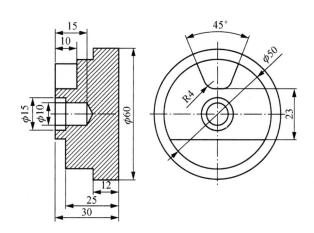

图 F.18

3.

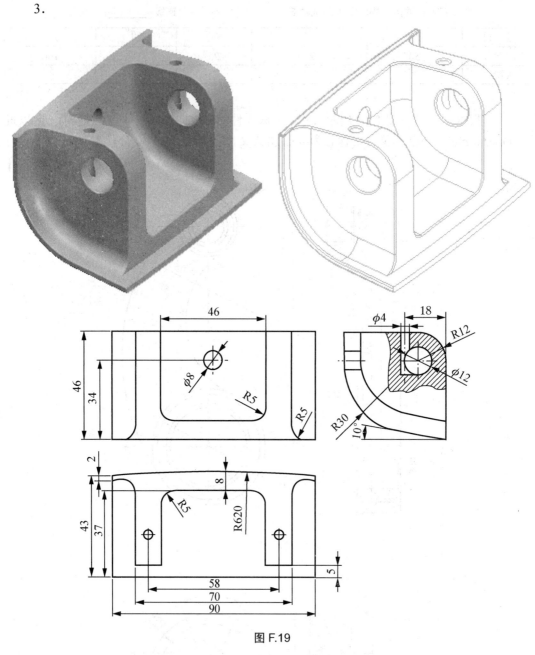

图 F.19

二、按下列某五角星模型图尺寸编制 CAM 加工程序，已知毛坯零件尺寸为 115×115×40，五角星原高 15，如图 F.20 所示。以机号加 me4 为文件名保存为 .mxe 格式文件。(25 分)

要求：

(1) 合理安排加工工艺路线和建立加工坐标系；

(2) 应用适当的加工方法编制完整的 CAM 加工程序，后置处理格式按 FAUNC 系统要求生成。

三、按下列某香皂模型图尺寸造型并编制 CAM 加工程序，过渡半径为 15，如图 F.21

所示。香皂模型的毛坯尺寸为 103×160×30，材料为铝材。以机号加 me5 为文件名保存为.mxe 格式文件。(25 分)

1. 用直径为 ϕ8mm 的端铣刀做等高线粗加工。
2. 用直径为 ϕ10mm，圆角为 r2 的圆角铣刀做等高线精加工。
3. 用直径为 ϕ8mm 的端铣刀做轮廓线精加工。
4. 用直径为 ϕ0.2mm 的雕铣刀做扫描线精加工文字图案。

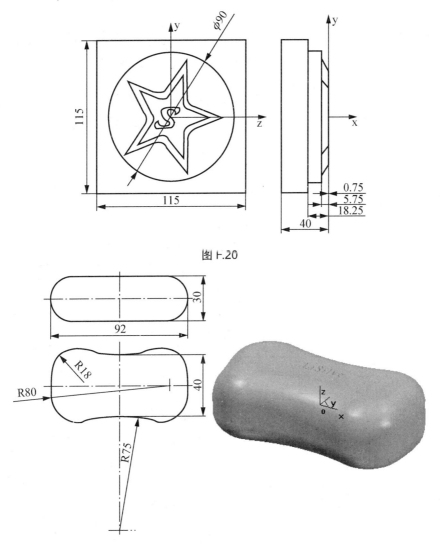

图 F.20

图 F.21

附录 2

FANUC 数控系统的准备功能 G 代码

表1 准备功能 G 代码

G 代码	组号	功　　能	G 代码	组号	功　　能
G00	01	快速点定位	G52	00	局部坐标系统
*G01		直线插补	G53		机床坐标系选择
G02		顺时针圆弧插补	G54-G59	12	工件坐标系 1-6
G03		逆时针圆弧插补	G60	00	单向定位
G04	00	暂停	G61	13	精确停校验方式
G07		假象轴插补	G62		自动角隅超驰
G09		准确停止校验	G63		攻螺纹模式
G10		偏移量设定	*G64		切削模式
G15	18	极坐标指令取消	G65	00	宏指令简单调用
G16		极坐标指令	G66	14	宏指令模态调用
*G17	02	XY 平面选择	G67		宏指令模态调用取消
G18		ZX 平面选择	G68	16	坐标系旋转
G19		YZ 平面选择	G69		坐标系旋转取消
G20	06	英制输入	G73	09	钻孔循环
G21		公制输入	G74		反攻螺纹
*G22	04	存储行程限位 ON	G76		精镗
G23		存储行程限位 OFF	*G80		取消固定循环
G27	00	返回参考点校验	G81		钻孔循环镗阶梯孔
G28		返回参考点	G82		攻螺纹循环
G29		从参考点返回	G83		镗孔循环
G30		第二参考点返回	G84		反镗孔循环
G31		跳跃功能	G85		

续表

G 代码	组号	功 能	G 代码	组号	功 能
G39	00	尖角圆弧插补	G86	09	
*G40	07	取消刀具半径补偿	G87		
G41		刀具半径左补偿	G88		
G42		刀具半径右补偿	G89		
G43	08	刀具长度正补偿	*G90	03	绝对值编程
G44		刀具长度负补偿	G91		增量值编程
G45	00	刀具偏置增加	G92	00	设定工件坐标系
G46		刀具偏置减少	*G94	05	每分钟进给速度
G47		刀具偏置两倍增加	G95		每转进给速度
G48		刀具偏置两倍减少	*G98	04	返回起始平面
*G49	08	取消刀具长度补偿	G99		返回 R 平面
G50	11	取消比例			
G51		比例			

表 2 辅助功能 M 代码

M 指令	功 能	简 要 说 明
M00	程序停止	切断机床所有动作，按程序启动按钮后继续执行后面程序段
M01	任选停止	与 M00 功能相似，机床控制面板上"条件停止"开关接通时有效
M02	程序结束	主程序运行结束指令，切断机床所有动作
M03	主轴正转	从主轴前端向主轴尾端看时为逆时针
M04	主轴反转	从主轴前端向主轴尾端看时为顺时针
M05	主轴停止	执行完该指令后主轴停止转动
M06	刀具交换	表示按指定刀具换刀
M08	切削液开	执行该指令时，切削液自动打开
M09	切削液关	执行该指令时，切削液自动关闭
M30	程序结束	程序结束后自动返回到程序开始位置，机床及控制系统复位
M98	调用子程序	主程序可以调用两重子程序
M99	子程序返回	子程序结束并返回到主程序

参 考 文 献

[1] 北航CAXA教育培训中心. CAXA数控加工造型编程[M]. 北京：北京航空航天大学出版社，2002.
[2] 刘雄伟. 数控机床操作与编程培训教程[M]. 北京：机械工业出版社，2003.
[3] 张超英，罗学科. 数控机床加工工艺编程与操作实训[M]. 北京：高等教育出版社，2003.
[4] 劳动和社会保障部. 加工中心操作工(中级技能)[M]. 北京：中国劳动社会保障出版社，2001.
[5] 北航CAXA教育培训中心. CAXA造型·加工·通信[M]. 北京：北京航空航天大学出版社，2001.
[6] 熊熙. 数控加工实训教程[M]. 北京：化学工业出版社，2003.
[7] 杨伟群. CAXA——CAM与NC加工应用实例[M]. 北京：高等教育出版社，2004.
[8] 劳动和社会保障部. 加工中心操作工(高级技能)[M]. 北京：中国劳动社会保障出版社，2004.
[9] 赵国增. 机械CAD/CAM[M]. 北京：机械工业出版社，2005.
[10] 加工中心应用与维修编委会. 加工中心应用与维修[M]. 北京：机械工业出版社，1992.
[11] 王卫兵. 数控编程100例[M]. 北京：机械工业出版社，2003.
[12] 方沂. 数控机床编程操作[M]. 北京：国防工业出版社，1999.
[13] 罗学科，张超英. 数控机床编程与操作实训[M]. 北京：化学工业出版社，2001.
[14] 赵国增. 机械CAD/CAM[M]. 北京：机械工业出版社，2002.
[15] 孟富森，蒋忠理. 数控技术与CAM应用[M]. 重庆：重庆大学出版社，2003.
[16] 唐应谦. 数控加工工艺学[M]. 北京：中国劳动保障出版社，2000.
[17] 方新. 机械CAD/CAM[M]. 北京：高等教育出版社，2003.
[18] 华茂发. 数控机床加工工艺[M]. 北京：机械工业出版社，2000.
[19] 陈国聪. CAD/CAM应用软件——Pro/ENGINEER训练教程[M]. 北京：高等教育出版社，2003.
[20] 唐健. 模具数控加工及编程[M]. 北京：机械工业出版社，2001.
[21] 刘雄伟，等. 数控加工理论与编程技术[M]. 2版. 北京：机械工业出版社，2000.
[22] 史翠兰. CAD/CAM技术及其应用[M]. 北京：机械工业出版社，2003.
[23] 许祥泰，刘艳芳. 数控加工编程实用技术[M]. 北京：机械工业出版社，2000.
[24] 来建良. 数控加工实训[M]. 浙江：浙江大学出版社，2004.
[25] 顾京. 数控加工编程及操作[M]. 北京：高等教育出版社，2003.
[26] 王筱筱. 数控机床及其程序编制[M]. 浙江：浙江大学出版社，2005.
[27] 王爱玲. 现代数控编程技术及应用[M]. 北京：国防工业出版社，2002.
[28] 郑书华. 数控铣削编程与操作训练[M]. 北京：高等教育出版社，2005.
[29] 罗学科. 计算机辅助制造[M]. 北京：化学工业出版社，2001.
[30] 余仲裕. 数控机床维修[M]. 北京：机械工业出版社，2001.
[31] 胡建生，赵春江. CAXA三维电子图板实用案例教程[M]. 北京：机械工业出版社，2002.
[32] 李超. CAD/CAM实训——CAXA软件应用[M]. 北京：高等教育出版社，2003.
[33] 陈明. CAXA制造工程师——数控加工[M]. 北京：北京航空航天大学出版社，2006.

北京大学出版社高职高专机电系列规划教材

序号	书号	书名	编著者	定价	印次	出版日期	配套情况
	"十二五"职业教育国家规划教材						
1	978-7-301-24455-5	电力系统自动装置(第2版)	王 伟	26.00	1	2014.8	ppt/pdf
2	978-7-301-24506-4	电子技术项目教程(第2版)	徐超明	42.00	1	2014.7	ppt/pdf
3	978-7-301-24475-3	零件加工信息分析(第2版)	谢 蕾	52.00	2	2015.1	ppt/pdf
4	978-7-301-24227-8	汽车电气系统检修(第2版)	宋作军	30.00	1	2014.8	ppt/pdf
5	978-7-301-24507-1	电工技术与技能	王 平	42.00	1	2014.8	ppt/pdf
6	978-7-301-17398-5	数控加工技术项目教程	李东君	48.00	1	2010.8	ppt/pdf
7	978-7-301-25341-0	汽车构造(上册)——发动机构造(第2版)	罗灯明	35.00	1	2015.5	ppt/pdf
8	978-7-301-25529-2	汽车构造(下册)——底盘构造(第2版)	鲍远通	36.00	1	2015.5	ppt/pdf
9	978-7-301-25650-3	光伏发电技术简明教程	静国梁	29.00	1	2015.6	ppt/pdf
10	978-7-301-24589-7	光伏发电系统的运行与维护	付新春	33.00	1	2015.7	ppt/pdf
11	978-7-301-18322-9	电子EDA技术(Multisim)	刘训非	30.00	2	2012.7	ppt/pdf
	机械类基础课						
1	978-7-301-13653-9	工程力学	武昭晖	25.00	3	2011.2	ppt/pdf
2	978-7-301-13574-7	机械制造基础	徐从清	32.00	3	2012.7	ppt/pdf
3	978-7-301-13656-0	机械设计基础	时忠明	25.00	3	2012.7	ppt/pdf
4	978-7-301-13662-1	机械制造技术	宁广庆	42.00	2	2010.11	ppt/pdf
5	978-7-301-27082-0	机械制造技术	徐 勇	48.00	1	2016.5	ppt/pdf
6	978-7-301-19848-3	机械制造综合设计及实训	裴俊彦	37.00	1	2013.4	ppt/pdf
7	978-7-301-19297-9	机械制造工艺及夹具设计	徐 勇	28.00	1	2011.8	ppt/pdf
8	978-7-301-25479-0	机械制图——基于工作过程(第2版)	徐连孝	62.00	1	2015.5	ppt/pdf
9	978-7-301-18143-0	机械制图习题集	徐连孝	20.00	2	2013.4	ppt/pdf
10	978-7-301-15692-6	机械制图	吴百中	26.00	2	2012.7	ppt/pdf
11	978-7-301-27234-3	机械制图	陈世芳	42.00	1	2016.8	ppt/pdf/素材
12	978-7-301-27233-6	机械制图习题集	陈世芳	38.00	1	2016.8	pdf
13	978-7-301-22916-3	机械图样的识读与绘制	刘永强	36.00	1	2013.8	ppt/pdf
14	978-7-301-23354-2	AutoCAD应用项目化实训教程	王利华	42.00	1	2014.1	ppt/pdf
15	978-7-301-17122-6	AutoCAD机械绘图项目教程	张海鹏	36.00	3	2013.8	ppt/pdf
16	978-7-301-17573-6	AutoCAD机械绘图基础教程	王长忠	32.00	2	2013.8	ppt/pdf
17	978-7-301-19010-4	AutoCAD机械绘图基础教程与实训(第2版)	欧阳全会	36.00	3	2014.1	ppt/pdf
18	978-7-301-22185-3	AutoCAD 2014机械应用项目教程	陈善岭	32.00	1	2016.1	ppt/pdf
19	978-7-301-26591-8	AutoCAD 2014机械绘图项目教程	朱 昱	40.00	1	2016.2	ppt/pdf
20	978-7-301-24536-1	三维机械设计项目教程(UG版)	龚肖新	45.00	1	2014.9	ppt/pdf
21	978-7-301-20752-9	液压传动与气动技术(第2版)	曹建东	40.00	2	2014.1	ppt/pdf/素材
22	978-7-301-13582-2	液压与气压传动技术	袁 广	24.00	5	2013.8	ppt/pdf
23	978-7-301-24381-7	液压与气动技术项目教程	武 威	30.00	1	2014.8	ppt/pdf
24	978-7-301-19436-2	公差与测量技术	余 键	25.00	1	2011.9	ppt/pdf
25	978-7-5038-4861-2	公差配合与测量技术	南秀蓉	23.00	4	2011.12	ppt/pdf
26	978-7-301-19374-7	公差配合与技术测量	庄佃霞	26.00	2	2013.8	ppt/pdf
27	978-7-301-25614-5	公差配合与测量技术项目教程	王丽丽	26.00	1	2015.4	ppt/pdf
28	978-7-301-25953-5	金工实训(第2版)	柴增田	38.00	1	2015.6	ppt/pdf
29	978-7-301-13651-5	金属工艺学	柴增田	27.00	2	2011.6	ppt/pdf
30	978-7-301-23868-4	机械加工工艺编制与实施(上册)	于爱武	42.00	1	2014.3	ppt/pdf/素材
31	978-7-301-24546-0	机械加工工艺编制与实施(下册)	于爱武	42.00	1	2014.7	ppt/pdf/素材

序号	书号	书名	编著者	定价	印次	出版日期	配套情况
32	978-7-301-21988-1	普通机床的检修与维护	宋亚林	33.00	1	2013.1	ppt/pdf
33	978-7-5038-4869-8	设备状态监测与故障诊断技术	林英志	22.00	3	2011.8	ppt/pdf
34	978-7-301-22116-7	机械工程专业英语图解教程(第2版)	朱派龙	48.00	2	2015.5	ppt/pdf
35	978-7-301-23198-2	生产现场管理	金建华	38.00	1	2013.9	ppt/pdf
36	978-7-301-24788-4	机械CAD绘图基础及实训	杜洁	30.00	1	2014.9	ppt/pdf
数控技术类							
1	978-7-301-17148-6	普通机床零件加工	杨雪青	26.00	2	2013.8	ppt/pdf/素材
2	978-7-301-17679-5	机械零件数控加工	李文	38.00	1	2010.8	ppt/pdf
3	978-7-301-13659-1	CAD/CAM实体造型教程与实训(Pro/ENGINEER版)	诸小丽	38.00	4	2014.7	ppt/pdf
4	978-7-301-24647-6	CAD/CAM数控编程项目教程(UG版)(第2版)	慕灿	48.00	1	2014.8	ppt/pdf
5	978-7-301-21873-0	CAD/CAM数控编程项目教程(CAXA版)	刘玉春	42.00	2	2013.3	ppt/pdf
6	978-7-5038-4866-7	数控技术应用基础	宋建武	22.00	2	2010.7	ppt/pdf
7	978-7-301-13262-3	实用数控编程与操作	钱东东	32.00	4	2013.8	ppt/pdf
8	978-7-301-14470-1	数控编程与操作	刘瑞已	29.00	2	2011.2	ppt/pdf
9	978-7-301-20312-5	数控编程与加工项目教程	周晓宏	42.00	1	2012.3	ppt/pdf
10	978-7-301-23898-1	数控加工编程与操作实训教程(数控车分册)	王忠斌	36.00	1	2014.6	ppt/pdf
11	978-7-301-20945-5	数控铣削技术	陈晓罗	42.00	1	2012.7	ppt/pdf
12	978-7-301-21053-6	数控车削技术	王军红	28.00	1	2012.8	ppt/pdf
13	978-7-301-25927-6	数控车削编程与操作项目教程	肖国涛	26.00	1	2015.7	ppt/pdf
14	978-7-301-17398-5	数控加工技术项目教程	李东君	48.00	1	2010.8	ppt/pdf
15	978-7-301-21119-9	数控机床及其维护	黄应勇	38.00	1	2012.8	ppt/pdf
16	978-7-301-20002-5	数控机床故障诊断与维修	陈学军	38.00	1	2012.1	ppt/pdf
模具设计与制造类							
1	978-7-301-23892-9	注射模设计方法与技巧实例精讲	邹继强	54.00	1	2014.2	ppt/pdf
2	978-7-301-24432-6	注射模典型结构设计实例图集	邹继强	54.00	1	2014.6	ppt/pdf
3	978-7-301-18471-4	冲压工艺与模具设计	张芳	39.00	1	2011.3	ppt/pdf
4	978-7-301-19933-6	冷冲压工艺与模具设计	刘洪贤	32.00	1	2012.1	ppt/pdf
5	978-7-301-20414-6	Pro/ENGINEER Wildfire产品设计项目教程	罗武	31.00	1	2012.5	ppt/pdf
6	978-7-301-16448-8	Pro/ENGINEER Wildfire 设计实训教程	吴志清	38.00	1	2012.8	ppt/pdf
7	978-7-301-22678-0	模具专业英语图解教程	李东君	22.00	1	2013.7	ppt/pdf
电气自动化类							
1	978-7-301-18519-3	电工技术应用	孙建领	26.00	1	2011.3	ppt/pdf
2	978-7-301-25670-1	电工电子技术项目教程(第2版)	杨德明	49.00	1	2016.2	ppt/pdf
3	978-7-301-22546-2	电工技能实训教程	韩亚军	22.00	1	2013.6	ppt/pdf
4	978-7-301-22923-1	电工技术项目教程	徐超明	38.00	1	2013.8	ppt/pdf
5	978-7-301-12390-4	电力电子技术	梁南丁	29.00	3	2013.5	ppt/pdf
6	978-7-301-17730-3	电力电子技术	崔红	23.00	1	2010.9	ppt/pdf
7	978-7-301-19525-3	电工电子技术	倪涛	38.00	1	2011.9	ppt/pdf
8	978-7-301-24765-5	电子电路分析与调试	毛玉青	35.00	1	2015.3	ppt/pdf
9	978-7-301-16830-1	维修电工技能与实训	陈学平	37.00	1	2010.7	ppt/pdf
10	978-7-301-12180-1	单片机开发应用技术	李国兴	21.00	2	2010.9	ppt/pdf
11	978-7-301-20000-1	单片机应用技术教程	罗国荣	40.00	1	2012.2	ppt/pdf
12	978-7-301-21055-0	单片机应用项目化教程	顾亚文	32.00	1	2012.8	ppt/pdf
13	978-7-301-17489-0	单片机原理及应用	陈高锋	32.00	1	2012.9	ppt/pdf
14	978-7-301-24281-0	单片机技术及应用	黄贻培	30.00	1	2014.7	ppt/pdf
15	978-7-301-22390-1	单片机开发与实践教程	宋玲玲	24.00	1	2013.6	ppt/pdf

序号	书号	书名	编著者	定价	印次	出版日期	配套情况
16	978-7-301-17958-1	单片机开发入门及应用实例	熊华波	30.00	1	2011.1	ppt/pdf
17	978-7-301-16898-1	单片机设计应用与仿真	陆旭明	26.00	2	2012.4	ppt/pdf
18	978-7-301-19302-0	基于汇编语言的单片机仿真教程与实训	张秀国	32.00	1	2011.8	ppt/pdf
19	978-7-301-12181-8	自动控制原理与应用	梁南丁	23.00	3	2012.1	ppt/pdf
20	978-7-301-19638-0	电气控制与PLC应用技术	郭燕	24.00	1	2012.1	ppt/pdf
21	978-7-301-18622-0	PLC与变频器控制系统设计与调试	姜永华	34.00	1	2011.6	ppt/pdf
22	978-7-301-19272-6	电气控制与PLC程序设计(松下系列)	姜秀玲	36.00	1	2011.8	ppt/pdf
23	978-7-301-12383-6	电气控制与PLC(西门子系列)	李伟	26.00	2	2012.3	ppt/pdf
24	978-7-301-18188-1	可编程控制器应用技术项目教程(西门子)	崔维群	38.00	2	2013.6	ppt/pdf
25	978-7-301-23432-7	机电传动控制项目教程	杨德明	40.00	1	2014.1	ppt/pdf
26	978-7-301-12382-9	电气控制及PLC应用(三菱系列)	华满香	24.00	2	2012.5	ppt/pdf
27	978-7-301-22315-4	低压电气控制安装与调试实训教程	张郭	24.00	1	2013.4	ppt/pdf
28	978-7-301-24433-3	低压电器控制技术	肖朋生	34.00	1	2014.7	ppt/pdf
29	978-7-301-22672-8	机电设备控制基础	王本轶	32.00	1	2013.7	ppt/pdf
30	978-7-301-18770-8	电机应用技术	郭宝宁	33.00	1	2011.5	ppt/pdf
31	978-7-301-23822-6	电机与电气控制	郭夕琴	34.00	1	2014.8	ppt/pdf
32	978-7-301-17324-4	电机控制与应用	魏润仙	34.00	1	2010.8	ppt/pdf
33	978-7-301-21269-1	电机控制与实践	徐锋	34.00	1	2012.9	ppt/pdf
34	978-7-301-12389-8	电机与拖动	梁南丁	32.00	2	2011.12	ppt/pdf
35	978-7-301-18630-5	电机与电力拖动	孙英伟	33.00	1	2011.3	ppt/pdf
36	978-7-301-16770-0	电机拖动与应用实训教程	任娟平	36.00	1	2012.11	ppt/pdf
37	978-7-301-22632-2	机床电气控制与维修	崔兴艳	28.00	1	2013.7	ppt/pdf
38	978-7-301-22917-0	机床电气控制与PLC技术	林盛昌	36.00	1	2013.8	ppt/pdf
39	978-7-301-26499-7	传感器检测技术及应用(第2版)	王晓敏	45.00	1	2015.11	ppt/pdf
40	978-7-301-20654-6	自动生产线调试与维护	吴有明	28.00	1	2013.1	ppt/pdf
41	978-7-301-21239-4	自动生产线安装与调试实训教程	周洋	30.00	1	2012.9	ppt/pdf
42	978-7-301-18852-1	机电专业英语	戴正阳	28.00	2	2013.8	ppt/pdf
43	978-7-301-24764-8	FPGA应用技术教程(VHDL版)	王真富	38.00	1	2015.2	ppt/pdf
44	978-7-301-26201-6	电气安装与调试技术	卢艳	38.00	1	2015.8	ppt/pdf
45	978-7-301-26215-3	可编程控制器编程及应用(欧姆龙机型)	姜凤武	27.00	1	2015.8	ppt/pdf
46	978-7-301-26481-2	PLC与变频器控制系统设计与高度(第2版)	姜永华	44.00	1	2016.9	ppt/pdf
		汽车类					
1	978-7-301-17694-8	汽车电工电子技术	郑广军	33.00	1	2011.1	ppt/pdf
2	978-7-301-26724-0	汽车机械基础(第2版)	张本升	45.00	1	2016.1	ppt/pdf/素材
3	978-7-301-26500-0	汽车机械基础教程(第3版)	吴笑伟	35.00	1	2015.12	ppt/pdf/素材
4	978-7-301-17821-8	汽车机械基础项目化教学标准教程	傅华娟	40.00	2	2014.8	ppt/pdf
5	978-7-301-19646-5	汽车构造	刘智婷	42.00	1	2012.1	ppt/pdf
6	978-7-301-25341-0	汽车构造(上册)——发动机构造(第2版)	罗灯明	35.00	1	2015.5	ppt/pdf
7	978-7-301-25529-2	汽车构造(下册)——底盘构造(第2版)	鲍远通	36.00	1	2015.5	ppt/pdf
8	978-7-301-13661-4	汽车电控技术	祁翠琴	39.00	6	2015.2	ppt/pdf
9	978-7-301-19147-7	电控发动机原理与维修实务	杨洪庆	27.00	1	2011.7	ppt/pdf
10	978-7-301-13658-4	汽车发动机电控系统原理与维修	张吉国	25.00	2	2012.4	ppt/pdf
11	978-7-301-18494-3	汽车发动机电控技术	张俊	46.00	2	2013.8	ppt/pdf/素材
12	978-7-301-21989-8	汽车发动机构造与维修(第2版)	蔡兴旺	40.00	1	2013.1	ppt/pdf/素材
14	978-7-301-18948-1	汽车底盘电控原理与维修实务	刘映凯	26.00	1	2012.1	ppt/pdf
15	978-7-301-24227-8	汽车电气系统检修(第2版)	宋作军	30.00	1	2014.8	ppt/pdf
16	978-7-301-23512-6	汽车车身电控系统检修	温立全	30.00	1	2014.1	ppt/pdf
17	978-7-301-18850-7	汽车电器设备原理与维修实务	明光星	38.00	2	2013.9	ppt/pdf

序号	书号	书名	编著者	定价	印次	出版日期	配套情况
18	978-7-301-20011-7	汽车电器实训	高照亮	38.00	1	2012.1	ppt/pdf
19	978-7-301-22363-5	汽车车载网络技术与检修	闫炳强	30.00	1	2013.6	ppt/pdf
20	978-7-301-14139-7	汽车空调原理及维修	林 钢	26.00	3	2013.8	ppt/pdf
21	978-7-301-16919-3	汽车检测与诊断技术	娄 云	35.00	2	2011.7	ppt/pdf
22	978-7-301-22988-0	汽车拆装实训	詹远武	44.00	1	2013.8	ppt/pdf
23	978-7-301-18477-6	汽车维修管理实务	毛 峰	23.00	1	2011.3	ppt/pdf
24	978-7-301-19027-2	汽车故障诊断技术	明光星	25.00	1	2011.6	ppt/pdf
25	978-7-301-17894-2	汽车养护技术	隋礼辉	24.00	1	2011.3	ppt/pdf
26	978-7-301-22746-6	汽车装饰与美容	金守玲	34.00	1	2013.7	ppt/pdf
27	978-7-301-25833-0	汽车营销实务(第2版)	夏志华	32.00	1	2015.6	ppt/pdf
28	978-7-301-15578-3	汽车文化	刘 锐	28.00	4	2013.2	ppt/pdf
29	978-7-301-20753-6	二手车鉴定与评估	李玉柱	28.00	1	2012.6	ppt/pdf
30	978-7-301-26595-6	汽车专业英语图解教程(第2版)	侯锁军	29.00	1	2016.4	ppt/pdf/素材
31	978-7-301-27089-9	汽车营销服务礼仪(第2版)	夏志华	36.00	1	2016.6	ppt/pdf
		电子信息、应用电子类					
1	978-7-301-19639-7	电路分析基础(第2版)	张丽萍	25.00	1	2012.9	ppt/pdf
2	978-7-301-27605-1	电路电工基础	张 琳	29.00	1	2016.11	ppt/fdf
3	978-7-301-19310-5	PCB板的设计与制作	夏淑丽	33.00	1	2011.8	ppt/pdf
4	978-7-301-21147-2	Protel 99 SE 印制电路板设计案例教程	王 静	35.00	1	2012.8	ppt/pdf
5	978-7-301-18520-9	电子线路分析与应用	梁玉国	34.00	1	2011.7	ppt/pdf
6	978-7-301-12387-4	电子线路CAD	殷庆纵	28.00	4	2012.7	ppt/pdf
7	978-7-301-12390-4	电力电子技术	梁南丁	29.00	2	2010.7	ppt/pdf
8	978-7-301-17730-3	电力电子技术	崔 红	23.00	1	2010.9	ppt/pdf
9	978-7-301-19525-3	电工电子技术	倪 涛	38.00	1	2011.9	ppt/pdf
10	978-7-301-18519-3	电工技术应用	孙建领	26.00	1	2011.3	ppt/pdf
11	978-7-301-22546-2	电工技能实训教程	韩亚军	22.00	1	2013.6	ppt/pdf
12	978-7-301-22923-1	电工技术项目教程	徐超明	38.00	1	2013.8	ppt/pdf
14	978-7-301-25670-1	电工电子技术项目教程（第2版）	杨德明	49.00	1	2016.2	ppt/pdf
15	978-7-301-26076-0	电子技术应用项目式教程(第2版)	王志伟	40.00	1	2015.9	ppt/pdf/素材
16	978-7-301-22959-0	电子焊接技术实训教程	梅琼珍	24.00	1	2013.8	ppt/pdf
17	978-7-301-17696-2	模拟电子技术	蒋 然	35.00	1	2010.8	ppt/pdf
18	978-7-301-13572-3	模拟电子技术及应用	刁修睦	28.00	3	2012.8	ppt/pdf
19	978-7-301-18144-7	数字电子技术项目教程	冯泽虎	28.00	1	2011.1	ppt/pdf
20	978-7-301-19153-8	数字电子技术与应用	宋雪臣	33.00	1	2011.9	ppt/pdf
21	978-7-301-20009-4	数字逻辑与微机原理	宋振辉	49.00	1	2012.1	ppt/pdf
22	978-7-301-12386-7	高频电子线路	李福勤	20.00	3	2013.8	ppt/pdf
23	978-7-301-20706-2	高频电子技术	朱小祥	32.00	1	2012.6	ppt/pdf
24	978-7-301-18322-9	电子EDA技术(Multisim)	刘训非	30.00	2	2012.7	ppt/pdf
25	978-7-301-14453-4	EDA技术与VHDL	宋振辉	28.00	1	2013.8	ppt/pdf
26	978-7-301-22362-8	电子产品组装与调试实训教程	何 杰	28.00	1	2013.6	ppt/pdf
27	978-7-301-19326-6	综合电子设计与实践	钱卫钧	25.00	2	2013.8	ppt/pdf
28	978-7-301-17877-5	电子信息专业英语	高金玉	26.00	2	2011.11	ppt/pdf
29	978-7-301-23895-0	电子电路工程训练与设计、仿真	孙晓艳	39.00	1	2014.3	ppt/pdf
30	978-7-301-24624-5	可编程逻辑器件应用技术	魏 欣	26.00	1	2014.8	ppt/pdf
31	978-7-301-26156-9	电子产品生产工艺与管理	徐中贵	38.00	1	2015.8	ppt/pdf

如您需要更多教学资源如电子课件、电子样章、习题答案等，请登录北京大学出版社第六事业部官网 www.pup6.cn 搜索下载。

如您需要浏览更多专业教材，请扫下面的二维码，关注北京大学出版社第六事业部官方微信（微信号：pup6book），随时查询专业教材、浏览教材目录、内容简介等信息，并可在线申请纸质样书用于教学。

感谢您使用我们的教材，欢迎您随时与我们联系，我们将及时做好全方位的服务。联系方式：010-62750667，329056787@qq.com，pup_6@163.com，lihu80@163.com，欢迎来电来信。客户服务QQ号：1292552107，欢迎随时咨询。